人 工 智 能 应 用 丛 书

全国高等院校人工智能系列“十三五”规划教材

机器学习方法及应用

JIQI XUEXI FANGFA JI YINGYONG

袁景凌　贲可荣　魏　娜　编著

中国铁道出版社有限公司
CHINA RAILWAY PUBLISHING HOUSE CO., LTD.

内容简介

数据是载体,智能是目标,而机器学习则是从数据通往智能的技术途径。机器学习是数据科学的核心,是现代人工智能的本质。本书内容包括机器学习概述、决策树学习、多层感知器、维度约简、支持向量机、无监督学习、概率图模型、强化学习、深度学习。本书除介绍常用的机器学习方法外,还综述各主要方法的应用现状。通过各章案例的详细描述,读者可以系统地掌握机器学习方法。本书应用案例采用 Python 语言编写,并提供下载网址。

本书适合作为高等院校人工智能、数据科学与大数据、计算机科学与技术、软件工程等计算机类专业的本科生及研究生"机器学习"课程教材,也适合作为机器学习爱好者的参考读物。

图书在版编目(CIP)数据

机器学习方法及应用/袁景凌,贲可荣,魏娜编著.—北京:中国铁道出版社有限公司,2020.5(2022.7 重印)
(人工智能应用丛书)
全国高等院校人工智能系列"十三五"规划教材
ISBN 978-7-113-26818-3

Ⅰ.①机… Ⅱ.①袁…②贲…③魏… Ⅲ.①机器学习-高等学校-教材 Ⅳ.①TP181

中国版本图书馆 CIP 数据核字(2020)第 066818 号

书　　名:机器学习方法及应用
作　　者:袁景凌　贲可荣　魏　娜

策　　划:周海燕　　**编辑部电话:**(010)51873202
责任编辑:周海燕　卢　笛　刘丽丽
封面设计:穆　丽
责任校对:张玉华
责任印制:樊启鹏

出版发行:中国铁道出版社有限公司(100054,北京市西城区右安门西街 8 号)
网　　址:http://www.tdpress.com/51eds/
印　　刷:北京柏力行彩印有限公司
版　　次:2020 年 5 月第 1 版　2022 年 7 月第 2 次印刷
开　　本:787 mm×1 092 mm　1/16　**印张:**14.75　**字数:**267 千
书　　号:ISBN 978-7-113-26818-3
定　　价:48.00 元

编委会

序　言

自 2016 年 AlphaGo 问世以来，全球掀起了人工智能的高潮，人工智能学科也进入第三次发展时期。由于它的技术先进性与应用性，人工智能在我国也迅速发展，党和政府高度重视，2017 年 10 月 24 日习近平总书记在中国共产党第十九次全国代表大会报告中明确提出要发展人工智能产业与应用。此后，多次对发展人工智能做出重要指示。人工智能已列入我国战略性发展学科中，并在众多学科发展中起到“头雁”的作用。

人工智能作为科技领域最具代表性的应用技术，在我国已取得了重大的进展，在人脸识别、自动驾驶汽车、机器翻译、智能机器人、智能客服等多个应用领域取得突破性进展，这标志着新的人工智能时代已经来临。

由于人工智能应用是人工智能生存与发展的根本，习近平总书记指出：人工智能必须“以产业应用为目标”，其方法是：“要促进人工智能和实体经济深度融合”及“跨界融合”等。这说明应用在人工智能发展中的重要性。

为了响应党和政府的号召，发展新兴产业，同时满足读者对人工智能及其应用的认识需要，中国铁道出版社有限公司组织并推出以介绍人工智能应用为主的“人工智能应用丛书”。本丛书以“应用为驱动，应用带动理论，反映最新发展趋势”作为编写方针，务实、创新，在内容编排上努力将理论与实践相结合，尽可能反映人工智能领域的最新发展；在内容表达上力求由浅入深、通俗易懂；在形式和体例上力求科学、合理、严密、完整，具有较强的系统性和实用性。

“人工智能应用丛书”自 2017 年开始问世至今已有两年有余，已出版和正在出版的有 12 本，正在组织编写即将出版的还有 10 余本。

本丛书自出版发行以来广受欢迎，为进一步满足读者的要求，丛书编委会在 2019 年组织了两次大型活动，即于 2019 年 1 月在上海召开了丛书发布会与人工智能应用技术研讨会，同年 8 月在北京举办了人工智能应用技术宣讲与培训班。

2019 年是关键性的一年，随着人工智能研究、产业发展和应用的普及，人工智能人才培养已迫在眉睫，一批新的人工智能专业已经上马，教育部已于 2018 年批准 35 所高校开设工智能专业，同时有 78 个与人工智能应用相关的智能机器人专业，以及 128 个智能医学、智能交通等跨界融合型应用专业也相继招生，在 2019 年教育部又批准 178 个人工智能专业，同时还批准了多个人工智能应用相关专业，如智能制造专业、智能芯片技术专业等。人工智能及相关应用人才的培养在教育领域已掀起高潮。

面对这种形势,在设立专业的同时,迫切需要继续深入探讨相关的课程设置,教材编写、也成当务之急,因此中国铁道出版社有限公司在原有应用丛书基础上,又策划组织了"全国高等院校人工智能系列'十三五'规划教材",以组织编写人工智能应用型专业教材为主。

这两套丛书均以"人工智能应用"为目标,采用两块牌子一个班子方式,建立统一的"丛书编委会",即两套丛书一个编委会。

这两套丛书适合人工智能产品开发和应用人员阅读,也可作为高等院校计算机专业、人工智能等相关专业的教材及教学参考材料,还可供对人工智能领域感兴趣的读者阅读。

丛书在出版过程中得到了人工智能领域、计算机领域以及其他多个领域很多专家的支持和指导,同时也得到了广大读者的支持,在此一并致谢。

人工智能是一个日新月异、不断发展的领域,许多理论与应用问题尚在探索和研究之中,观点的不同、体系的差异在所难免,如有不当之处,恳请专家及读者批评指正。

"人工智能应用丛书"编委会

"全国高等院校人工智能系列'十三五'规划教材"编委会

2019 年 12 月

前　言

近年来，人工智能强势崛起，特别是2016年AlphaGo和韩国九段棋手李世石的人机大战，让人们领略了人工智能技术的巨大潜力。数据是载体，智能是目标，而机器学习是从数据通往智能的技术途径。因此，机器学习是数据科学的核心，是现代人工智能的本质。

通俗地说，机器学习就是从数据中挖掘出有价值的信息。数据本身是无意识的，它不能自动呈现有用的信息。那怎样才能找出有价值的东西呢？首先要给数据一个抽象的表示；接着基于表示进行建模；然后估计模型的参数，也就是计算；为了应对大规模的数据所带来的问题，还需要设计一些高效的实现手段，包括硬件层面和算法层面。统计是建模的主要工具和途径，而模型求解大多被定义为一个优化问题，特别是频率派方法其实就是一个优化问题。而贝叶斯模型的计算则往往牵涉蒙特卡罗（Monte Carlo）随机抽样方法。因此，机器学习是计算机科学和统计学的交叉学科。

借鉴计算机视觉理论创始人马尔（Marr）关于计算机视觉的三级论定义，北京大学的张志华教授把机器学习也分为三个阶段：初级、中级和高级。初级阶段是数据获取以及特征的提取。中级阶段是数据处理与分析，它又包含三方面：首先是应用问题导向，简单地说，它主要应用已有的模型和方法解决一些实际问题，可以理解为数据挖掘；其次，根据应用问题的需要，提出和发展模型、方法、算法以及研究支撑它们的数学原理或理论基础等，这是机器学习学科的核心内容；第三，通过推理达到某种智能。高级阶段是智能与认知，即实现智能的目标。数据挖掘和机器学习本质上是一样的，其区别是数据挖掘更接近于数据端，而机器学习则更接近于智能端。

统计方法是机器学习的基础

2016年被选为美国科学院院士的卡内基·梅隆大学统计系教授沃塞曼（Larry Wasserman）写了一本书：《统计学完全教程》（*All of Statistics*）。可以说这是一本为统计学者写的计算机领域的书，为计算机学者写的统计领域的书。

现在大家达成了一个共识：如果你在用一个机器学习方法，而不懂其基础原理，这是一件非常可怕的事情。正是由于这个原因，学术界对深度学习还是心存疑虑的。尽管深度学习已经在实际应用中展示出其强大的能力，但其中的原理目前大家还不是太清楚。

计算机学家通常具有强大的计算能力和解决问题的直觉，而统计学家擅长理论分析和问题建模，因此，两者具有很好的互补性。Boosting、支持向量机（SVM）、集成学习和稀疏学习是机器学习界也是统计界在近十年或者是近二十年来最为活跃的方向，这些成果是统计界和计算机科学界共同努力成就的。例如：数学家瓦普尼克（Vapnik）等人早在20世纪60年代就提出了支持向量机的理论，但计算机界直到20世纪90年代末才发明了非常有效的求解算法，并随着后续大量优秀实现代码的开源，支持向量机现在成为分类算法的一个基准模型。再比如，核主成分分析（Kernel Principal Component Analysis，KPCA）是由计算机学家提出的一个非线性降维方法，其实它等价于经典多维尺度分析（Multi-Dimensional Scaling，MDS）。而后者在统计界是很早就存在的，但如果没有计算机界重新发现，有些好的东西可能就被埋没了。

机器学习方法分类

机器学习（Machine Learning）是一门多领域交叉学科，涉及概率论、统计学、逼近论、凸分析、算法复杂度理论等多门学科。专门研究计算机怎样模拟或实现人类的学习行为，以获取新知识或技能，重新组织已有的知识结构使之不断改善自身的性能。

1. 按照有无监督分类

有监督学习（Supervised Learning）：从给定的有标注的训练数据集中学习出一个函数（模型参数），当新的数据到来时可以根据这个函数预测结果。常见任务包括分类与回归。

无监督学习（Unsupervised Learning）：没有标注的训练数据集，需要根据样本间的统计规律对样本集进行分析，常见任务如聚类等。

半监督学习（Semi-supervised Learning）：结合（少量的）标注训练数据和（大量的）未标注数据来进行数据的分类学习。

增强学习（Reinforcement Learning）：外部环境对输出只给出评价信息而非正确答案，学习机通过强化受奖励的动作来改善自身的性能。

多任务学习（Multi-task Learning）：把多个相关（Related）的任务放在一起同时学习。

2. 按照解决问题分类

按照解决问题可分为：分类问题、回归问题、聚类问题和其他问题。

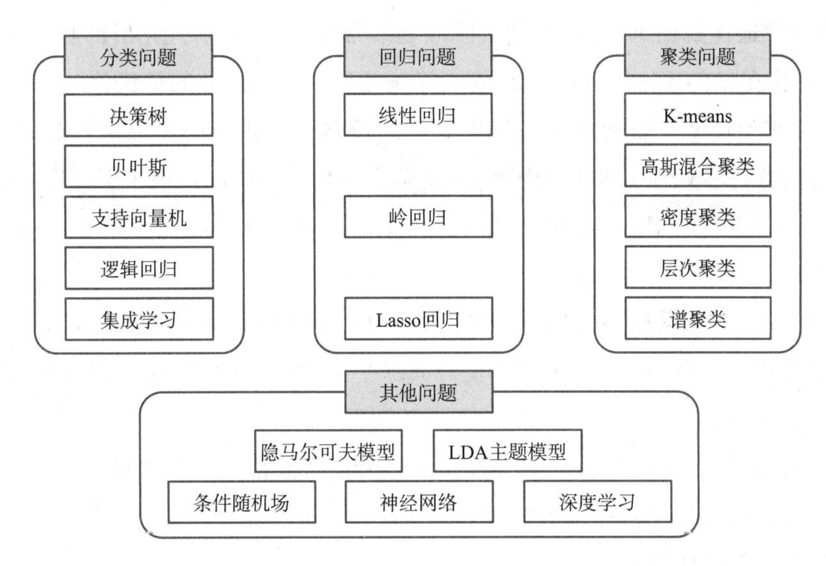

隐马尔可夫模型是一个关于时序的概率模型,描述由隐马尔可夫链随机生成观测序列的过程,属于生成模型。隐马尔可夫模型在语音识别、自然语言处理、生物信息等领域有着广泛的应用。

条件随机场是一个序列标注模型,其优点在于为一个位置进行标注的过程中可以利用丰富的内部及上下文特征信息。

LDA 主题模型是一种文档主题生成模型,是一种非监督机器学习技术。通过模拟文档生成过程,可以用来识别大规模文档集或语料库中潜藏的主题信息。

机器学习面临的难题与挑战

(1)数据稀疏性:训练一个模型,需要大量(标注)数据,但是数据往往比较稀疏。例如:想训练一个模型表征某人"购物兴趣",但是这个人在网站上浏览行为很少,购物历史很少,很难训练出一个"有意义模型"来预测应该给这个人推荐什么商品等。

(2)高数量和高质量标注数据需求:获取标定数据需要耗费大量人力和财力。而且,人会出错,有主观性。如何获取高数量和高质量标定数据,或者用机器学习方法只标注"关键"数据(主动学习)值得深入研究。

(3)冷启动问题:一个好互联网产品,用的人越多,得到的数据越多;得到的数据越多,模型训练得越好,产品会变得更好用,用的人就会更多……进入良性循环(涟漪效益)。对于一个新产品,在初期要面临数据不足的冷启动问题。

(4)泛化能力问题:训练数据不能全面、均衡地代表真实数据。

(5)模型抽象困难:总结归纳实际问题中的数学表示非常困难。

(6)模型评估困难:在很多实际问题中,很难形式化地、定量地评估一个模型的结果是好还是不好。

(7)寻找最优解困难:要解决的实际问题非常复杂,将其形式化后的目标函数也非常复杂,往往在目前还不存在一个有效的算法能找到目标函数的最优值。

(8)可扩展性是互联网的核心问题之一。搜索引擎索引的重要网页超过100亿:如果1台机器每秒处理1 000个网页,需要至少100天。所以出现了MapReduce、MPI、Spark、Pegasus、Pregel、Hama等分布式计算构架。选择什么样的计算平台,与算法设计紧密相关。

(9)速度是互联网核心的用户体验。线下模型训练可以花费很长时间,如Google某个模型更新一次需要几千台机器,大约训练半年时间。但是,线上使用模型时要求一定要"快,并且实时"。

(10)在线学习:互联网每时每刻都在产生大量新数据,要求模型随之不停更新,所以在线学习是机器学习的一个重要研究方向。

机器学习发展的启示

"机器学习"在其十年的黄金发展期,机器学习界并没有过多地炒作"智能"或者"认知",而是关注于引入统计学等来建立学科的理论基础,面向数据分析与处理,以无监督学习和有监督学习为两大主要的研究问题,提出和开发了一系列模型、方法和计算算法等,切实地解决了工业界所面临的一些实际问题。因为大数据的驱动和计算能力的极大提升,一批面向机器学习的底层架构先后被开发出来。神经网络其实在20世纪80年代末或90年代初就被广泛研究,但后来沉寂了。而基于深度学习的神经网络强势崛起,给工业界带来了深刻的变革和机遇。深度学习的成功不是源自脑科学或认知科学的进展,而是因为大数据的驱动和计算能力的极大提升。

机器学习的发展诠释了多学科交叉的重要性和必要性。然而这种交叉不是简单地彼此知道几个名词或概念就可以的,是需要真正融会贯通。统计学家弗莱德曼早期从事物理学研究,他是优化算法大师,而且他的编程能力同样令人赞叹。乔丹教授既是一流的计算机学家,又是一流的统计学家,而他的博士专业为心理学,他能够承担起建立统计机器学习的重任。辛顿教授是世界最著名的认知心理学家和计算机科学家。虽然他很早就成就斐然,在学术界久负盛名,但他依然始终活跃在一线,自己写代码。他提出的许多想法简单、可行又非常有效,被称为伟大的思想家。正是由于他的睿智和身体力行,深度学习技术迎来了革命性的突破。这些学者非常务实,从不提那些空洞无物的概念和框架。他们遵循自下而上的方式,从具体问题、模型、方法、算法等着手,一步一步实现系统化。

可以说机器学习是由学术界、工业界、创业界(或竞赛界)等合力造就的。学术界是引擎,工业界是驱动,创业界是活力和未来。学术界和工业界应该有各自的职责和分工。学术界的职责在于建立和发展机器学习学科,培养机器学习领域的专门人才;而大项目、大工程更应该由市场来驱动,由工业界来实施和完成。

本书内容包括机器学习概述、决策树学习、多层感知器、维度约简、支持向量机、无监督学习、概率图模型、强化学习、深度学习。除包括基本概念、基本知识外，每章均包括相关技术的应用概述及典型应用案例。

本书适合作为高等院校人工智能、数据科学与大数据、计算机科学与技术、软件工程等计算机类专业的本科生及研究生“机器学习”课程的教材，也可作为机器学习各类培训用书和爱好者的参考书。

贲可荣、魏娜撰写第1、2、3、5、9章及第6.6节，张献参与第9章的撰写。其余章节（含第2.5节）由袁景凌老师撰写，董建升、丁远远、曹阳、肖嵩参加了部分案例编写。贲可荣组织了本书编写，并撰写前言。南京大学徐洁磐教授审阅了全书，并提出宝贵意见，特此致谢。最后感谢参考文献的所有作者。

由于时间仓促及编者水平所限，必定存在许多不足，恳请读者批评指正，将不胜感谢。

编　者

2019年11月

目　录

第6章　无监督学习 …… 89

第7章　概率图模型 …… 118

第1章 机器学习概述

机器学习一直是人工智能的一个核心研究领域，随着计算机技术向智能化、个性化方向发展，尤其是随着数据收集和存储设备的飞速升级，科学技术的各个领域都积累了大量的数据，利用计算机来对数据进行分析，成为绝大多数领域的共性需求。2010 年和 2011 年的图灵奖分别授予机器学习领域的两位杰出学者 Leslie Valiant、Judea Pearl。出生于英国的理论计算机科学家、哈佛大学教授 Leslie Valiant 因为“对众多计算理论（包括 PAC 学习、枚举复杂性、代数计算和并行与分布式计算）所做的变革性的贡献”而获得 2010 年图灵奖。Valiant 最大的贡献是 1984 年发表的论文 *A Theory of the Learnable*，使诞生于 20 世纪 50 年代的机器学习领域第一次有了坚实的数学基础，这对人工智能诸多领域包括加强学习、机器视觉、自然语言处理和手写识别等都产生了巨大影响。2011 年的图灵奖颁发给了加利福尼亚大学洛杉矶分校（UCLA）的 Judea Pearl 教授，奖励他在人工智能领域的基础性贡献，他提出概率和因果性推理演算法，彻底改变了人工智能最初基于规则和逻辑的方向。

2018 年的图灵奖颁发给了深度学习的三位推动者蒙特利尔大学教授、魁北克人工智能研究所的科学主任 Yoshua Bengio，谷歌副总裁、Vector 人工智能研究院首席科学顾问、多伦多大学名誉教授 Geoffrey Hinton，纽约大学教授、Facebook 副总裁兼首席 AI 科学家 Yann LeCun。三位获奖者开创了深度神经网络（Deep Neural Network），该技术为深度学习算法的发展和应用奠定了基础。美国计算机协会（ACM）主席 Cherri M. Pancake 指出，人工智能的发展在很大程度上归功于深度学习的新进展。

本书介绍了机器学习的定义、意义和简史，机器学习的主要策略和基本结构，详尽阐述了各种机器学习的方法与技术，包括归纳学习、决策树学习、解释学习、基于反向传播的学习、竞争网络、深度学习、支持向量机和统计关系学习等。

学习是一个过程，它允许智能体（Agent）通过指令的接收或经验的积累对自身性能进行改进，被视为智能行为的基础。智能等级不是由技能来定义的，而是由这些物种的学习能力及学习任务的复杂性来定义的。学习可能只是一个简单的联想过程，给定了特定的输入，就会产生特定的输出。狗可以通过学习将命令“坐”同行为“坐”

的身体反应联系起来。联想学习对许多任务(如目标识别)来说都是最基本的。此外,学习通过与环境的直接交互来获取技能;“设法去做(try to do)”方法就像学骑车。人类生来具有骑车的身体特征,但却没有能够将感官输入同所需动作联系起来的相关知识,通过这些动作,人们才能骑好车。Agent通过学习获得了知识,这就是知识的自动获取。对大多数学习来说,都会存在某种层次上的先验知识。先验知识可能是隐含的,因为它影响着对学习算法的选择以及对输入的预处理。而有时人们又需要显式使用学习中的这些知识,如使用因果联系的先验知识建造贝叶斯网络,然后再应用学习算法从样本数据库中为每个变量生成相应的先验分布。

学习的成功是多种多样的:学习识别客户的购买模式以便能检测出信用卡欺诈行为,对客户进行扼要描述以便对市场推广活动进行定位,对网上内容进行分类并按用户兴趣自动导入数据,为贷款申请人的信用打分,对燃气涡轮的故障进行诊断等。学习也已在诸多领域内得到印证,如汽车导航系统、星体类别的发现,以及学下西洋双陆棋以达到世界冠军的水平。

1.1 学习中的元素

无论是动物、机器部件抑或软件,任何学习Agent的核心都只是一个算法,该算法定义了用于学习的过程(指令集)。算法用来将输入数据转换成为某种特定形式的有用输出,这个输出可以是光扫描手写体的识别,可以是机器人为抓住某物体需要执行的动作,可以是棋类游戏中的下一步移动,也可以是是否允许贷款申请人贷款的建议。学习的结果称为目标函数。如果学习正确,目标函数应能接收输入数据并产生正确(最优)的输出。例如:目标函数可能会接收一幅扫描字符图像,然后输出$\{A,B,\cdots,Z,0,1,\cdots,9\}$中对应的一个实例。这时会有一系列问题需要回答:目标函数如何表示?在学习的过程中对什么进行适应?如何指导或提供判断,使得Agent可以知道学习正沿着正确的路线进行?如何知道学习将在什么时候完成?又如何知道学习已获成功?

假定存在一个有关职业骑手的数据库,这些职业骑手从事以下运动项目之一:骑马越障碍表演、无障碍赛跑或耗时三天的综合全能马术比赛。该数据库记录了这样一些属性:年龄、身高、参加竞赛的年限及体重。该学习的任务就是从体重这一属性来判断某骑手是否是一名职业赛马骑手(无障碍赛跑骑手)。数据库中的每条记录都标记有骑手的运动项目。学习的第一项任务就是从中选取一个训练数据集,这些训练数据将构成数据库的一个子集,通常采用随机选取的方法。在这个例子中,感兴趣的属性只有体重和运动项目。体重是一个实值属性,以千克为单位。运动项目是一个文本标签,它标记了每位骑手从事的运动项目,取值为{职业赛马骑手、骑马越障碍表演骑手、综合全能马术比赛骑手}中的一个。目标函数是一个二值分类器,如果该骑手是一名职业赛马骑手,则输出 1,否则输出 0。运动项目还可替换为一个新属性,它对所有职业赛马骑手都标记为正,其他类型的骑手都标记为负。

从例子中进行学习通常被视为归纳推理。每个例子都是一个序偶$(x,f(x))$,对每一个输入 x,都有确定的输出 $f(x)$。学习过程将产生对目标函数 f 的不同逼近,f 的每一个逼近都称为一个假设,假设需要以某种形式加以表示。在判断是否为职业赛马骑手的这个学习任务中,选择的假设表示一个简单的阈值函数,定义如下:

$$f(x_i)=\begin{cases}1, & \text{如果} \quad x_i \leq T \\ 0, & \text{如果} \quad x_i > T\end{cases}$$

式中,x_i是例子 i 中属性体重的取值;T 是一个实数阈值。

通过调整假设表示,学习过程将产生假设的不同变形,在表示中需要修改的通常指参数。在这个例子中,只存在一个参数 T。训练集中的每个例子都对应于一个目标输出 t,如果例子标记为正,则 $t=1$,否则 $t=0$。每个例子的实际输出 y_i可由公式 $y_i=f(x_i)$ 计算得到,这个实际输出可能不同于目标输出,在这种情况下,存在误差 Δ_i。

可以直接使用贝叶斯统计计算得到阈值 T。算法对每一个例子进行处理,然后在训练数据上循环迭代,直到每个例子的输出在连续两次迭代中都保持不变。

学习完成后,测试数据集用来审视学习成功的程度。设计学习算法的目的都是要它在那些训练中未遇到的数据上具有可接受的性能。在上面的例子中,通过学习得到的函数应能指出某个骑手是否为职业赛马骑手。如果骑手的运动项目未知,则该骑手的体重就可用来预测他是否为职业赛马骑手。

以上函数形式的局限性在于它的输出不是 0 就是 1。事实上,问题很少像这样具有确定性,一个二值输出并不能提供中间的灰度区域。在许多问题中,拥有确定性度量是合理的。提供这种度量的一种方法是采用某个函数,它的输出提供了在给定体重的情况下骑手 x 是职业赛马骑手的一个概率度量,即 p(职业赛马骑手|体重)。这样,概率分布函数就可以用来替代上述阈值函数。最常用的分布是高斯分布。对单一属性来说,高斯函数由两个参数决定:均值和标准差。均值给出的是函数中心的位置,标准差度量的是函数的散布范围。图 1-1 给出了一个高斯函数。很多密度估计技术可用来对高斯函数的参数进行学习。

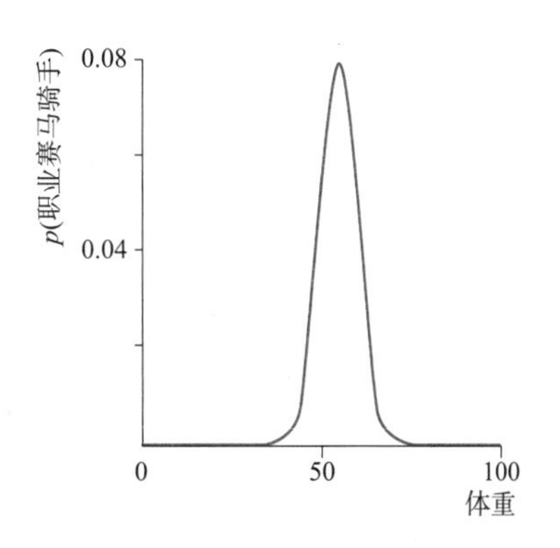

图 1-1　一维高斯分布示例

在上面的例子中,目标函数表示的选择是非常有限的。如果能利用更多的可用数据,目标函数就有可能更准确地识别出职业赛马骑手。此例仅使用了其中的一个属性——体重。如果训练例子可由一个输入属性来描述,这就是一维问题。如果同时还使用了另外一个属性,如身高,那么该问题就变成二维问题。很多学习类型都试图将输入同高维空间中的某个决策区域关联起来。在一个二维平面(两个输入)上,决策区域可由多条直线来定义,假设表示决定了这些区域的形状。例如:在二维空间中,高斯函数就变成了钟形。许多学习问题都使用了多个属性,因此被视为高维问题。应小心选取属性的个数,这是因为增加太多属性会导致分类性能的退化,这就是维数灾难,这与期望的正好相反。对于相对少量的训练例子,如果使用了太多属性,就会使高维空间变得非常稀疏,这意味着训练例子过于分散,带来的危险是本属于同一类的训练例子被分割到了不同的区域。另外要注意,学到的假设可能会是目标函数的一个不好的表示,此时对新数据的分类精度将会很差。

1.2 目标函数的表示

学习算法可以按照不同方式进行分组:可以分为有监督和无监督两种;或者按照学习任务的类型进行分组,如概念学习或回归学习;还可按照应用领域进行分组。此外,还可按照目标函数的表示方法对学习进行分组。图 1-2 给出了三种不同的假设(目标函数)表示方法。第一种表示方法使用了一棵树,根结点表示属性,分支表示属性值。树可用来表示分类函数、决策函数,甚至还可用来表示程序。第二种表示方法使用了一阶逻辑。为了对一组点进行分类,第三种表示方法使用两条直线组成一个决策区域。还有其他的假设表示方法,其中包括图和二进制串。不同的表示方法不一定相互排斥,因为一种表示方法可以从不同的角度进行观察。用来分类的树实际上也相应地定义了高维空间中的一组决策区域。因此,使用不同表示方法的算法相互之间可以进行比较,有时还能发现在给定相同任务的情况下这些算法有相似的性能。影响表示选择的因素很多,如属性类型(连续/离散),执行学到的任何函数必需的速度,学习过程是否为整个系统的一部分,以及特定学习算法将会有更好性能的信念等。某些算法指定工作于连续值属性,而其他一些算法则指定工作于离散值属性,还有一些算法能够工作在连续值和离散值属性混合的情况下。假设应如何表示?只有对特定应用领域及不同学习算法有了较好的理解之后才能决定。

经常影响假设表示选择的另外一个因素是已学知识的可见性。许多表示形式如分类树和一阶逻辑都能够对知识进行显式表示。通过显式表示,就可能对如何产生这个决策进行解释。某些假设更像一个黑匣子。例如:通过神经网络学习得到的知识是由该网络的权值来表示的，这样几乎不能表达什么直观上的信息，因此称为黑匣子。尽管正在进行的很多研究都试图理解神经网络的表示，并开发出一些技术用来将已学到的知识转化为某种更加可读的表示形式。但是，很多学习问题难以解释获得的知识，目前还不得不接受这个事实。具有争议的是，对任何学习智能体获得的知识进行洞察应该是更可取的，但神经网络等这类学习机器的确被证明是非常适合于现实世界问题的。

在学习过程中会产生不同的候选假设。图1-2给出了3种目标函数表示方法。在学习过程中会产生不同的树，每一棵树表示一个分类函数，如图1-2(a)所示。通过增加或删除文字可以对一阶谓词逻辑表达式进行修改，如图1-2(b)所示。对于第三种表示方法，如图1-2(c)所示，可通过重画已有直线或增加额外直线对其中的直线进行修改，这样可产生不同的候选假设。学习过程可被视为在候选假设空间上的一个搜索，搜索的目的是寻找最能表示目标函数的那个假设。

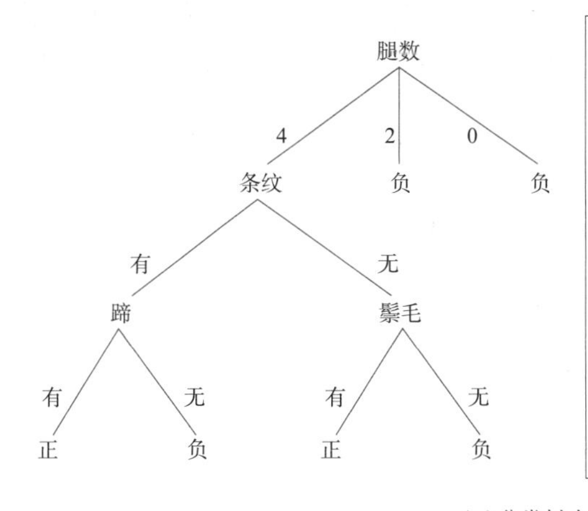

该假设表示为一棵分类树。属性由根结点表示，属性的不同取值由相应分支表示(如在根结点下各分支旁所标注的数值{0,2,4})。标记为正的那些叶结点表示大多数给定例子的目标值同目标分类相匹配，而标记为负的那些叶结点则表示大多数给定例子的目标值同目标分类不匹配。从最上层的根结点开始，然后沿着同对应属性值相匹配的分支一直向下，直到某个叶结点为止，该例子就相应地指派给这个叶结点。

(a)分类树表示

鳞(鱼)，腿数(鱼,0) 排卵(鱼)，栖息地(鱼,水)

该假设表示为文字的合取。

(b)谓词逻辑表示

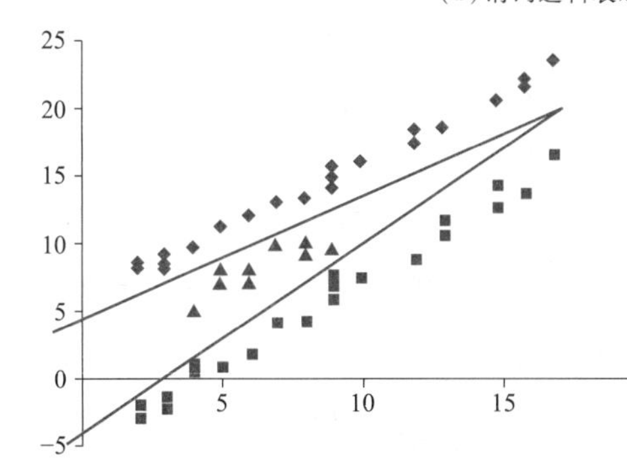

该假设表示为一个决策函数，由两条直线组成。为了将三角形点同其他数据点分离开来，要求三角形点位于这两条直线的中间。

(c)二维平面表示

图1-2 目标函数表示方法的3个例子

1.3 机器学习系统的基本结构

机器学习系统的基本结构如图 1 –3 所示。环境向系统中的学习部分提供某些信息,学习部分利用这些信息修改知识库,以增进执行部分完成任务的效能,执行部分根据知识库完成任务,同时把获得的信息反馈给学习部分。在具体的应用中,环境、知识库和执行这 3 部分决定了具体的工作内容,学习部分所需要解决的问题完全由上述 3 部分确定。下面分别叙述这 3 部分对机器学习系统设计的影响。

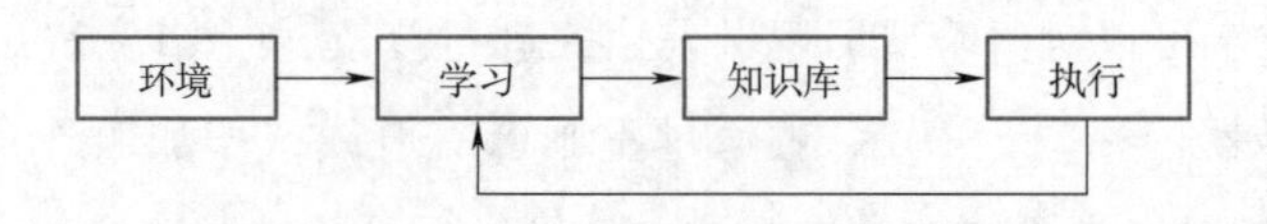

图 1 –3 机器学习系统的基本结构

影响机器学习系统设计的最重要的因素是环境向系统提供的信息。知识库里存放的是指导执行部分动作的一般原则,但环境向系统提供的信息却是各种各样的。如果信息的质量比较高,与一般原则的差别比较小,则学习部分就比较容易处理。如果向系统提供的是杂乱无章的信息,则机器学习系统需要在获得足够数据之后,删除不必要的细节,进行总结推广,形成指导动作的一般原则,放入知识库。这样,学习部分的任务就比较繁重,设计起来也较为困难。

因为机器学习系统获得的信息往往是不完全的,所以系统所进行的推理并不完全是可靠的,它总结出来的规则可能正确,也可能不正确,这要通过执行效果加以检验。正确的规则能使系统的效能提高,应予以保留;不正确的规则应予以修改或从知识库中删除。

知识库是影响机器学习系统设计的第二个因素。知识的表示有多种形式,如特征向量、一阶逻辑语句、产生式规则、语义网络和框架等。这些表示方式各有其特点,在选择表示方式时要兼顾以下 4 方面:

(1)表达能力强。例如,如果研究的是一些孤立的木块,则可选用特征向量表示方式。用(<颜色>, <形状>, <体积>)这种形式的向量表示木块。用一阶逻辑公式描述木块之间的相互关系,如用公式 $\exists x \exists y(\mathrm{RED}(x) \wedge \mathrm{GREEN}(y) \wedge \mathrm{ONTOP}(x,y))$ 表示一个红色的木块在一个绿色的木块上面。

(2)易于推理。例如,在推理过程中经常会遇到判别两种表示方式是否等价的问题。在特征向量表示方式中,解决这个问题比较容易;在一阶逻辑表示方式中,解决这个问题要花费较高的计算代价。因为机器学习系统通常要在大量的描述中查找,太高的计算代价会严重影响查找的范围,所以如果只研究孤立的木块而不考虑相互的位置,则应该使用特征向量表示。

(3)容易修改知识库。机器学习系统的本质要求它不断地修改自己的知识库,当推广得出一般执行规则后,要加到知识库中去。当发现某些规则不适用时要将其删除。因此机器学习系统的知识表示,一般都采用明确、统一的方式,如特征向量、产生式规则等,以利于知识库的修改。新增加的知识可能与知识库中原有的知识相矛盾,有必要对整个知识库作全面调整;删除某一知识也可能使许多其他知识失效,也需要进一步作全面检查。

(4)知识表示易于扩展。随着系统学习能力的提高,单一的知识表示已经不能满足需要;一个系统可能同时使用几种知识表示方式。有时还要求系统自己能够构造出新的表示方式,以适应外界信息不断变化的需要。因此要求系统包含如何构造表示方式的元级描述,人们把这种元级知识也看成是知识库的一部分。这种元级知识使机器学习系统的能力得到极大提高,使其能够学会更加复杂的东西,不断地扩大它的知识领域和执行能力。

机器学习系统不能在全然没有任何知识的情况下凭空获取知识,每一个学习系统都要求具有某些知识以理解环境提供的信息,分析比较,做出假设,检验并修改这些假设。因此,学习系统是对现有知识的扩展和改进。

1.4 学习任务的类型

应用机器学习的领域很多,下面仅列举了其中的某一些学习任务类型。

1. 分类学习

很多应用都可归类于分类学习的范畴,光扫描和自动识别手写字符就是这样一种应用,该应用要求机器能够扫描字符图像并输出对应的类别。若语言为英语,则机器需要学习的只是对数字0~9以及字符A~Z的分类。这个学习过程是有监督的,因为每个训练例子的类标都是已知的。当然,无监督学习也广泛地用在分类任务中,即便目标分类对任一训练例子来说都是已知的,采用无监督技术有时也非常有用,因为这样可以审视这些训练例子是如何按照不同属性进行分组的。无监督学习还广泛地用在没有可用目标分类的情况下,这时的学习任务就是在训练例子中搜寻那些较为相似的模式。这样的典型应用是对传感器获得的数据进行异常检测,传感器固定在机器(如直升机变速器)上,这样可及时检测出对应机器的故障,以免导致更大的错误。

2. 动作序列学习

对棋类游戏以及那些周游于办公室附近用来清空垃圾箱的机器人来说,都需要情景估计和动作选择。用来下棋的Agent必须读懂棋盘的当前状态,并决定将要采取的下一步动作:移动某个棋子,依据是它相信这个动作将使获胜的可能性最大。同理,机器人决定采取的下一步动作将使垃圾收集的效率最大,同时确保在到达再次充电地点之前不会搁浅。

机器学习有可能让人工智能角色积累经验,改进自己的技能并适应不同的玩家。归纳学习和增强学习是游戏环境最受关注的两种机器学习方法。狮头公司的战略游戏“黑与白”及其续集采用了将两者组合的技术。

在“黑与白”游戏中,每个玩家分到一个宠物,作为在人工智能控制下的支持者。玩家可以教导宠物,通过抚摸来鼓励正确的行为,通过拍打来惩罚错误的行为。归纳学习和增强学习的组合使用,可使宠物对个别行动的肯定或者批评应答进行总结,形成一般性的应该或不应该采取哪些行动的指导规则。

另一个游戏中应用机器学习的例子是 Drivatar 技术。该技术是微软的赛车游戏“极限竞速”的显著特色,可以让玩家按照自己的驾驶方式训练智能控制的车手。按照其中一位游戏开发人员的说法,机器学习可以成为“可怕的魔法师”,使游戏的智能具备了超越程序预先设定行为的潜能。

3. 最优决策学习

学习过程还包括对贝叶斯网络和决策网络结构的自动创建,以及随着经验的积累不断对其分布进行调整。另外,决策过程还可能表达为一棵决策树。学习的这些形式当然也包括可能会串行执行甚至会并行执行的动作。学到的决策过程在期望奖励与期望惩罚之比最大化这个意义下一定是最优的。例如:对是否要发射航天器进行决策一定要在按时发射和失败风险之间进行权衡,这种风险是由外部因素(如天气条件)引起的。

4. 回归函数学习

回归函数学习指的是学习一个变量(因变量)与其他变量(自变量)间的某种相关性。这样的典型应用包括对正常记录的某些缺失信号进行插值,造成这种问题的原因可能是传感器故障。例如,某喷气式发动机有两个轴:一个轴连接低速压缩机;另一个轴连接高速压缩机。这两个轴在机械上是相互独立的,但它们旋转的速度却是相关的。旋转速度用来计算性能,这是飞机发动机的一个关键度量。传感器故障可导致其中一个轴的某信号缺失,这样就有可能通过其他发动机控制参数对该缺失信号进行插值,这些控制参数中就包括另外一个轴的旋转速度。回归函数学习的另一个例子是对股票指数的未来值进行预测。

5. 程序学习

所有学习形式都可视作一种自动程序设计。然而,也存在另外一些学习算法,它们的特定目的就是用来学习表示任务的解决方案,表示的语法很像一种编程语言。例如:存在某些学习算法,它们的目标函数就是人工智能语言 Prolog 的一段程序。

1.5 机器学习的定义和发展史

学习是人类具有的一种重要智能行为。学习是系统在不断重复的工作中对本身能力的增强或者改进,使得系统在下一次执行同样任务或类似任务时,比现在做得更好或效率更高。

1959年,Samuel设计了一个下棋程序,这个程序具有学习能力,它可以在不断地对弈中改善自己的棋艺。4年后,这个程序战胜了设计者本人。又过了3年,这个程序战胜了美国一个保持8年之久的常胜不败的冠军。这个程序向人们展示了机器学习的能力。

机器学习是一门研究机器获取新知识和新技能,并识别现有知识的人工智能分支。它的发展过程大体上可分为如下五个阶段:

(1)从20世纪50年代中叶至60年代中叶,属于热烈时期。在这个时期,所研究的是"没有知识"的学习,即"无知"学习;其研究目标是各类自组织系统和自适应系统;其主要研究方法是不断修改系统的控制参数以改进系统的执行能力,不涉及与具体任务有关的知识。指导本阶段研究的理论基础是早在20世纪40年代就开始研究的神经网络模型。这个阶段的研究促使了"模式识别"的诞生,同时形成两种机器学习方法——判别函数法和进化学习。Samuel的下棋程序就是使用判别函数法的典型例子。

(2)从20世纪60年代中叶至70年代中叶,被称为冷静时期。本阶段的研究目标是模拟人类的概念学习过程,并采用逻辑结构或图结构作为机器内部描述。机器能够采用符号来描述概念(符号概念获取),并提出关于学习概念的各种假设。本阶段的代表性工作有Winston的结构学习系统和Hayes Roth等人的基于逻辑的归纳学习系统。虽然这类学习系统取得较大的成功,但只能学习单一概念,而且未能投入实际应用。此外,神经网络学习机因理论缺陷未能达到预期效果而转入低潮。

(3)从20世纪70年代中叶至80年代中叶,称为复兴时期。在这个时期,人们从学习单个概念扩展到学习多个概念,探索不同的学习策略和各种学习方法。机器的学习过程一般都建立在大规模的知识库上,实现知识强化学习。本阶段开始把学习系统与各种应用结合起来,促进了机器学习的发展。在出现第一个专家学习系统之后,示例归约学习系统成为研究的主流,自动知识获取成为机器学习的应用研究目标。1980年,在美国的卡内基·梅隆大学(CMU)召开了第一届机器学习国际研讨会。1984年提出分类与回归树(CART)方法。此后,机器归纳学习进入应用。1986年,杂志《机器学习》(*Machine Learning*)创刊。20世纪70年代末,中国科学院自动化研究所进行质谱分析和模式文法推断研究。

(4)1986年是机器学习的新的转折点。1986年提出反向传播算法,1989年提出卷积神经网络。由于神经网络研究的重新兴起,机器学习的研究出现新的高潮,实验研究和应用研究得到重视。在这一时期,符号学习由"无知"学习转向有专门领域知识的增长型学习,因而出现了有一定知识背景的分析学习。神经网络中的反向传播算法获得应用。基于生物发育进化论的进化学习系统和遗传算法,因吸取了归纳学习与连接机制学习的长处而受到重视。基于行为主义(Actionism)的强化学习系统因发展新算法和应用连接机制学习遗传算法的新成就而显示出新的生命力。数据挖掘研究的蓬勃发展,为从计算机数据库和计算机网络(含因特网)提取有用信息和知识提供了新的方法。

(5)20世纪90年代中期到21世纪初期是机器学习发展的黄金时期,主要标志是学术界涌现出一批重要成果,如基于统计学习理论的支持向量机(1995)、随机森林(2001)和AdaBoost算法(1997)等集成分类方法,循环神经网络(RNN)和LSTM(1997)、流形学习(2000)、概率图模型、基于再生核理论的非线性数据分析与处理方法、非参数贝叶斯方法、基于正则化理论的稀疏学习模型及应用等。这些成果奠定了统计学习的理论基础和框架。在这一时期机器学习算法真正走向了实际应用。典型的代表是车牌识别、印刷文字识别(OCR)、手写文字识别、人脸检测技术(数码照相机中用于人脸对焦)、搜索引擎中的自然语言处理技术和网页排序、广告点击率预估(CTR)、推荐系统、垃圾邮件过滤等。

现在,机器学习已经成为计算机科学和人工智能的主流学科。这主要体现在下面三个标志性的事件。

第一,2010年2月,加州大学伯克利分校教授迈克尔·乔丹(Michael Jordan)和卡内基·梅隆大学教授米歇尔(Mitchell T. M.)同时当选为美国工程院院士,同年5月,乔丹教授又当选为美国科学院院士。随后几年,概率图模型专家科勒(Daphne Koller)当选为美国工程院院士,理论计算机学家和机器学习专家、Boosting的主要建立者之一夏皮尔(Robert Schapire)当选为美国工程院院士和科学院院士。期间,斯坦福大学的统计学家弗莱德曼(Brian Fledman)和提布施瓦尼(Robert Tibshirani)、伯克利分校的华裔统计学家郁彬,以及卡内基·梅隆大学统计学家沃塞曼(Larry Wasser man)也先后当选美国科学院院士。这是一个非常有趣的现象,因为这些学者都在机器学习领域做出了非常重要的贡献,如弗莱德曼的工作包括分类回归树、多元自适应回归(Multivariate Adaptive Regression Splines, MARS)和梯度推进机(Gradient Boosting Machines, GBM)等经典机器学习算法,而提布施瓦尼是最小绝对收缩和选择算子(Least Absolute Shrinkage and Selection Operator, LASSO)的提出者。此外,优化算法专家鲍德(Stephen Boyd)当选美国工程院院士,他和范登贝格(Lieven Vandenberghe)的合著《凸优化》(*Convex Optimization*)可以说风靡机器学习界。2019年,机器学习专家、深度学习的领袖、多伦多大学教授辛顿(Geaffrey Hinton)以及该校统计学习专家瑞德(Nancy Reid)分别当选美国工程院和科学院的外籍院士。在美国一个学科能否被接纳为主流学科的重要标志是,其代表科学家能否被选为院士。大家知道米歇尔是机器学习早期建立者之一,而乔丹是统计机器学习的主要奠基者之一。

第二,2011年的图灵奖授予了加州大学洛杉矶分校教授珀尔(Judea Pearl),他主要的研究领域是概率图模型和因果推理,这是机器学习的基础问题。图灵奖通常颁给纯理论计算机学者,或者早期建立计算机架构或框架的学者。把图灵奖授予珀尔教授具有方向标的意义。此外,2018年《科学》和《自然》杂志连续发表了4篇关于机器学习的综述论文。而且,近几年在这两个杂志上发表的计算机学科论文几乎都来自机器学习领域。

第三,机器学习切实能被用来帮助工业界解决问题。特别是当下的热点,比如说深度学习、AlphaGo、无人驾驶汽车、人工智能助理等对工业界的巨大影响。当今IT的发展已从传统的微软模式转变为谷歌模式。传统的微软模式可以理解为制造业,而谷歌模式则是服务业。谷歌搜索完全是免费的,服务社会,他们的搜索做得越来越极致,同时创造的财富也越来越丰厚。

以生成对抗网络(GAN)为代表的深度生成框架在数据生成方面取得了惊人的效果,可以创造出逼真的图像、流畅的文章、动听的音乐。为解决数据生成这种"创作"类问题开辟了一条新思路。

深度学习作为当今最有活力的机器学习方向,在计算机视觉、自然语言理解、语音识别、智力游戏等领域的颠覆性成就,造就了一批新兴的创业公司。

1.6 机器学习可完成的事

究竟哪些任务最适合由机器完成?主要看这些因素:

1. 标记了界定明确的输入和输出,能学习函数及其对应起来的任务

这些任务包括分类(比如标记狗的品种或根据可能的癌症种类标记医疗记录)和预测(分析一份贷款申请来预测未来的违约可能性)。不过机器在这里学会的只是一种统计学关联,而未必是因果关系。

2. 存在大型数据集,或可以创建包含输入/输出对的大型数据集的任务

可获取的训练样本越多,学习结果就越精确。深度神经网络(DNN)有一个值得注意的特性,在很多领域里,它的性能并不会随着训练样本数量的增加而逼近完美。能在训练数据中抓住所有相关的输入特征尤为重要。还有不少创造数据的方法,比如监测已有过程和交互行为、通过人对部分数据进行明确标注或是创建一个完整的全新数据集,或是模拟问题相关的场景。

3. 有着明确目标和度量标准，提供清晰反馈的任务

当我们可以明确地描述目标时，机器学习能做得非常不错。抓取个人输入/输出决策的能力（即便模仿这些个人的学习过程可行）可能不会导致最佳的全系统表现，因为人类本身就会做出不完美的决策。因而，有明确界定的全系统表现（比如优化全城范围内而不是某个交叉路口的交通流量）度量标准就为机器学习系统提供了黄金准则。当训练数据是根据这种黄金准则来进行标注并以此确定目标时，机器学习的威力特别大。

4. 不需要依靠广泛背景知识或常识的长逻辑链或推理过程的任务

在学习数据中有经验性联系时，机器学习系统非常强大；但当任务需要依赖于常识或背景知识的长推理链条或复杂计划时，它就变得不可行。吴恩达的“一秒钟原则”表明：机器学习在需要快速反应和提供即时反馈的电子游戏上做得非常好，但在需要依靠真实世界广泛的背景知识，以及对于久远事件的记忆来做出最优选择的游戏上就做得没那么好。

此类事件的例外是围棋和国际象棋，因为这些智力性游戏可以完美的准确度快速模拟，可以自动采集数百万完美自标注的训练样本。然而，在真实世界的大多数领域中，完美模拟太少了。

5. 不需要对于决策过程进行细致解释的任务

数亿数值权重与它们的人工神经元相连，大型神经网络根据它们进行细微调整来学习决策。要对人类解释这种决策的原因十分困难，因为 DNN 通常不会像人类一样使用中间抽象过程。虽然对于可自主解释 AI 系统的研究工作正在进行中，但现在这一领域的系统在这方面做得依然比较差。

举个例子，虽然计算机在诊断癌症或肺炎种类上可以比人类专家做得更好，但与人类医生相比，它们解释得出诊断结果原因的能力要差得多。而对于很多可感知的任务，人类则并不善于解释，比如，他们如何从听到的声音中识别出词语。

6. 能够容忍错误、不需要可证实的正确度或最优解决方案的任务

绝大多数的机器学习算法都是从统计学和概率上得出解决方案的。因而，要把它们训练到百分之百的准确度几乎不可能。即使是最好的语音识别、物体识别和疾病诊断系统也会犯错误。对于错误的容忍度是一条非常重要的标准。

7. 不会随时间迅速变化的任务

一般而言，机器学习算法只会在未来的测试样本分布与训练样本分布近似时才会有好的效果。如果这些分布发生变化，再训练就不可避免，因而，相对于新训练数据的获取率，最终的成功更依赖于变化率（比如，垃圾邮件过滤器在过滤商业垃圾邮件上完成得很好，部分是因为收到新邮件的概率要高于垃圾邮件变化的概率）。

8. 不需要专业的灵巧、运动技能或机动性的任务

与人类相比,在非结构化环境和任务中处理的体力操作上,机器人仍然十分笨拙。这其实大部分不是机器学习的问题,而是机器人机械化控制器的影响。

1.7　机器学习的成功案例

机器学习的成功案例以深度学习最具代表性。深度学习的典型应用虽然涉及很多新的架构和创意,但都是从机器学习中常见的"监督式学习(Supervised Learning)"过程中涌现的。这些应用均包括下列步骤:

①收集一个足够庞大,并且恰当的训练数据集。

②搭建一个神经网络架构,网络中通常包含数百万个"权重"参数。

③将数据反复不断送入神经网络,并对每次迭代后神经网络的预测结果与正确结果进行比较,根据差异的具体程度和方向对神经网络的每个权重进行调整。

下面介绍图片分类、文本生成、语言翻译和生成对抗网络4个典型应用,每个应用包括训练模型所需的数据,所使用的模型架构和结果。

1. 图片分类

神经网络通过训练可以识别图片中包含的物体。

(1)所需数据:图片分类器的训练需要用到带标签的图片,其中每张图片均属于数量有限的类别中的一种或几种。例如,CIFAR-10数据就是训练图片分类器所用的一种标准化数据集,其中已正确添加了标签的图片属于10个类别,如图1-4所示。

图1-4　CIFAR-10数据中的图片示例

(2)深度学习架构:本节涉及的所有神经网络架构都源自模仿人类学着解决问题的方法所进行的思考。当人类看到一张图片后,首先会查看一些最顶层的视觉特征,如分支、鼻子或车轮。然而为了检测出这些特征,我们需要在潜意识里确定一些底层特征,如颜色、线条以及其他形状。实际上,为了从原始像素中识别出人类可以认出的复杂特征,如眼睛,必须首先检测像素特征,随后检测像素特征的特征,依此类推。

在深度学习技术诞生前,研究人员会尝试手动提取这些特征,并将其用于预测。就在深度学习技术诞生的前一刻,研究人员还在试图使用技术手段(主要是 SVM)找出这些手动提取的特征之间蕴含的复杂的非线性关系,据此才能确定图片中包含的到底是猫还是狗。

(3)重大突破:这些技术催生的结果在于,对于这些架构着力要解决的问题即图片分类,可以通过算法实现远胜于人类的效果。例如,著名的 ImageNet 数据集已被广泛用作卷积架构的评测基准,经过训练的神经网络可以获得比人类更准确的图片分类效果。卷积神经网络(CNN)在每一层提取的特征如图 1-5 所示。

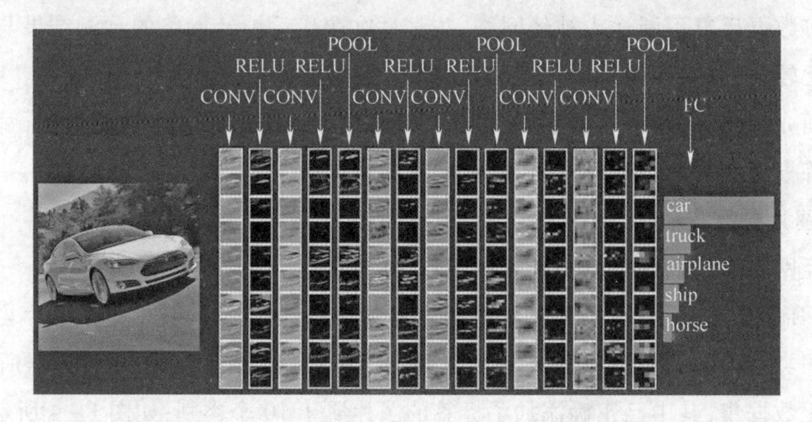

图 1-5 卷积神经网络(CNN)在每一层提取的特征

2. 文本生成

神经网络通过训练可以模仿输入的内容生成文本。

(1)所需数据:任何类型的文本均可,如莎士比亚作品全集。

(2)深度学习架构:神经网络可以对一系列元素中的下一个元素建模,可以查看序列中的上一个字符,并且对于指定的过往序列还可以判断随后最有可能出现哪个字符。

解决这个问题所用的架构与图片分类所用的架构有很大差异。由于架构本身的差异,我们需要让网络学习不同的东西。之前,让网络学习图片中的重要特征,但现在,需要让网络关注字符序列并预测序列中的下一个字符。因此网络需要采取与图片分类不同的做法,通过某种方式持续追踪自己的“状态”。例如,如果看到的前序字符分别是“c-h-a-r-a-c-t-e”,此时网络应“存储”该信息,并预测下一个字符应该是“r”。

递归神经网络架构可以做到这一点:可在下一次迭代时将每个神经元的状态重新装入网络,借此学习整个序列,如图 1-6 所示。

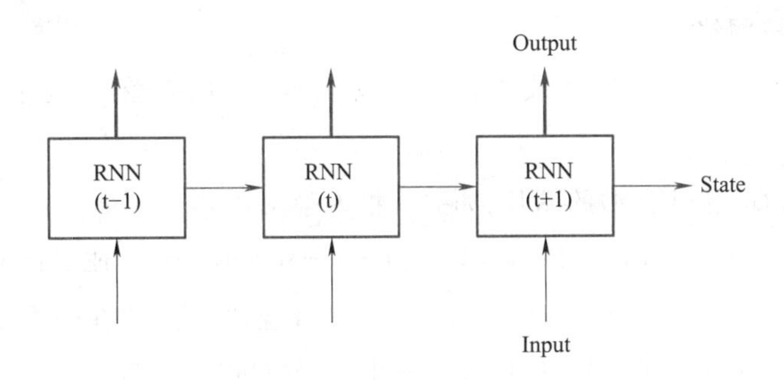

图 1－6　递归神经网络架构

然而为了真正胜任文本生成的任务，网络还必须决定能在序列中"回顾"多远的位置。有时，当正处在某个单词中间时，网络只需要"回顾"前面的几个字符就可以确定随后出现的字符，但有时可能需要"回顾"很多字符才能做出决定，比如正处在句子末尾时。

(3)重大突破：可以生成类似于"characature"这样的文本，不过需要解决一些拼写错误和其他问题，让生成的结果看起来是正确的英语。例如，通过莎士比亚的剧本生成了 Paul Graham 风格的随笔。

3. 语言翻译

长久以来，机器翻译(翻译为另一种语言的能力)一直是人工智能领域研究人员最大的梦想。深度学习让这个梦想距离现实更进一步。

(1)所需数据：使用不同语言写出的词句对。例如，I am a student 和 Je suis étudiant 这样成对句子组成的数据集，可以训练神经网络实现英语和法语的互译，如图 1－7 所示。

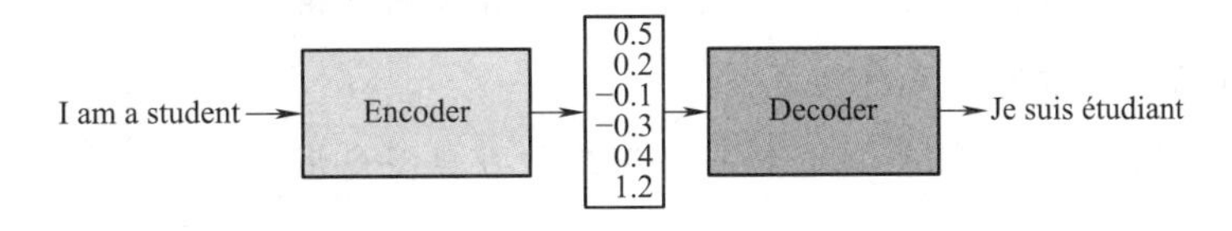

图 1－7　编码器—解码器架构示意

(2)深度学习架构：与其他深度学习架构类似，研究人员已经从"理论上"确定了计算机学习翻译语言的最佳方式，并开发出一种可以模仿这种方式的架构。对于语言翻译，从本质上来说需要将一句话(由一系列单词编码而成)翻译为所要表达的基本"含义"，随后将翻译出来的含义翻译为使用另一种语言的单词组成的序列。

句子从单词"转换"成含义的方式必须使用能胜任序列处理的架构，也就是上文提到的递归神经网络。

(3)重大突破：Google 的这一技术让其他语言翻译技术显得大为逊色。Google 有大量资源，可以将丰富的训练数据用于这种任务。

4. 生成对抗网络

神经网络通过训练可以生成看似属于特定类型(如人脸),但并非实拍结果的图片。

(1)所需数据:特性类型的图片,如一大批人脸图片。

(2)深度学习架构:GAN (Generative Adversarial Network,生成对抗网络)是一种让人惊讶并且非常重要的技术产物。Yann LeCun 曾经说,这是“在他看来,机器学习领域过去十年里最有趣的创意”。借助这种技术,竟然可以生成看起来类似训练图片,但实际上并非训练集中实际内容的图片,如生成看起来是人脸,但并非真正人脸的图片。这是通过同时训练两个神经网络实现的:一个网络负责生成看似逼真的假图片,一个负责检测图片是真是假。如果同时训练这两个网络,让它们“以相同速度”学习,那么负责生成假图片的网络就可以生成非常逼真的结果。

GAN 中,需要训练的主网络称为生成器(Generator),它会学习接受随机噪声矢量,并将其转换为逼真的图片。这种网络采取了与卷积神经网络相“反转”的结构,因此可称为“逆卷积(Deconvolutional)”架构。另一个负责区分真假图片的网络是一种卷积网络,这一点与图片分类所用的架构类似,这个网络又称“鉴别器(Discriminator)”。GAN 中的两个神经网络其实都是卷积神经网络,因为这些神经网络都很擅长从图片中提取特征。

习　题

1. 什么是学习和机器学习?为什么要研究机器学习?
2. 简述机器学习系统的基本结构,并说明各部分的作用。
3. 目标函数通常有哪几种形式?
4. 通过网络查找资料,详细介绍一个深度学习典型应用。

第2章 决策树学习

决策树学习是离散函数的一种树形表示，表达能力强，可以表示任意的离散函数，是一种重要的归纳学习方法。决策树能够实现分治策略的数据结构，可以通过把实例从根结点排列到某个叶子结点来对实例进行分类，可用于分类和回归。决策树代表了实例属性值约束的合取的析取式，从树根到树叶的每一条路径都对应一组属性约束的合取，树本身对应着这些合取的析取。

2.1 决策树的组成及分类

1. 决策树的组成

决策树由一些决策结点和终端树叶结点组成，每个决策结点 m 都实现一个具有离散输出的测试函数 $f_m(x)$ 来标记分支。给定一个输入，在每个结点应用一个测试，并根据测试的输出确定一个分支。这一过程从根结点开始，递归地重复，直到到达一个树叶结点。该树叶结点中的值形成输出。

每个 $f_m(x)$ 定义了一个 d 维输入空间中的判别式，将空间划分成较小区域，在从根结点沿一条路径向下时，这些较小的区域被进一步划分。每个树叶结点都有一个输出标号，对于分类，该标号是类的代码，对于回归，则是一个数值。一个树叶结点定义了输入空间的一个局部区域，落入该区域的实例具有相同的输出。依据每个结点所测试的属性的个数，决策树可分为单变量树和多变量树。

2. 单变量树

在单变量树中，每个结点的测试值都使用一个输入维，也就是只测试一个属性。如图 2－1 所示，单变量树的椭圆结点是决策结点，矩形结点是树叶结点。决策结点沿着一个轴划分，后继的决策结点使用其他属性进一步把它们划分。对于单变量分类树来说，划分的优劣判断标准是不纯性度量（Impurity Measure），一个划分是纯的含义是每个树叶结点应当表示一个单纯类的实例。第一次划分之后，$\{x \mid x_1 < w_{10}\}$ 已是纯的了，因此不需要再划分。

3. 多变量树

传统单变量决策树构造算法在一个结点只选择一个属性进行测试、分支,忽视了信息系统中广泛存在的属性间的关联作用,因而可能引起重复测试子树的问题,且某些属性可能被多次检验。因此,出现了多变量归纳学习系统,即在树的各结点选择多个属性的组合进行测试,一般表现为通过数学或逻辑算子将一些属性组合起来,形成新的属性作为测试属性,因而称这样的决策树为多变量决策树。这种方法可以减小决策树的规模,并且对于解决属性间的交互作用和重复子树问题有良好的效果,当然可能会导致搜索空间变大,使计算复杂性增加。

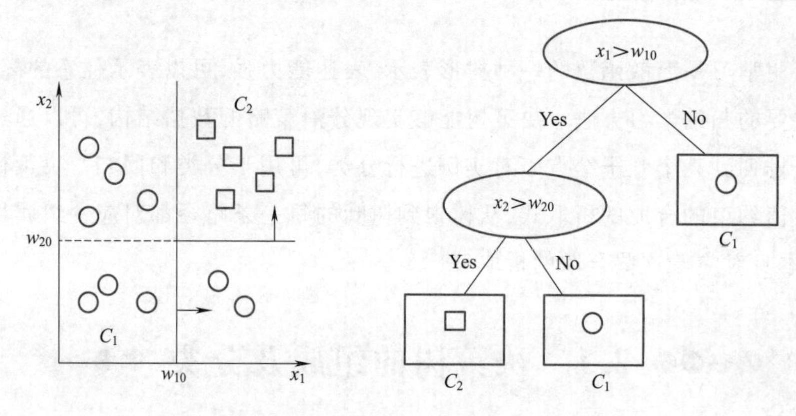

图 2-1　数据集与单变量树

根据属性组合的方式可以将结点分为线性多变量结点和非线性多变量结点。图 2-2 所示为一个线性多变量决策树。

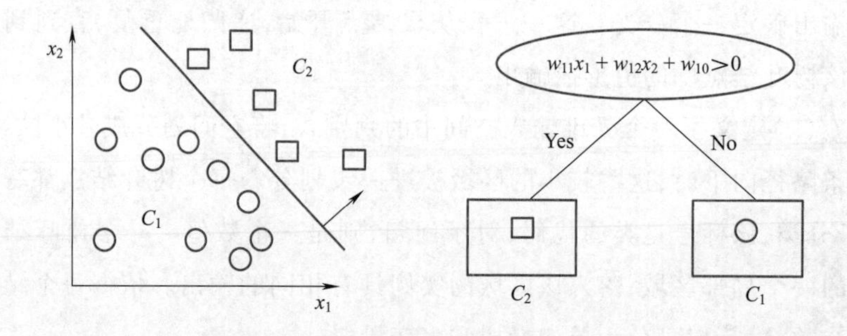

图 2-2　数据集与线性多变量树

2.2 决策树的构造算法 CLS

Hunt 于 1966 年研制了一个概念学习系统(Concept Learning System, CLS),可以学习单个概念,并能够用学到的概念分类新的实例。这是一种早期的基于决策树的归纳学习系统。Quinlan 于 1983 年对此进行了扩展,提出了 ID3 算法。该算法不仅能方便

地表示概念属性 - 值信息的结构，而且能从大量实例数据中有效地生成相应的决策树模型。在 CLS 决策树中，结点对应于待分类对象的属性，由某一结点引出的弧对应于这一属性可能取的值，叶结点对应于分类的结果。

为构造 CLS 算法，现假设如下：给定训练集 TR，TR 的元素由特征向量及其分类结果表示，分类对象的属性表 AttrList 为 $[A_1, A_2, \cdots, A_n]$，全部分类结果构成的集合为 Class，表示为 $\{C_1, C_2, \cdots, C_m\}$，一般 $n \geq 1$ 和 $m \geq 2$。对每一属性 A_i，其值域为 ValueType(A_i)，值域可以是离散的，也可以是连续的。这样，决策树 TR 的元素就可表示成 $<X, C>$ 的形式，其中 $X = (a_1, a_2, \cdots, a_n)$，$a_i$ 对应于实例第 i 个属性的取值，$C \in$ Class 为实例 X 的分类结果。

记 $V(X, A_i)$ 为特征向量 X 属性 A_i 的值，则决策树的构造算法 CLS 可递归地描述如算法 2 - 1。

算法 2 - 1　决策树构造算法 CLS

输入：训练集TR = $\{$特征向量X_n，分类结果$C_n\}_{n=1}^{N}$，属性列表 AttrList

输出：以属性 A_i 为根节点的决策树

(1) 如果 TR 中所有实例分类结果均为 C_i，则返回 C_i。

(2) 从属性表中选择某一属性 A_i 作为检测属性。

(3) 不妨假设 $|$ValueType$(A_i)| = k$，根据 A_i 取值的不同，将 TR 划分为 k 个训练集 $\text{TR}_1, \text{TR}_2, \cdots, \text{TR}_k$，其中，$\text{TR}_j = \{<X, C> \mid <X, C> \in TR$ 且 $V(X, A_i)$ 为属性 A_i 的第 j 个值$\}$。

(4) 从属性表中去掉已做检测的属性 A_i。

(5) 对每一个 $j(1 \leq j \leq k)$，用 TR_j 和新的属性表递归调用 CLS 以生成子分支决策树 DTR_i。

(6) 返回以属性 A_i 为根，$\text{DTR}_1, \text{DTR}_2, \cdots, \text{DTR}_k$ 为子树的决策树。

现考虑鸟是否能飞的训练实例，如表 2 - 1 所示。

表 2 - 1　鸟是否能飞的训练实例

Instances	No. of Wings	Broken Wings	Living Status	Area/Weight	Fly
1	2	0	alive	2.5	T
2	2	1	alive	2.5	F
3	2	2	alive	2.6	F
4	2	0	alive	3.0	T
5	2	0	dead	3.2	F
6	0	0	alive	0	F
7	1	0	alive	0	F
8	2	0	alive	3.4	T
9	2	0	alive	2.0	F

在该例中，属性表为：

AttrList = {No. of Wings, Broken Wings, Living Status, Area/Weight}

各属性的值域为：

ValueType(No. of Wings) = {0,1,2}

ValueType(Broken Wings) = {0,1,2}

ValueType(Living Status) = {alive,dead}

ValueType(Area/Weight) ∈ 实数且大于或等于 0

系统分类结果集合为 Class = {T, F}，训练集共有 9 个实例。

根据 CLS 构造算法，TR 的决策树如图 2－3 所示，每个叶结点表示鸟是否能飞的描述。

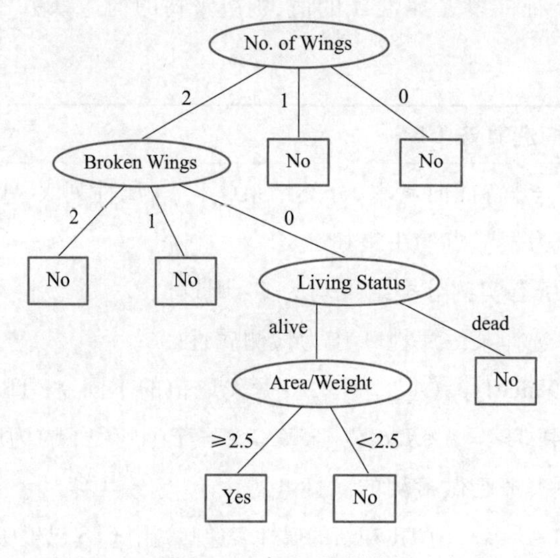

图 2－3　鸟飞的决策树

从该决策树可以看出：

Fly = (No. of Wings = 2)

∧(Broken Wings = 0)

∧(Living Status = alive)

∧(Area/Weight ≥ 2.5)

2.3　基本的决策树算法 ID3

大多数决策树学习算法都是核心算法的变体，都采用自顶向下的贪婪搜索(Greedy Search)方法遍历可能的决策树空间，ID3 就是其中的代表。基本的决策树学习算法 ID3 是通过自顶向下构造决策树来进行学习的，构造过程是从"哪一个属性将在树的根结点被测试?"这个问题开始的。为了回答这个问题，使用统计测试来确定每一个实例属性单独分类训练样例的能力，分类能力最好的属性被选作树的根结点来进行测试,然后为根结点属性的每个可能值产生一个分支,并把训练样例排列到适当的分支之下。然后,重复整个过程。

算法 2-2　基本的决策树学习算法 ID3

输入:训练样例集 Examples,目标属性集 Target attribute,属性列表 Attributes

输出:以 Root 为根节点的决策树

ID3(Examples, Target attribute, Attributes),其中 Examples 即训练样例集,Target attribute 是这棵树要预测的目标属性,Attributes 是除目标属性外供学习的决策树要测试的属性列表。

(1)创建树的 Root(根)结点。

(2)如果 Examples 都为正,那么返回 label = + 的单结点树 Root。

(3)如果 Examples 都为反,那么返回 label = - 的单结点树 Root。

(4)如果 Examples 为空,那么返回单结点树 Root, label = Examples 中最普遍的 Target_attribute 值。

(5)否则:

①A←Attributes 中分类 Examples 能力最好的属性,一般认为具有最高信息增益(Information Gain)的属性是最好的属性。

②Root 的决策属性←A。

③对于 A 的每个可能值 v_i:

a. 在 Root 下加一个新的分支对应测试 $A = v_i$。

b. 令 Examples(v_i)为 Examples 中满足 A 属性值为 v_i的子集。

c. 如果 Examples (v_i)为空:在这个新分支下加一个叶子结点,结点的 label = Examples 中最普遍的 Target_attribute 值;否则在这个新分支下加一个子树 ID3 (Examples(v_i), Target_attribute, Attributes - $\{A\}$)。

(6)结束

(7)返回 Root

ID3 算法是一种自顶向下增长树的贪婪算法,在每个结点选取能最好地分类样例的属性。继续这个过程直到这棵树能完美分类训练样例,或所有的属性都已被使用过。

那么,在决策树生成过程当中,应该以什么样的顺序来选取实例的属性进行扩展呢?一般来说,每一属性的重要性是不同的。将在第 2.4 节给出选择具有最高信息增益(即分类能力最好的属性)的方法。

2.4　信息熵和信息增益及其案例

为了评价属性的重要性,Quinlan 根据检验每一属性所得到的信息量的多少,给出了下面的扩展属性的选取方法,其中信息量的多少与熵有关。

(1)自信息量 $I(a)$:设信息源 X 发出符号 a 的概率为 $p(a)$,则 $I(a)$ 定义为

$$I(a) = -\log_2 p(a)\ (\text{单位为 bit}) \tag{2-1}$$

它表示收信者在收到符号 a 之前,对于 a 的不确定性,以及收到后获得的关于 a 的信息量。

(2)信息熵 $H(X)$:设信源 X 的概率分布为 $(X, p(x))$,则 $H(X)$ 定义为

$$H(X) = -\sum p(x)\log_2 p(x) \tag{2-2}$$

它表示信源 X 的整体的不确定性,反映了信源每发出一个符号所提供的平均信息量。

(3)条件熵 $H(X|Y)$:设信源 X、Y 的联合概率分布为 $p(x,y)$,则 $H(X|Y)$ 定义为

$$H(X|Y) = -\sum\sum p(x,y)\log_2 p(x|y) \tag{2-3}$$

它表示收信者在收到 Y 后对 X 的不确定性的估计。

设给定正负实例的集合为 S,构成训练窗口。ID3 算法视 S 为一个离散信息系统,并用信息熵表示该系统的信息量。当决策有 k 个不同的输出时,S 的熵为

$$\text{Entropy}(S) = -\sum_{i=1}^{k} P_i \log_2 P_i \tag{2-4}$$

式中,P_i 表示第 i 类输出所占训练窗口中总的输出数量的比例。

为了检测每个属性的重要性,可以通过属性的信息增益 Gain 来评估其重要性。对于属性 A,假设其值域为 $(v_1, v_2, \cdots, v_n)$,则训练实例 S 中属性 A 的信息增益 Gain 可以定义为

$$\begin{aligned}\text{Coin}(S,A) &= \text{Entropy}(S) - \sum_{i=1}^{n}\frac{|S_i|}{|S|}\text{Entropy}(S_i)\\ &= \text{Entropy}(S) - \text{Entropy}(S|A_i) = H(S) - H(S|A_i)\end{aligned} \tag{2-5}$$

式中,S_i 表示 S 中属性 A 的值为 v_i 的子集;$|S_i|$ 表示集合的势(下面 Entropy 简记为 Ent)。

Quinlan 建议选取获得信息量最大的属性作为扩展属性,这一启发式规则又称最小熵原理。因为获得信息量最大,即信息增益 Gain 最大,等价于使其不确定性最小,即使得熵最小,即条件熵 $H(S|A_i)$ 为最小。因此也可以以条件熵 $H(S|A_i)$ 为最小作为选择属性的重要标准。$H(S|A_i)$ 越小,说明 A_i 引入的信息最多,系统熵下降得越快。ID3 算法是一种贪婪搜索(Greedy Search)算法,即选择信息量最大的属性进行决策树分裂,计算中表现为使训练例子集的熵下降最快。

ID3 算法的优点是分类和测试速度快,特别适合于大数据库的分类问题。缺点是:决策树的知识表示不如规则那样易于理解;两棵决策树进行比较,以判断它们是否等价的问题是子图匹配问题,是 NP 完全的;不能处理未知属性值的情况;对噪声问题没有好的处理办法。

求信息熵和信息增益案例:以表2-2中的西瓜数据集为例,该数据集包含17个训练样例,用以学习一棵能预测没剖开的是不是好瓜的决策树。显然,$|Y|=2$。在决策树学习开始时,根结点包含D中的所有样例,其中正例占$p_1=8/17$,反例占$p_2=9/17$。于是,根据信息熵求解公式可计算出根结点的信息熵为

$$\mathrm{Ent}(D)=-\sum_{k=1}^{2}p_k\log_2 p_k=-\left(\frac{8}{17}\log_2\frac{8}{17}+\frac{9}{17}\log_2\frac{9}{17}\right)=0.998$$

表2-2　西瓜数据集

编号	色泽	根蒂	敲声	纹理	脐部	触感	好瓜
1	青绿	蜷缩	浊响	清晰	凹陷	硬滑	是
2	乌黑	蜷缩	沉闷	清晰	凹陷	硬滑	是
3	乌黑	蜷缩	浊响	清晰	凹陷	硬滑	是
4	青绿	蜷缩	沉闷	清晰	凹陷	硬滑	是
5	浅白	蜷缩	浊响	清晰	凹陷	硬滑	是
6	青绿	稍蜷	浊响	清晰	稍凹	软黏	是
7	乌黑	稍蜷	浊响	稍糊	稍凹	软黏	是
8	乌黑	稍蜷	浊响	清晰	稍凹	硬滑	是
9	乌黑	稍蜷	沉闷	稍糊	稍凹	硬滑	否
10	青绿	硬挺	清脆	清晰	平坦	软黏	否
11	浅白	硬挺	清脆	模糊	平坦	硬滑	否
12	浅白	蜷缩	浊响	模糊	平坦	软黏	否
13	青绿	稍蜷	浊响	稍糊	凹陷	硬滑	否
14	浅白	稍蜷	沉闷	稍糊	凹陷	硬滑	否
15	乌黑	稍蜷	浊响	清晰	稍凹	软黏	否
16	浅白	蜷缩	浊响	模糊	平坦	硬滑	否
17	青绿	蜷缩	沉闷	稍糊	稍凹	硬滑	否

然后,要计算出当前属性集合{色泽,根蒂,敲声,纹理,脐部,触感}中每个属性的信息增益。以属性“色泽”为例,它有3个可能的取值:{青绿,乌黑,浅白}。若使用该属性对D进行划分,则可得到3个子集,分别记为:D^1(色泽=青绿),D^2(色泽=乌黑),D^3(色泽=浅白)。

子集D^1包含编号为{1,4,6,10,13,17}的6个样例,其中正例占$p_1=3/6$,反例占$p_2=3/6$;D^2包含编号为{2,3,7,8,9,15}的6个样例,其中正、反例分别占$p_1=4/6$,$p_2=2/6$;D^3包含编号为{5,11,12,14,16}的5个样例,其中正、反例分别占$p_1=1/5$,

$p_2=4/5$。根据信息熵公式可计算出用“色泽”划分之后所获得的3个分支结点的信息熵为

$$\mathrm{Ent}(D^1)=-\left(\frac{3}{6}\log_2\frac{3}{6}+\frac{3}{6}\log_2\frac{3}{6}\right)=1.000$$

$$\mathrm{Ent}(D^2)=-\left(\frac{4}{6}\log_2\frac{4}{6}+\frac{2}{6}\log_2\frac{2}{6}\right)=0.918$$

$$\mathrm{Ent}(D^3)=-\left(\frac{1}{5}\log_2\frac{1}{5}+\frac{4}{5}\log_2\frac{4}{5}\right)=0.722$$

根据信息增益公式可计算出属性“色泽”的信息增益为

$$\begin{aligned}\mathrm{Gain}(D,\text{色泽}) &= \mathrm{Ent}(D)-\sum_{v=1}^{3}\frac{|D^v|}{|D|}\mathrm{Ent}(D^0)\\ &= 0.998-\left(\frac{6}{17}\times 1.000+\frac{6}{17}\times 0.918+\frac{5}{17}\times 0.722\right)\\ &= 0.109\end{aligned}$$

类似的,可计算出其他属性的信息增益:

Gain(D,根蒂)=0.143;Gain(D,敲声)=0.141;Gain(D,纹理)=0.381;

Gain(D,脐部)=0.289;Gain(D,触感)=0.006。

显然,属性“纹理”的信息增益最大,于是它被选为划分属性。图2-4给出了基于“纹理”对根结点进行划分的结果,各分支结点所包含的样例子集显示在结点中。

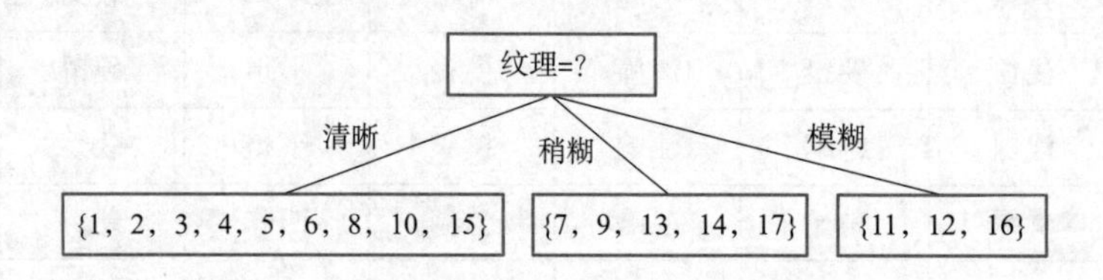

图2-4 基于“纹理”属性对根结点划分

2.5 随机森林及其应用案例

2.5.1 随机森林概述

20世纪初期,美国学者Breiman最早提出Bagging集成学习(Ensemble Learning),随机森林就是一种集成学习算法。Breiman通过排列组合决策树得到随机森林,就是通过属性(一般为列)和数据(一般为行)选择的方面来随机选取数据、属性,从而得到很多分类树,然后通过整合分类树的结果来降维和选择标准。随机森林是利用了组合思想的算法,采取组合许多分类器及不明显扩增运算量的方法增大预测的精度,即通

过组合多个弱分类器，最终结果通过投票或取均值，使得整体模型的结果具有较高的精确度和泛化性能。其可以取得不错的成绩，主要归功于“随机”和“森林”，一个使它具有抗过拟合能力，另一个使它更加精准，如图 2－5 所示。

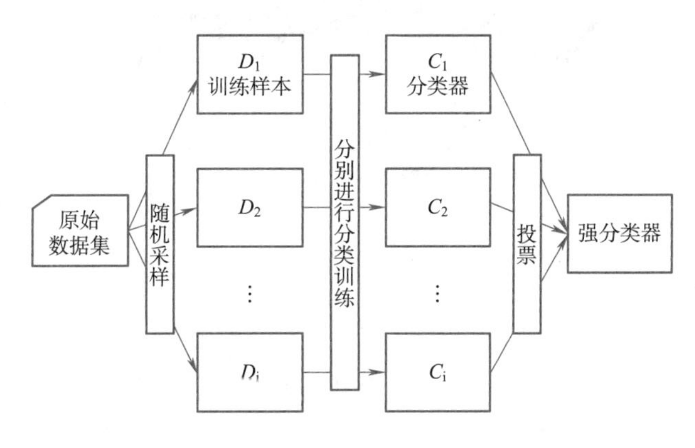

图 2－5　Bagging 结构

随机森林：随机森林是由若干棵决策树 $\{h(X,\theta_k), k=1,2,\cdots,K\}$ 构成的集成分类模型。其中，K 表示随机森林中决策树的棵数；$\{\theta_k\}$ 表示同分布相互独立的随机向量。最终由全部决策树分类器经过投票确定输入向量 X 的最后分类标签。

随机森林主体思想：随机森林利用随机的方式将许多决策树组合成一个森林，每个决策树在分类的时候投票决定测试样本的最终类别。其主要过程可分为以下 4 步。

(1) 随机选择样本。从原始的数据集中采取有放回的抽样，构造子数据集，子数据集的数据量是和原始数据集相同的。不同子数据集的元素可以重复，同一个子数据集中的元素也可以重复，如图 2－6 所示。

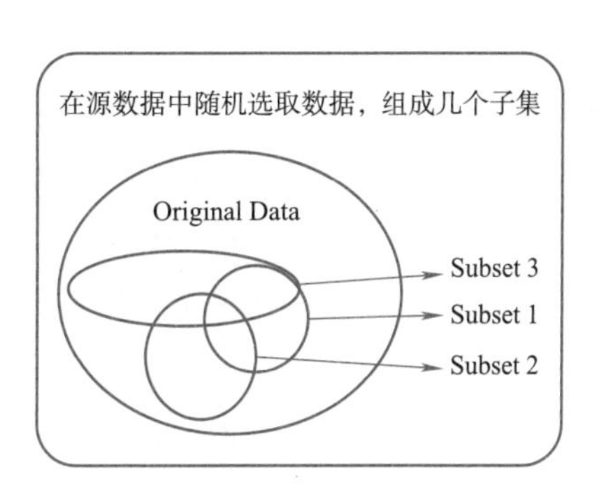

图 2－6　随机抽样

(2) 随机选择特征。在构建决策树时，首先在一个结点上计算所有特征的信息增益(ID3)，然后选择一个最大增益的特征作为划分下一个子结点的走向。

但是，在随机森林中，不计算所有特征的增益，而是从总量为 M 的特征向量中随机选择 m 个特征，其中 m 可以等于 sqrt(M)，然后计算 m 个特征的增益，选择最优特征(属性)。值得注意的是，这里的随机选择特征是无放回的选择。因此，随机森林中包含两个随机的过程：随机选择样本和随机选择特征。

(3) 构建决策树。利用子数据集来构建子决策树，得到一棵分类(或者预测)的决策树。需要注意的是，在计算结点最优分类特征时，要使用上面介绍的随机选择特征方法。

而选择特征的标准可以是常见的信息增益(ID3)或者 Gain Ratio(C4.5),如图 2-7 所示。

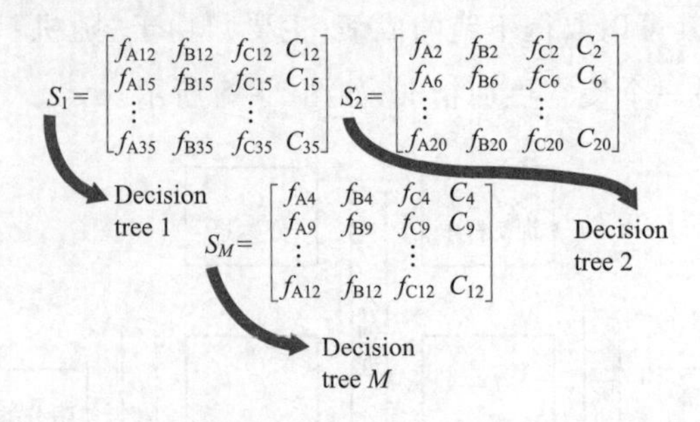

图 2-7 构建决策树

(4)随机森林投票分类。

通过上面的三步走,可以得到一棵决策树,重复这样的过程 K 次,就得到 K 棵决策树。给定一个测试样本,就可以用每一棵决策树都对它分一遍类,得到 K 个分类结果。这时,可以使用简单的投票机制获得该测试样本的最终分类结果。

算法 2-3 随机森林算法

输入:训练数据集 $S1$,测试数据集 $S2$

输出:分类结果

(1)从原始训练数据集 $S1$ 中,采用 Bootstrap 方法有放回地随机抽取 K 个新的等规模样本集,并在此基础上建立 K 棵决策树模型;

(2)对于每个决策树模型,随机地选取$\lfloor \log_2(n)+1 \rfloor$个特征,并且在这些特征中选取分类效果最好的一个特征 a 作为该结点的分裂属性。

(3)每棵树都按照步骤(2)分裂下去,直到该节点的所有训练样例都属于同一类,每棵树不做任何剪裁,最大限度地生长;

(4)将生成的多棵决策树组成随机森林 RF;

(5)输入测试数据 $S2$;

(6)每个决策树分类器投票表决测试样本;

(7)统计每个决策树分类器的票数,选择得票最多的最为分类结果;

(8)返回分类结果。

随机森林算法有以下 3 个优点:

(1)随机森林需调节的参数少,一般只需两个参数。即随机森林中决策树的棵数 K 与每棵决策树所抽取的分裂特征数 M。

(2)随机森林拥有较好的分类预测准确率,而且可以防止过拟合现象的发生。

(3)随机森林可以利用其袋外数据。当利用 Bootstrap 生成新的训练样本数据时,对每一棵决策树,原始训练样本数据集 S 中几乎有 37% 的数据不出现在该树的训练数据中，这些数据被称为袋外估计样本。袋外估计样本可用于估算随机森林的泛化误差，也能用于任一特征的重要性的计算。

2.5.2　随机森林应用案例

下面选择 Kaggle 新手赛题目泰坦尼克之灾来锻炼随机森林算法应用思路。整个流程如下：数据预处理、模型选择、随机森林分类器及其参数调节。

1. 数据预处理

首先总览数据，了解每列数据的含义、数据的格式等，表 2－3 所示是泰坦尼克数据集的基本内容和格式。每列数据表示乘客 ID、存活情况、船票级别、乘客姓名、性别、年龄、船上的兄弟姐妹以及配偶的人数、船上的父母以及子女的人数、船票编号、船票费用、所在船舱、登船的港口等。

表 2－3　泰坦尼克数据集的基本内容和格式

PassengerId	Survived	Pclass	Name	Sex	Age	SibSp	Parch	Ticket	Fare	Cabin	Enbarked
1	0	3	Braund, Mr. Owen Harris	male	22	1	0	A/5 21171	7.25	NaN	S
2	1	1	Cunings, Mrs. John Bradley(Florence Briggs Th...	female	38	1	0	PC 17599	71.283	C85	C
3	1	3	Heikkinen, Miss. Laina	female	26	0	0	STON/02. 3101282	7.925	NaN	S
4	1	1	Futrelle, Mrs. Jacques Heath (Lily May Peel)	female	35	1	0	113803	53.1	C123	S
5	0	3	Allen, Mr. Willian Henry	male	35	0	0	373450	8.05	NaN	S

然后开始着手对数据进行处理，主要有以下 4 步：

（1）按照日常生活的逻辑对年龄（Age）划分区间，对年龄进行分组。

（2）Cabin 是一个字母＋一串数字的组合，这里只留字母。此外，Cabin 的缺失值很多，把它作为新的类目，用“N”代替。

（3）船票费用（Fare）是连续变量，同样需要分组，把它们四分化，分为（最小值到下四分位数），（下四分位数到中位数），（中位数到上四分位数），（上四分位数到最大值）。

（4）乘客的名字（Name）、船票编码（Ticket）对乘客的幸存情况所起作用不明显，会增大计算复杂度，所以将其删除。

2. 模型选择

模型选择主要有以下 3 步：

（1）根据目标函数确定学习类型，是无监督学习还是监督学习，是分类问题还是回归问题等。

（2）比较各个模型的分数，然后取效果较好的模型作为基础模型。

（3）经过多个模型的测试以及模型融合测试，效果较好的是随机森林。

3. 随机森林分类器及其参数调节

此处使用 Python 作为编程工具，主要步骤如下：

（1）导入 Python 工具包。

```
from sklearn.ensemble import RandomForestClassifier
from sklearn.model_selection import GridSearchCV
from sklearn.metrics import make_scorer, accuracy_score
```

（2）选择分类器。通过试验发现随机森林模型效果较好，所以选择随机森林。

```
clf = RandomForestClassifier()
```

（3）定义随机森林参数。

n_estimators：随机森林中决策树的个数。一般来说，n_estimators 太小，容易过拟合，n_estimators 太大，又容易欠拟合。

criterion：即 CART 树做划分时对特征的评价标准。分类模型和回归模型的损失函数是不一样的。分类 RF 对应的 CART 分类树默认是基尼系数 gini，另一个可选择的标准是信息增益。

max_features：决策树划分时考虑的最大特征数。$\log_2$ 表示划分时最多考虑 $\log_2$(n_features)个特征；sqrt 表示划分时最多考虑 sqrt(n_features)个特征。max_features 值越大，模型能学习到的信息越多，越容易过拟合。

max_depth：决策树最大深度 max_depth，默认可以不输入。如果不输入，决策树在建立子树时不会限制子树的深度。一般来说，数据少或者特征少时可以忽略这个值。如果模型样本量多，特征也多的情况下，推荐限制这个最大深度，具体的取值取决于数据的分布。如果值越大，决策树越复杂，越容易过拟合。

min_samples_split：内部结点再划分所需最小样本数。min_samples_split 的值限制了子树继续划分的条件，如果某结点的样本数少于 min_samples_split，则不会继续再尝试选择最优特征进行划分。这个值越大，决策树越简单，越不容易过拟合。

min_samples_leaf：叶子结点最少样本数。min_samples_leaf 限制了叶子结点最少的样本数，如果某叶子结点数目小于样本数，则会和兄弟结点一起被剪枝。这值越大，叶子结点越容易被剪枝，决策树越简单，越不容易过拟合。

```
parameters = {'n_estimators': [50, 100, 200],
              'max_features': ['log2', 'sqrt'],
              'criterion': ['entropy', 'gini'],
              'max_depth': [4, 8, 16, 20],
              'min_samples_split': [2, 4, 6],
```

```
            'min_samples_leaf': [1,4,8]
        }
```

(4)定义评价标准。使用 make_scorer 将 accuracy_score 转换为评分函数。

```
acc_scorer = make_scorer(accuracy_score)
```

(5)自动调参。GridSearchCV 用于系统地遍历多种参数组合,只要输入参数,就能给出最优化的结果和参数。

```
grid_obj = GridSearchCV(clf,parameters,scoring=acc_scorer)
grid_obj = grid_obj.fit(X_train,y_train)
```

(6)设置最佳参数组合。将 clf 设置为参数的最佳组合。

```
clf = grid_obj.best_estimator_
```

(7)最佳算法参数运用于数据预测。

```
clf.fit(X_train,y_train)
```

最后,预测的准确率为83%,对比决策树的预测结果80%,随机森林的预测效果要优于决策树。

2.6 决策树和随机森林应用概述

2.6.1 决策树的应用概述

决策树学习是一种逼近离散值目标函数的方法,这种方法将从一组训练数据中学习到的函数表示为一棵决策树,它是一种常用于预测模型的算法,通过将大量数据有目的地分类,从中找到一些具有价值的、潜在的信息。决策树方法以其速度快、精度高、生成的模式简单等优点,在数据挖掘中受到许多研究者和软件公司的关注。

在科学研究方面,决策树算法已被广泛应用到很多分类挖掘的实际应用中。例如:在医疗诊断过程中,通过决策树分析来指导疾病辨证分型;在图像识别领域,利用决策树算法对图像进行分类;在股票市场上对每只股票的历史数据进行分析,通过相应的技术进行预测,从而做出相对比较准确的判断;彩票的购买也可以利用数据挖掘的分类或预测技术进行分析;在金融领域中将贷款对象分为低贷款风险与高贷款风险两类,通过决策树可以很容易地确定贷款申请者是属于高风险的还是低风险的。由于决策树方法在分类挖掘技术中有着独特的优势,因此对决策树分类算法的研究有着多层次的研究价值和很高的应用价值。

推荐系统是现代互联网服务的重要组成部分之一,不管是 YouTube 和 Amazon,还是优酷和淘宝,都通过推荐系统向用户推荐他们可能感兴趣的内容,用户得以看到更多自己关心的内容、在页面上逗留更多时间,服务提供商和网购平台的商户们也由此获得更多的收入。在 KDD 2018 收录的论文中,阿里盖坤团队针对海量商品推荐问题提出了基于树搜索的深度推荐模型(Tree-based Deep Recommendation Model,TDM)。TDM 利用了树的层级化的信息结构,将推荐问题转换为一系列层级化分类问题。利用从粗到细的逐步分类过程,TDM 不仅提高了推荐准确率,而且可以把计算复杂度从关于语料数量线性增加降低到对数增加。在 MovieLens-20M 数据集和淘宝 App 的真实访问流量上进行了测试,结果显示:TDM 模型在测试中获得了良好表现,召回率和新颖性都有大幅提高,并且 TDM 模型的点击通过率及广告收入有显著提升;在模型的运行速度上,对于淘宝的广告展示系统,TDM 的神经网络平均只需要 6 ms 就可以完成一次推荐,不仅不构成整个推荐系统的性能瓶颈,甚至还比后续的点击通过率预测模型运行更快。

此外,许多数据挖掘的商用软件都采用了决策树方法。Microsoft、SGI、IBM、SAS、RightPoint 等公司在已推出的数据挖掘系统中,首选的方法都是决策树方法。SAS 公司的 SAS Enterprise Miner 是一种通用的数据挖掘工具,通过收集分析各种统计资料和客户购买模式,帮助用户发现业务的趋势,解释已知事实,预测未来结果,并识别完成任务所需的关键因素,最终实现增加收入并降低成本的目的。IBM 公司的 Intelligent Miner 具有典型数据集自动生成、关联发现、序列规律发现、概念性分类和可视化显示等功能,可以自动实现数据选择、数据转换、数据挖掘和结果显示,必要时重复这一过程。中国科学院计算技术研究所智能信息处理重点实验室开发的 MSMiner 是一种多策略知识发现平台,能够提供快捷有效的数据挖掘解决方案,提供多种知识发现方法。Right Point 公司的 DataCruncher 是一种客户机/服务器方式的数据挖掘引擎,具有分析数据仓库中海量数据的能力,能与当今的许多主流关系数据库和数据挖掘辅助工具直接进行连接,辅助建立面向营销的数据挖掘研究的模型。另外,还有美国 Thinking Machine 公司的 Darwin、Silicon Graphic 公司的 Mineset、Vanguard software 公司的 Decision Pro 3.0、Litigation Risk Analysis 公司的 Litigation Risk Analysis 等。

2.6.2 随机森林的应用概述

相比于单个的决策树算法,随机森林算法作为一种多分类器的典型代表,较好地克服了单分类器容易过拟合和局部最优解的问题,具有较好的分类效果和较佳的容错性,成为计算机视觉、数据分析和挖掘等众多领域的研究热点。

1. 计算机视觉

在计算机视觉研究中,计算机视觉的目标检测、目标跟踪、行为识别、图像分类等诸多问题都可采用随机森林方法得到较好的效果。

在目标检测与定位问题中,由于在目标遮挡、光照变化、视角改变以及强背景干扰等复杂成像条件下,现有的目标检测方法依然存在很大的局限性,基于随机森林的检测算法可以自适应的检测和定位多尺度、多视角下的目标,甚至是在复杂的场景中。

在目标跟踪问题中,基于随机森林的集成跟踪算法能够及时学习并更新对目标物体的描述,能够准确跟踪目标,非常适合处理计算机视觉领域的跟踪问题。

随机森林在图像分类中的应用研究十分广泛,如遥感图像的土地分类、裸露的碳资源和城镇区域的分析、生态区的划分、树种的分析,还可通过提取树冠的不同特征,对森林火灾进行预警,降低火灾防护难度。

基于随机森林的视频识别技术在商业应用上也取得了令人瞩目的成就。Microsoft Xbox 360 的体感外设 Kinect 使用随机森林算法对景深图像上的人体关节进行分类识别。由生成的随机森林对每一个像素点的具体关节属性进行判断,并进行颜色分类。系统的运行速度为 200 fps,完全符合实时性要求。随机森林这种基于大量样本统计的方法能够对由于光照、变性等造成的影响,实时地解决关键特征点定位的问题。相应的论文 *Realtime human pose recognition in parts from single depth image* 获得了 2011 年 CVPR 会议的最佳论文奖。该团队通过计算机图形学造出了大量的不同体型、不同姿势的各种人体图像,用作训练数据,论文的成果运用于 Kinect,在工业界有着巨大的作用,落实到了商用的硬件平台上,推动了随机森林在计算机视觉、多媒体处理上的热潮。

2. 知识发现和数据挖掘

随机森林等集成学习在国际知识发现和数据挖掘竞赛中、在医学数据挖掘中、在社交网络个性化推荐中、在异常行为检测等赛题实践中表现出强大的性能。

医学数据挖掘的一个重要目的是分析疾病危险因素,采用随机森林算法,为分析疾病危险因素提供了一个简单有效的度量,这有助于人们更好地理解影响某类疾病的主要因素及其相对重要性,这对医学数据挖掘而言是很重要的。比如,癌症是当今世界上危害人类健康乃至生命的主要疾病之一。基因微阵列分类技术能够帮助人类发现正常细胞组织与疾病组织之间的基因的本质差异,很好地理解肿瘤发病机制,识别致癌基因。然而基因微阵列数据是典型的维数高、样本少、噪声高的数据集,由于功能相似的基因表达水平相关,因此基因微阵列数据中存在大量的冗余基因。基因选择是微阵列数据降维、去除无关及冗余基因、提高样本分类准确率的重要手段。在 KDD 2013 收录的论文中,KohbalanMoorthy 等利用一种改进的基于随机森林的多变量约简技术,用于癌症预测,在 5 个不同的多类癌症数据集,如乳腺癌、血癌、小圆蓝细胞瘤、脑癌和一组来自不同来源组织的 60 个人类肿瘤细胞系(NCI60)上进行测试,结果表明:基于随机森林的方法能有效地提高整体预测精度,同时也降低了冗余特征基因给微阵列数据分析带来的过拟合等系列问题。

在搜索广告(Sponsored Search)系统中,需要将用户的查询词和广告主购买的关键词进行匹配,从而把相关联广告选取出来,进行广告点击率预测和广告排序。机器学习和数据挖掘技术的崛起,对搜索广告系统技术起到了重要的推进作用。深度神经网络具有从低层特征中提取高层嵌入向量的能力,但由于其密集矩阵的多层运行时计算代价高昂,服务时间仍然是瓶颈。相比之下,基于随机森林的模型由于服务成本低而被广泛采用,但在很大程度上依赖于模型设计特性。基于此,Microsoft 的 Jie Zhu 在 KDD 2017 大会上,提出了一个深度嵌入的森林模型(Deep Embedding Forest,DEF),该模型由多个嵌入层和一个森林/树木层组成,其目标是构建一个具有自由特征输入、嵌入层、堆叠层、森林层和目标函数。DEF 模型由于其独特的模型结构具有两大优势:可最小化手工特征工程的工作量和运行时延迟。基于大型赞助搜索引擎的大规模数据集(多达 10 亿个样本)的实验证明了该模型的有效性。

异常检测问题的研究来源于各行各业的实际应用需求,如信用卡欺诈的检测、电信行业的违规检测、医疗保险的风险检测、网络安全中入侵行为的检测、系统失效检测、敌情行为监测等。随机森林可用来发现异类点,并且可以平衡数据类别分布不均导致的误差等特点,非常适合用来处理异常检测的问题。比如,采用随机森林方法解决网络入侵检测问题,KDDCup99 数据集上,有效地降低了假警报的比例,取得比其他单模型方法更好的预测效果。

随机森林方法在经济管理领域也有一定的应用,特别是在客户流失度、忠诚度预测、基金评级、信用风险管理、电力市场的信用风险评估等。随机森林能较好地挖掘出原始数据集包含的内在信息,将其应用于指标体系的确定具有较稳定的结果。

小　结

决策树是一种简单且快速的非参数分类方法,一般情况下,它有很好的准确率。然而当数据复杂时,决策树出现性能提升瓶颈。随机森林是基于决策树的一种集成学习算法,解决了决策树性能瓶颈的问题,对噪声和异常值有较好的容忍性,对高维数据分类问题具有良好的可扩展性和并行性。随机森林是一种基于树状的分层结构,深度学习中深度神经网络也是一种基于稠密连接的分层网络结构,有一些工作尝试把深度神经网络和随机森林结合在一起。南京大学周志华教授提出了一种深度的树模型——多粒度级联森林(multi-Grained Cascade forest,gcForest),此外,他还提出了一种全新的决策树集成方法,使用级联结构让 gcForest 做表征学习,采用了级联+集成的方法来实现一种深度随机森林,有兴趣的读者可以阅读相关文献。

习　题

1. 简述决策树学习算法。举例计算表 2-2 中的信息熵和信息增益。

2. 简述信息熵和信息增益的区别与联系。

3. 简述 ID3 算法的优缺点。

4. 编程实现 ID3 算法，并根据表 2－2 中所给训练数据，利用 ID3 算法生成决策树。

5. 简述决策树与随机森林的区别与联系。

6. 利用 Python 实现随机森林算法。

7. 当预测样本分布不均匀、维度大且特征缺失的情况下，应该采用哪种算法？

第3章

多层感知器

本章介绍感知器。感知器是美国学者 Rosenblatt 于 1957 年提出。为何还要学习这一很久以前就有的算法呢？因为感知器是神经网络起源的算法。因此,学习感知器的构造也就是学习通向神经网络和深度学习的一种重要思想。本章将简单介绍单层感知器,在此基础上学习多层感知器,也就是多层前馈神经网络,它是单层感知器的推广。

3.1 神经元模型

人工神经元(Artificial Neuron)简称神经元(Neuron),是构成神经网络的基本单元,其主要是模拟生物神经元的结构和特性,接受一组输入信号并产出输出。

生物学家在 20 世纪初就发现了生物神经元的结构。一个生物神经元通常具有多个树突和一条轴突。树突用来接受信息,轴突用来发送信息。当神经元所获得的输入信号的积累超过某个阈值时,它就处于兴奋状态,产生电脉冲。轴突尾端有许多末梢可以给其他神经元的树突产生连接(突触),并将电脉冲信号传递给其他神经元。

神经元是神经网络操作的基本信息处理单位,图 3－1 描述了神经元的模型,它是人工神经网络的设计基础。

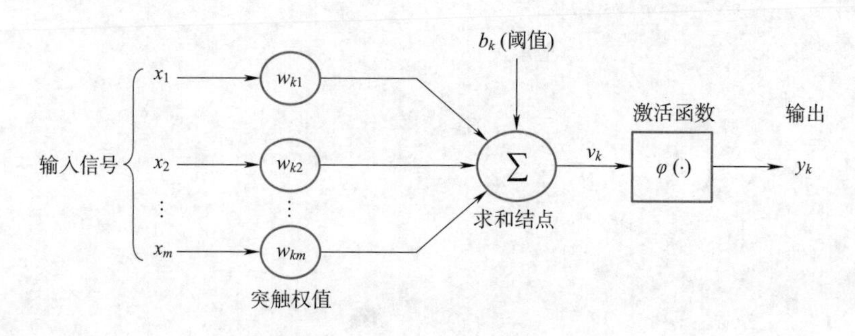

图 3－1 神经元的非线性模型

下面给出神经元模型的三种基本元素。

(1)突触,用其权值来标识。特别是,在连到神经 k 的突触 j 上的输入信号 x_j 被乘以 k

的权重ω_{kj}。注意，在突触权植ω_{kj}中，第一个下标指输出神经元，第二个下标指权值所在的突触的输入端。人工神经元的突触权值有一个范围，可以取正值也可以取负值。

(2) 加法器，用于求输入信号被神经元的相应突触权值加权的和。这个操作构成一个线性组合器。

(3) 激活函数，用来限制神经元输出振幅。由于它将输出信号压制（限制）到允许范围之内的一定值，因此，激活函数又称压制函数。通常，一个神经元输出的正常幅度范围可写成闭区间[0,1]或者[-1, +1]。

图 3-1 也包括一个外部偏置，记为b_k。根据其为正或为负，用来增加或降低激活函数的网络输入。

可以用如下两个等式来描述一个神经元 k：

$$u_k = \sum_{j=1}^{m} w_{kj} x_j \tag{3 1}$$

$$y_k = \varphi(u_k + b_k) \tag{3-2}$$

式中，$x_1, x_2, \cdots, x_m$是输入信号；$\omega_{k1}, \omega_{k2}, \cdots, \omega_{km}$是神经元 k 的突触权值；u_k是输入信号的线性组合器的输出，阈值为b_k，激活函数为 $\varphi(\cdot)$；y_k是神经元输出信号。阈值b_k的作用是对图 3-1 模型中的线性组合器的输出u_k作仿射变换（affine transformation）：

$$v_k = u_k + b_k \tag{3-3}$$

偏置b_k是人工神经元 k 的外部参数。可以像在式(3-2)中一样考虑它。同样，可以结合式(3-1)和式(3-3)得到：

$$v_k = \sum_{j=0}^{m} \omega_{kj} x_j \tag{3-4}$$

$$y_k = \varphi(v_k) \tag{3-5}$$

在式(3-4)中，加上一个新的突触，输入是$x_0 = 1$，权值是$\omega_{k0} = b_k$。

3.2　感知器及其学习规则

感知器是对生物神经元的简单数学模拟，由两层神经元组成。图 3-2 所示是两个输入神经元的感知器网络结构示意图，其中，感知器接受x_1和x_2两个输入信号，输出 y 为 +1 或 -1。用式(3-6)来表示图 3-2 中的感知器。

$$y = \varphi(\omega_0 x_0 + \omega_1 x_1 + \omega_2 x_2) = \varphi(\boldsymbol{w}^{\mathrm{T}}\boldsymbol{x}) \tag{3-6}$$

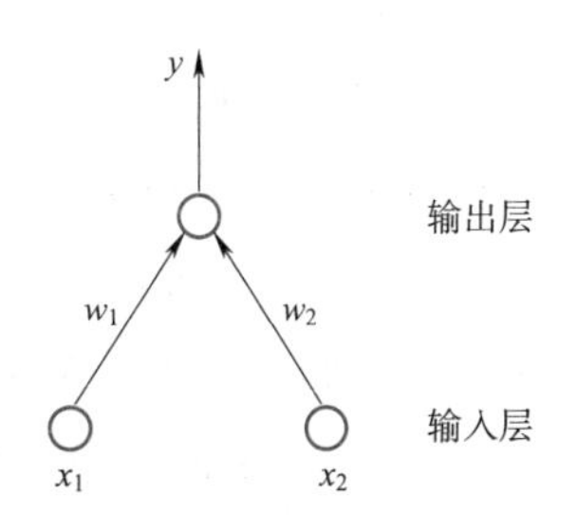

图 3-2　两个输入神经元的感知器网络结构示意图

式中，$\boldsymbol{w}=[\omega_0,\omega_1,\omega_2]^{\mathrm{T}}$为权重向量；$\boldsymbol{x}=[1,x_1,x_2]^{\mathrm{T}}$；$\varphi(\cdot)$是阶跃函数，如式(3-7)所示。

$$\varphi(\boldsymbol{w}^{\mathrm{T}}\boldsymbol{x})=\mathrm{sgn}(\boldsymbol{w}^{\mathrm{T}}\boldsymbol{x}) =\begin{cases}+1,\text{if } \boldsymbol{w}^{\mathrm{T}}\boldsymbol{x}>0\\ -1,\text{if } \boldsymbol{w}^{\mathrm{T}}\boldsymbol{x}<0\end{cases} \tag{3-7}$$

感知器的目的是把外部输入正确的分为两类。分类原则是：如果感知器输出 y 是 $+1$ 就分入 ϕ_1，-1 则分入 ϕ_2。感知器能容易地实现逻辑与、或、非运算，分别为：

(1)"与"$(x_1\wedge x_2)$：令$\omega_0=-2,\omega_1=\omega_2=1$，则 $y=\varphi(-2+x_1+x_2)$，仅在$x_1=x_2=1$时，$y=1$。

(2)"或"$(x_1\vee x_2)$：令$\omega_0=-0.5,\omega_1=\omega_2=1$，则 $y=\varphi(-0.5+x_1+x_2)$，仅在$x_1=1$时，或$x_2=1$时，$y=1$。

(3)"非"$(\neg x_1)$：令$\omega_0=0.5,\omega_1=-0.6,\omega_2=0$，则 $y=\varphi(0.5-0.6\cdot x_1+0\cdot x_2)$，当$x_1=1$时，$y=0$；或$x_1=0$时，$y=1$。

一般情况下，给定训练数据集，权重$\omega_i(i=0,1,2,\cdots,n)$可通过学习得到。感知器的学习规则非常简单，是一种错误驱动的在线学习算法。给定 N 个样本的训练集：$\{(x^{(n)},y^{(n)})\}_{n=1}^{N}$，其中$y^{(n)}\in\{-1,+1\}$，感知器试图学习到参数$\boldsymbol{w}^*$，使得对于每个样本$(x^{(n)},y^{(n)})$有式(3-8)。

$$y^{(n)}\boldsymbol{w}^*x^{(n)}>0,\ \forall n\in[1,N] \tag{3-8}$$

先初始化一个权重向量 $\boldsymbol{w}\leftarrow 0$(通常是全零向量)，然后每次分错一个样本$(x,y)$时，即$y^{(n)}\boldsymbol{w}^*x^{(n)}<0$，就用这个样本来更新权重，如式(3-9)所示。

$$\boldsymbol{w}\leftarrow\boldsymbol{w}+yx \tag{3-9}$$

具体的感知器参数学习策略如算法 3-1 所示。

算法 3-1　两类感知器算法

输入：训练集$\{(x^{(n)},y^{(n)})\}_{n=1}^{N}$，迭代次数 T

输出：$\boldsymbol{w}_k$

(1) 初始化：$\boldsymbol{w}_0\leftarrow 0,k\leftarrow 0$；

(2) **for** $t=1\cdots T$ **do**

(3) 　　随机对训练样本进行随机排序；

(4) 　　**for** $n=1\cdots N$ **do**

(5) 　　　　选取一个样本$(x^{(n)},y^{(n)})$；

(6) 　　　　**if** $\boldsymbol{w}_k^{\mathrm{T}}(y^{(n)}x^{(n)})\leqslant 0$ **then**

(7) 　　　　　$\boldsymbol{w}_{k+1}\leftarrow\boldsymbol{w}_k+y^{(n)}x^{(n)}$；

(8)　　　$k \leftarrow k+1$;

(9)　　　**end**

(10)　　**end**

(11) **end**

图 3－3 所示为感知器参数学习的更新过程，其中咖啡色实心点为正例，咖啡色空心点为负例。黑色箭头表示权重向量，虚线箭头表示权重的更新方向。

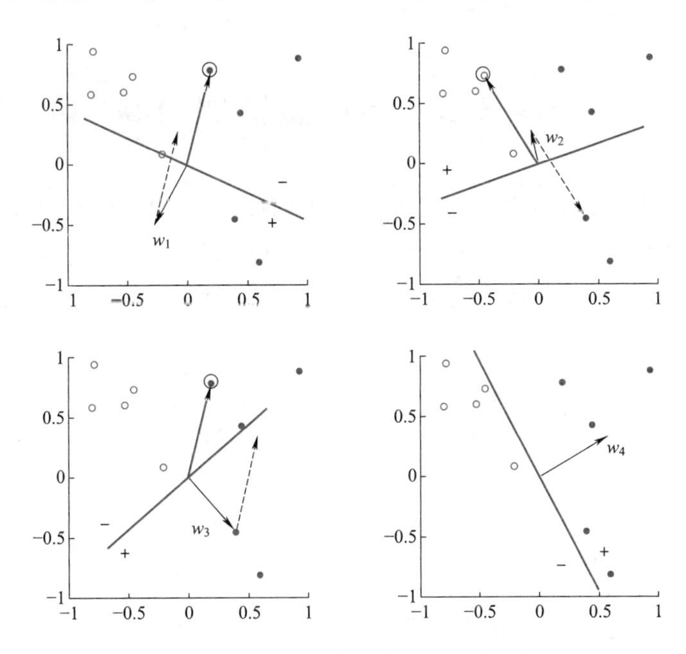

图 3－3　感知器参数学习的更新过程

需注意的是：感知器只有输出层神经元进行激活函数处理，即只拥有一层功能神经元，其学习能力非常有限。事实上，上述与、或、非问题都是线性可分的问题。可以证明，若两类模式是线性可分的，即存在一个线性超平面能将它们分开，如图 3－4(a)～图 3－4(c)所示，则感知器的学习过程一定会收敛而求得适当的权向量 $\boldsymbol{w}$；否则感知器学习过程将会发生振荡，$\boldsymbol{w}$ 难以稳定下来，不能求得合适解，如感知器甚至不能解决图 3－4(d)所示的异或等简单的非线性可分问题。

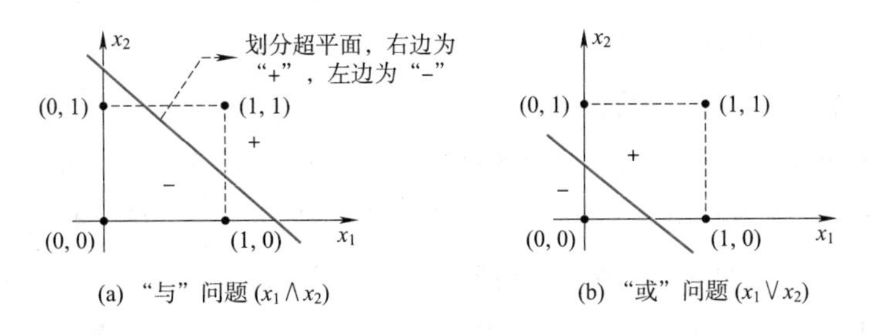

图 3－4　线性可分的“与”“或”“非”问题与非线性可分的“异或”问题

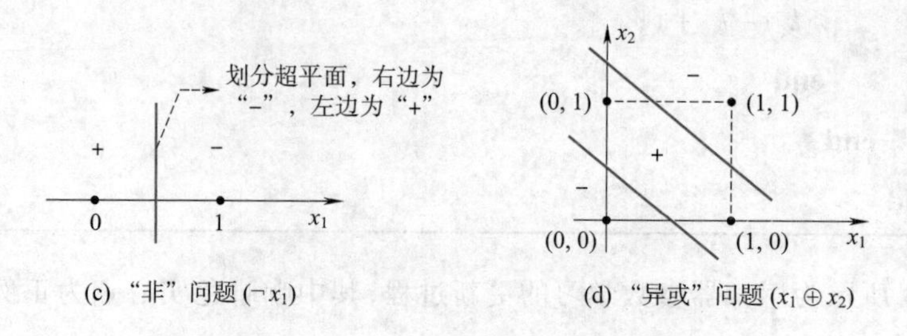

(c) "非"问题 ($\neg x_1$)　　(d) "异或"问题 ($x_1 \oplus x_2$)

图 3-4　线性可分的"与""或""非"问题与非线性可分的"异或"问题(续)

3.3　多层感知器

要解决非线性可分问题,需考虑使用多层功能神经元。例如图 3-5 中这个简单的两层感知器就能解决异或问题。在图 3-5(a)中,输出层与输入层之间的一层神经元,称为隐层或隐含层(Hidden Layer),隐含层和输出层神经元都是拥有激活函数的功能神经元。

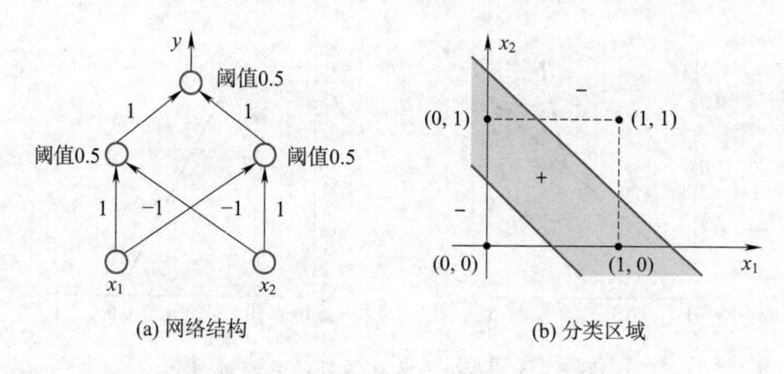

(a) 网络结构　　(b) 分类区域

图 3-5　能解决异或问题的两层感知器

更一般的,常见的神经网络是形如图 3-6 所示的层级结构,每层神经元与下层神经元全互连,神经元之间不存在同层连接,也不存在跨层连接。这样的神经网络结构通常称为"多层前馈神经网络"(Multi-layer Feedforward Networks)。多层前馈神经网络有一个或多个隐层。隐神经元的功能是以某种有用方式介入外部输入和网络输出之中。加上一个或多个隐层,网络可以得到高阶统计特性。即使网络为局部连接,由于额外的突触连接和额外的神经交互作用,可以使网络在不那么严格意义下获得一个全局关系。当输入层很大时,隐层的提取高阶统计特性的能力就更有价值了。

输入层的源结点提供激活模式的元素(输入向量),组成第二层(第一隐层)神经元(计算结点)的输入信号。第二层的输出信号作为第三层输入,这样一直传递下去。通常,每一层的输入都是上一层的输出,最后的输出层给出相对于源结点的激活模式的网络输出。结构如图 3-6 所示,该图中只有一个隐藏层。这是一个 10-4-2 网络,即 10 个源结点,4 个隐藏结点,2 个输出结点。具有 m 个源结点的前馈网络,第一个隐藏层有h_1个神经元，第二个隐藏层结点有h_2个神经元，输出层有 q 个神经元，可以称为 $m-h_1-h_2-q$ 网络。

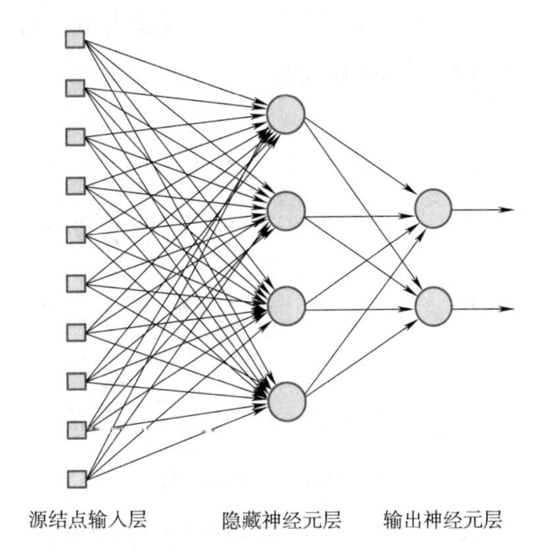

图 3－6　具有一个隐层和输出层的多层前馈神经网络

图 3－6 的网络又称完全连接(Fully Connected) 网络。相邻层的任意一对结点都有连接。如果不是这样，称为部分连接(Partially Connected)网络。

3.4　反向传播算法

多层网络的学习能力比单层感知器要强得多，欲训练多层网络，简单感知器的学习规则就显得不够了，需要更强大的算法。误差反向传播算法就是其中最杰出的代表，它是迄今最成功的神经网络学习算法。

误差反向传播算法基于误差纠正学习规则。误差反向传播学习由两次通过网络不同层的传播组成：一次前向传播和一次反向传播。在前向传播中，一个活动模式(输入向量)作用于网络感知结点，它的影响通过网络一层接一层地传播。最后，产生一个输出作为网络的实际响应。在前向传播中，网络的突触权值全被固定了。在反向传播中，突触权值全部根据突触修正规则来调整。特别是网络的目标响应减去实际响应而产生误差信号。这个误差信号反向传播通过网络，与突触连接方向相反，因此称为“误差反向传播”。突触权值被调整使得网络的实际响应从统计意义上接近目标响应。误差反向传播算法通常称为反向传播算法(Back-Propagation Algorithm)，或是简单称为反向传播(back-prop)。由算法执行的学习过程称为反向传播学习。反向传播算法的发展是神经网络发展史上的一个里程碑，因为它为训练多层感知器提供了一个有效的计算方法。

图3-7所示为含有两个隐层和一个输出层的多层感知器的结构。为了给出多层感知器一个一般形式的描述,这里说的网络是全连接的。也就是说在任意层上的一个神经元与它之前的层上的所有结点(神经元)都连接起来了。信号在一层接一层的基础上逐步传播,方向是向前的,从左到右的。

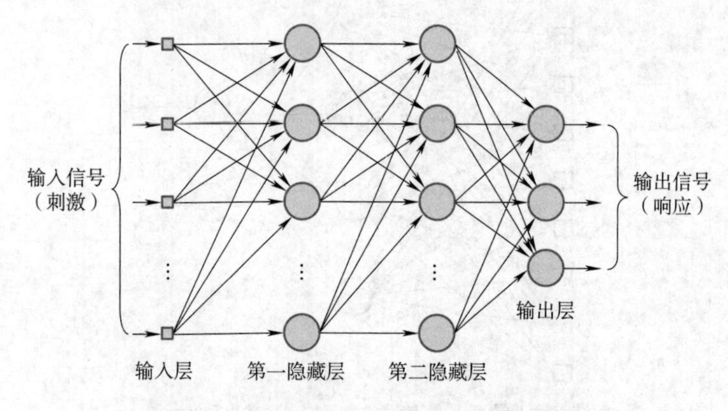

图3-7 具有两个隐层的多层感知器结构

输出神经元(计算结点)构成了网络的输出层,余下的神经元(计算结点)组成了网络的隐层。因此隐层单元并不是网络输出或输入层的一部分。第一隐层的信号是从由感知单元组成输入层输入的;而它的结果信号也顺序传输给下一个隐层;网络的其余部分依此类推。

多层感知器每一个隐层或输出层的神经元被设计用来进行两种计算:

(1)输出端神经元的函数信号的计算,它表现为输入信号和与该神经元有关的突触权值的一个连续非线性函数。

(2)梯度向量(即误差曲面对与一个神经元输入相连的权值的梯度)的估计计算,它需要反向通过网络。

反向传播算法的导出相当复杂,要减轻这个导出所涉及的数学计算,下面给出在推导中用到的符号。

定义

(1)符号i、j、k是指网络中不同的神经元;信号在网络中从左向右传播,神经元j所在层在神经元i所在层的右边,而当神经元j是隐层单元时,神经元k所在层在神经元j所在层的左边。

(2)迭代(时间步)n,网络的第n个训练模式(例子)呈现给网络。

(3)符号$E(n)$指迭代n时的瞬间误差平方和或瞬间误差能量和。关于所有n(即整个训练集)的$E(n)$的平均值即为平均误差能量E_{av}。

(4)符号$e_j(n)$指的是第n次迭代神经元j的输出误差信号。

(5)符号$d_j(n)$指的是关于j的期望响应。

(6)符号 $y_j(n)$ 指的是迭代 n 时出现在神经元 j 的输出处函数信号。

(7)符号 $\omega_{ji}(n)$ 指突触权值,该权值是迭代 n 时从神经元 i 输出连接到神经元 j 输入。该权值在迭代 n 时修正量为 $\Delta\omega_{ji}(n)$。

(8)迭代 n 时的神经元 j 的诱导局部域(所有突触输入的加权和加上偏置)用 $v_j(n)$ 表示;它构成作用于神经元 j 的激活函数的信号。

(9)用来描述神经元 j 的输入输出函数的非线性关系的激活函数表示为 $\varphi_j(\cdot)$。

(10)关于神经元 j 的偏置用 b_j 表示;它的作用由一个突触的权值 $\omega_{j0}=b_j$ 表示,这个突触与一个等于 +1 的固定输入相连。

(11)输入向量的第 i 个元素用 $x_i(n)$ 表示。

(12)输出向量的第 k 个元素用 $o_k(n)$ 表示。

(13)学习率参数记为 η。

(14)符号 m_l 表示多层感知器的第 l 层的大小(也就是结点的数目),$l=0,1,\cdots,L$,而 L 就是网络的“深度”。因此 m_0 是输入层的大小,m_1 是第 1 隐层的大小,m_L 是输出层的大小。也使用 $m_L=M$。

在神经元 j 的迭代 n 时输出误差信号(即呈现第 n 个训练例子)由式(3-10)表示。

$$e_j(n)=d_j(n)-y_j(n)\qquad(\text{神经元 } j \text{ 是输出结点})\tag{3-10}$$

将神经元 j 的误差能量瞬间值定义为 $e_j^2(n)/2$。相应的,整个误差能量的瞬时值 $E(n)$ 即为输出层的所有神经元的误差能量瞬间值的和;这些只是那些误差信号可被直接计算的“可见”神经元。因此,$E(n)$ 的计算公式如式(3-11)所示。

$$E(n)=\frac{1}{2}\sum_{j\in C}e_j^2(n)\tag{3-11}$$

式中,集合 C 包括所有网络输出层的神经元。令 N 为训练集中样本的总数。而对所有 n 求 $E(n)$ 的和,然后关于集的大小规整化即得误差能量的均方值,表示如式(3-12)所示。

$$E_{av}=\frac{1}{N}\sum_{n=1}^{N}E(n)\tag{3-12}$$

误差能量的瞬时值 $E(n)$ 和误差能量的平均值 E_{av},是网络所有自由参数(突触权值和偏置水平)的函数。对一个给定的训练集,E_{av} 表示的代价函数作为学习性能的一种度量。学习过程的目的是调整网络的自由参数来使 E_{av} 最小。特别地,考虑一个训练的简单方法,即权值在一个模式接一个模式的基础上更新,直到一个回合(epoch)结束,也就是整个训练集均已被网络处理。权值的调整根据每次呈现给网络的模式所计算的相应误差进行。因此,这些单个权值在训练集上的更新的算术平均是基于使整个训练集的代价函数 E_{av} 最小化的真实权值调整的估计。

考虑图 3-8,它描绘了神经元 j 被它左边的一层神经元产生的一组函数信号所馈给。因此，在神经元 j 的激活函数输入处产生的诱导局部域 $v_j(n)$ 如式(3－13)所示。

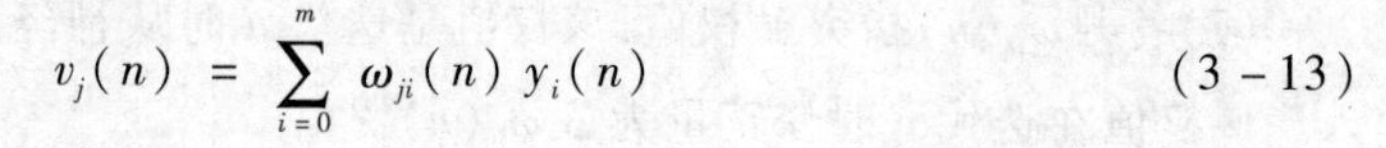

$$v_j(n) = \sum_{i=0}^{m} \omega_{ji}(n)\, y_i(n) \tag{3-13}$$

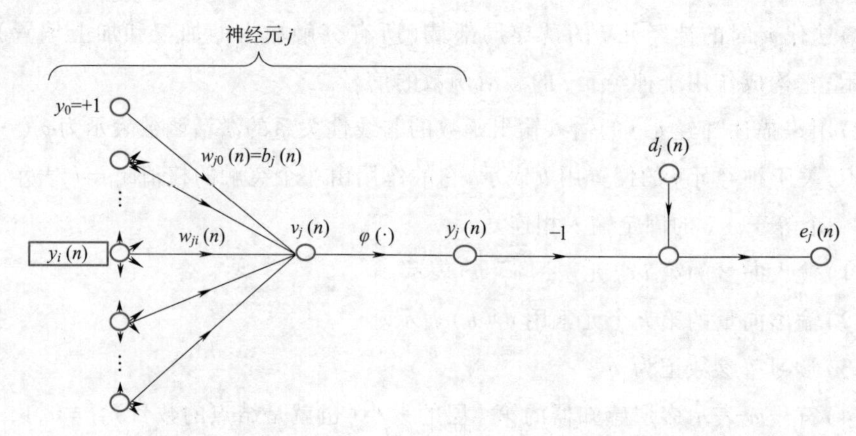

图 3－8　输出神经元 j 的详细信号流

这里，m 是作用于神经元 j 的所有输入个数(不包括偏置)。突触权值 ω_{j0} (相应的固定输入 $y_0 = +1$)等于神经元 j 的偏置 b_j。所以，在迭代 n 时出现在神经元 j 输出处的函数信号 $y_i(n)$ 如式(3－14)所示。

$$y_i(n) = \varphi_j(v_j(n)) \tag{3-14}$$

反向传播算法给出了突触权值 $\omega_{ji}(n)$ 的一个修正值 $\Delta\omega_{ji}(n)$，它正比于 $E(n)$ 对 $\omega_{ji}(n)$ 的偏导 $\partial E(n)/\partial\omega_{ji}(n)$。

根据微分的链式规则，可以将这个梯度表示为式(3－15)。

$$\frac{\partial E(n)}{\partial \omega_{ji}(n)} = \frac{\partial E(n)}{\partial e_j(n)} \cdot \frac{\partial e_j(n)}{\partial y_j(n)} \cdot \frac{\partial y_j(n)}{\partial v_j(n)} \cdot \frac{\partial v_j(n)}{\partial \omega_{ji}(n)} \tag{3-15}$$

偏导数 $\partial E(n)/\partial\omega_{ji}(n)$ 代表一个敏感因子，决定突触权值 $\omega_{ji}(n)$ 在权空间的搜索方向。

在式(3－11)两边对 $e_j(n)$ 取微分，得到式(3－16)。

$$\frac{\partial E(n)}{\partial e_j(n)} = e_j(n) \tag{3-16}$$

在式(3－10)两边对 $y_j(n)$ 取微分，得到式(3－17)。

$$\frac{\partial e_j(n)}{\partial y_j(n)} = -1 \tag{3-17}$$

接着，在式(3－14)两边对 $v_j(n)$ 取微分，得到式(3－18)。

$$\frac{\partial y_j(n)}{\partial v_j(n)} = \varphi_j'(v_j(n)) \tag{3-18}$$

最后，在式(3－13)两边对 $\omega_{ji}(n)$ 取微分，得到式(3－19)。

$$\frac{\partial v_j(n)}{\partial \omega_{ji}(n)} = y_i(n) \tag{3-19}$$

将式(3-16)~式(3-19)代入式(3-15),得到式(3-20)。

$$\frac{\partial E(n)}{\partial \omega_{ji}(n)} = -e_j(n)\varphi_j'(v_j(n))y_i(n) \tag{3-20}$$

$\omega_{ji}(n)$的修正值$\Delta\omega_{ji}(n)$是由 delta 规则定义的,如式(3-21)所示。

$$\Delta\omega_{ji}(n) = -\eta\frac{\partial E(n)}{\partial \omega_{ji}(n)} \tag{3-21}$$

式中,η是反向传播算法的学习率参数。式(3-21)中的负号是指在权空间中梯度下降(寻找一个使$E(n)$值下降方向)。于是将式(3-20)代入式(3-21)中,得到式(3-22)。

$$\Delta\omega_{ji}(n) = -\eta\,\delta_j(n)y_j(n) \tag{3-22}$$

这里局域梯度如式(3-23)所示。

$$\begin{aligned}\delta_j(n) &= -\frac{\partial E(n)}{\partial v_j(n)}\\ &= -\frac{\partial E(n)}{\partial e_j(n)}\cdot\frac{\partial e_j(n)}{\partial y_j(n)}\cdot\frac{\partial y_j(n)}{\partial v_j(n)}\\ &= e_j(n)\varphi_j'(v_j(n))\end{aligned} \tag{3-23}$$

局域梯度是指突触权值所需要的变化量。根据式(3-23),神经元j的局域梯度$\delta_j(n)$等于相应误差信号$e_j(n)$和相应激活函数的导数$\varphi_j'(v_j(n))$的乘积。

从式(3-22)和式(3-23)得到,权值修正值$\Delta\omega_{ji}(n)$的计算涉及神经元j的输出端的误差信号$e_j(n)$。在这种情况下,要根据神经元的不同位置,区别两种不同的情况。第一种,神经元j是输出结点。这种情况的处理很简单,因为网络的每一个输出结点都提供了自己的期望反应信号,使得计算误差信号成为直截了当的事。在第二种情况中,神经元j是隐层结点。虽然隐层神经元不能直接访问,但是它们对网络输出层的误差有影响。然而,问题是要知道对隐层神经元的这种共担责任如何进行惩罚或奖赏。这已经被网络的反向传播误差信号成功地解决了。

下面给出两种情况下局域梯度的计算方法。

(1)情况1:神经元j是输出结点。

当神经元j位于网络的输出层时,给它提供自己的一个期望响应。可以用式(3-10)来计算这个神经元的误差信号$e_j(n)$;当$e_j(n)$确定后,用式(3-23)来计算局域梯度$\delta_j(n)$是很直接的。

(2)情况2:神经元j是隐层结点。

当神经元j位于网络的隐层时,就没有对该输入神经元的指定期望响应。因此,隐层的误差信号要根据所有与隐层神经元相连的神经元的误差来递归决定。这就是为什么反向传播算法的发展很复杂的原因。如果神经元j是一个网络隐层结点,根据式(3-23)可给隐层神经元的局域梯度重新定义为式(3-24)。

$$\delta_j(n) = \frac{\partial E(n)}{\partial y_j(n)} \cdot \frac{\partial y_j(n)}{\partial v_j(n)}$$

$$= \frac{\partial E(n)}{\partial y_j(n)} \varphi_j'(v_j(n))\text{（神经元} j \text{是隐层的）} \quad (3-24)$$

在式(3－24)中用到了式(3－18)。要计算偏导 $\partial E(n)/\partial y_j(n)$ 需进行如式(3－25)的处理。

$$E(n) = \frac{1}{2}\sum_{k \in C} e_k^2(n) \quad \text{（神经元} k \text{是输出结点）} \quad (3-25)$$

k 就是式(3－11)中的 j,这么写是为了避免与隐层结点 j 相混淆。在式(3－25)两边对 $y_j(n)$ 求偏导,得到式(3－26)。

$$\frac{\partial E(n)}{\partial y_j(n)} = \sum_k e_k \cdot \frac{\partial e_k(n)}{\partial y_j(n)} \quad (3-26)$$

接着还是使用链式规则,所以重写式(3－26)为式(3－27)。

$$\frac{\partial E(n)}{\partial y_j(n)} = \sum_k e_k \frac{\partial e_k(n)}{\partial v_k(n)} \cdot \frac{\partial v_k(n)}{\partial y_j(n)} \quad (3-27)$$

然而,如式(3－28)所示,神经元 k 是输出结点。

$$e_k = d_k(n) - y_k(n)$$

$$= d_k(n) - \varphi_j(v_k(n)) \quad (3-28)$$

因此,如式(3－29)所示。

$$\frac{\partial e_k(n)}{\partial v_k(n)} = -\varphi_k'(v_k(n)) \quad (3-29)$$

对神经元 k 来说,局部诱导域是式(3－30)。

$$v_k(n) = \sum_{j=0}^{m} \omega_{kj}(n)\, y_j(n) \quad (3-30)$$

这里 m 是神经元 k 所有输入的个数(包括偏置),而且在这里突触权值 $\omega_{kj}(n)$ 等于神经元 k 的偏置 $b_k(n)$,相应的输入是固定在值 +1 处的。求式(3－30)关于 $y_j(n)$ 微分得到式(3－31)。

$$\frac{\partial v_k(n)}{\partial y_j(n)} = \omega_{kj}(n) \quad (3-31)$$

将式(3－29)和式(3－31)代入式(3－27),得到期望的偏微分如式(3－32)所示。

$$\frac{\partial E(n)}{\partial y_j(n)} = -\sum_k e_k(n)\, \varphi_k'(v_k(n))\, \omega_{kj}(n)$$

$$= -\sum_k \delta_k(n)\omega_{kj}(n) \quad (3-32)$$

在式(3－32)用到了局域梯度 $\delta_k(n)$ 的定义。

最后,将式(3－32)代入式(3－24),得到关于局域梯度 $\delta_j(n)$ 的反向传播公式,如式(3－33)所示。

$$\delta_j(n) = \varphi_k'(v_k(n)) \sum_k \delta_k(n)\, \omega_{kj}(n)\text{（神经元 j 为隐单元）} \quad (3-33)$$

在式（3－33）中与局域梯度$\delta_k(n)$的计算有关的因素$\varphi_j'(v_j(n))$仅仅依赖于隐层神经元j的激活函数。这个计算涉及的其余因子，也就是所有神经元k的加权和，依赖于两组项。第一组项$\delta_k(n)$需要误差信号e_k的知识，因为所有在隐层神经元j右端的神经元是直接与神经元j相连的。第二组项$\omega_{kj}(n)$是由所有这些连接的突触权值组成的。

下面总结为反向传播算法导出的关系。

（1）由神经元i指向神经元j的突触权值的修正值$\Delta\omega_{ij}(n)$由 delta 规则定义如式（3－34）所示。

$$\begin{bmatrix}\text{权值}\\ \text{修正}\\ \Delta\omega_{ji}(n)\end{bmatrix} = \begin{bmatrix}\text{学习率}\\ \text{参数}\\ \eta\end{bmatrix} \cdot \begin{bmatrix}\text{局部}\\ \text{梯度}\\ \delta_j(n)\end{bmatrix} \cdot \begin{bmatrix}\text{神经元}\,j\\ \text{输入信号}\\ y_i(n)\end{bmatrix} \quad (3-34)$$

（2）局域梯度$\delta_j(n)$取决于神经元j是一个输出结点还是一个隐层结点：

①如果神经元j是一个输出结点，$\delta_j(n)$等于导数$\varphi_j'(v_j(n))$和误差信号$e_j(n)$的乘积，它们都和神经元j相关，参见式（3－23）。

②如果神经元j是隐层结点，$\delta_j(n)$就是其导数$\varphi_j'(v_j(n))$和δ_j的加权和的乘积，这些，δ_j是对与神经元j相连的下一个隐层或输出层中的神经元计算得到的，参见式（3－33）。

3.5　反向传播网络的应用概述

BP 网络的一些显著特点及优势：具有非线性映射能力，善于从输入和输出信号中寻找规律，不需要精确的数学模型，并行计算能力强，易于进行软硬件的编程计算。因此，BP 网络被运用去解决一些传统方法不能解决的问题，特别在模式识别和最优预测等领域应用较为广泛。

1. 图像识别

图像识别是人类最伟大的视觉功能之一，神经网络受动物神经系统启发，利用大量简单处理单元互连而构成的复杂系统，以解决复杂模式识别和行为控制问题。将 BP 网络用于图像识别，如字符识别、车牌识别、人脸辨识等。根据研究背景，建立识别模型，将预处理后的标准化矢量输入 BP 神经网络进行训练。BP 网络用于识别时，网络的每一个输入结点对应样本的一个特征，而输出结点数等于类别数，一个输出结点对应一个类。在训练阶段，如果输入训练样本的类别标点是i，则训练时的期望输出假设第i个结点为 1，而其余输出结点均为 0。在识别阶段，当一个未知类别样本作用到输入端时，考察各输出结点对应的输出，并将这个样本类别判定为具有最大值的输出结点对应的类别。如果有最大值的输出结点与其他结点之间的距离较小（小于某个阈值），则做出拒绝判断。经过竞争选择，获得识别结果。

2. 故障诊断

对于故障诊断而言，其核心技术是故障模式识别。而人工神经网络由于其本身信息处理特点，如并行性、自学习、自组织性、联想记忆等，使得能够出色地解决那些传统模式识别难以圆满解决的问题，所以故障诊断是人工神经网络的重要应用领域之一，已有不少应用系统的报道。总的来说，神经网络在诊断领域的应用研究主要集中在两方面：一是从模式识别的角度应用作为分类器进行故障诊断，其基本思想是：以故障征兆作为人工神经网络的输入，诊断结果作为输出；二是将神经网络与其他诊断方法相结合而形成的混合诊断方法。对用解析方法难以建立系统模型的诊断对象，人工神经网络有着很好的研究和应用前景。

3. 最优预测

前景预测已经成为许多行业不可避免的一个难题。由于预测涉及的因素很多，往往很难建立一个合理的模型。人工神经网络模拟人的大脑活动，具有极强的非线性逼近、大规模并行处理、自训练学习、容错能力以及外部环境的适应能力。所以利用人工神经网络进行预测已经成为许多项目首选的方法。利用 BP 网络进行预测的应用已经很多。例如：可以用来建立公共卫生事件监测与预警系统、旅游业趋势预测系统、物流预测系统、资源调度系统等方面。

3.6 案例：基于反向传播网络拟合曲线

使用 S 形非线性函数的反向传播学习方法获得对如式(3－35)所示的函数的拟合。

$$g(p)=1+\sin\left(\frac{\pi}{4}p\right),\ -2\leqslant p\leqslant 2 \tag{3-35}$$

要求：①建立两个数据集，一个用于网络训练，另一个用于测试；②假设具有单个隐含层，利用训练数据集计算网络的突触权重；③通过使用测试数据给网络的计算精度赋值；④使用单个隐含层，但隐含神经元数目可变，研究网络性能是如何受隐含层大小变化影响的。

解：下面选择一个网络并将 BP 算法用在其上来解决一个特定问题。假定用此网络来逼近函数。首先，采用 1－2－1 网络，如图 3－9 所示。此网络结构如图 3－10 所示。

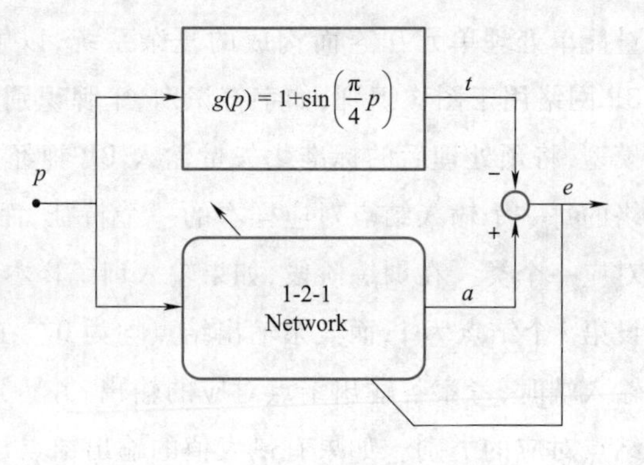

图 3－9　1－2－1 网络结构

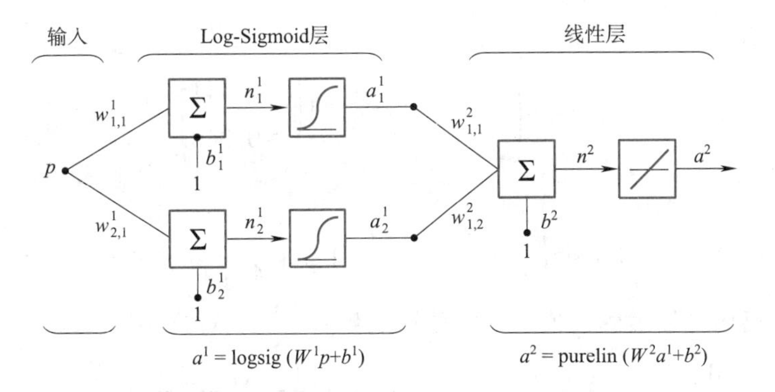

图 3－10 用 1－2－1BP 网络逼近函数

训练集可以通过计算函数在几个 p 值上的函数值来得到。在开始 BP 算法前，需要选择网络权值和偏置值的初始值。通常选择较小的随机值，如式(3－36)所示。

$$\boldsymbol{W}^1(0)=\begin{bmatrix}-0.27\\-0.41\end{bmatrix}\quad \boldsymbol{b}^1(0)=\begin{bmatrix}-0.48\\-0.13\end{bmatrix}$$

$$\boldsymbol{W}^2(0)=[0.09\quad -0.17]\quad \boldsymbol{b}^2(0)=[0.48] \tag{3-36}$$

网络对初始权值的响应如图 3－11 所示。

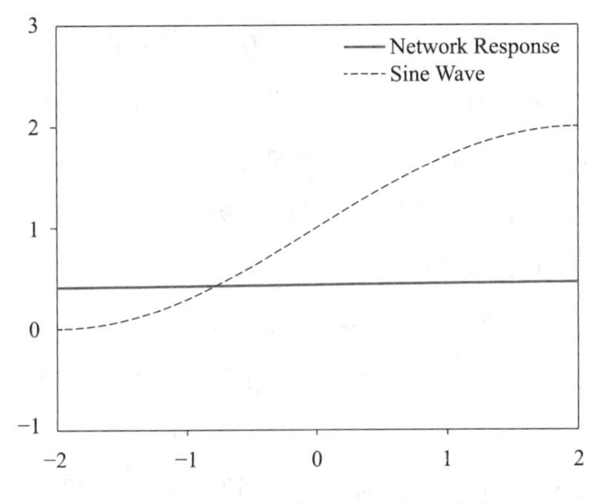

图 3－11 网络对初始权值的响应

这里选择 $p=1$，得到：

$$a^0=p=1$$

第一层输出：

$$\boldsymbol{a}^1=f^1(\boldsymbol{W}^1\boldsymbol{a}^0+\boldsymbol{b}^1)=\text{logsig}\left(\begin{bmatrix}-0.27\\-0.41\end{bmatrix}[1]+\begin{bmatrix}-0.48\\-0.13\end{bmatrix}\right)=\text{logsig}\left(\begin{bmatrix}-0.75\\-0.75\end{bmatrix}\right)$$

$$\boldsymbol{a}^1=\begin{bmatrix}\dfrac{1}{1+\mathrm{e}^{0.75}}\\[2ex]\dfrac{1}{1+\mathrm{e}^{0.54}}\end{bmatrix}=\begin{bmatrix}-0.321\\-0.368\end{bmatrix}$$

第二层输出：

$$a^2 = f^1(W^1 a^2 + b^2) = \text{purelin}\left([0.09 \quad -0.17]\begin{bmatrix}-0.321\\-0.368\end{bmatrix} + [0.48]\right) = [0.446]$$

误差：

$$\mathrm{e} = t - a = \left\{1 + \sin\left(\frac{\pi}{4}p\right)\right\} - a^2 = \left\{1 + \sin\left(\frac{\pi}{4}1\right)\right\} - 0.446 = 1.261$$

下面求反向传播敏感性值。先求传输函数的导数。对第一层：

$$\dot{f}^1(n) = \frac{\mathrm{d}}{\mathrm{d}n}\left(\frac{1}{1+\mathrm{e}^{-n}}\right) = \frac{\mathrm{e}^{-n}}{(1+\mathrm{e}^{-n})^2} = \left(1 - \frac{1}{1+\mathrm{e}^{-n}}\right)\left(\frac{1}{1+\mathrm{e}^{-n}}\right) = (1-a^1)(a^1)$$

对第二层：

$$\dot{f}^2(n) = \frac{\mathrm{d}}{\mathrm{d}n}(n) = 1$$

执行反向传播。起始点在第二层。

$$s^2 = -2\dot{F}^2(n^2)(t-a) = -2[\dot{f}^2(n^2)](1.261) = -2[1](1.261) = -2.522$$

第一层敏感性由计算第二层的敏感性反向传播得到：

$$s^1 = \dot{F}^1(n^1)(W^2)^{\mathrm{T}} s^2 = \begin{bmatrix}(1-a_1^1)(a_1^1) & 0\\ 0 & (1-a_2^1)(a_2^1)\end{bmatrix}\begin{bmatrix}0.09\\-0.17\end{bmatrix}[-2.522]$$

$$= \begin{bmatrix}(1-0.321)(0.321) & 0\\ 0 & (1-0.368)(0.368)\end{bmatrix}\begin{bmatrix}0.09\\-0.17\end{bmatrix}[-2.522]$$

$$= \begin{bmatrix}0.218 & 0\\ 0 & 0.233\end{bmatrix}\begin{bmatrix}-0.227\\0.429\end{bmatrix} = \begin{bmatrix}-0.0495\\0.0997\end{bmatrix}$$

更新权值。学习速度设为 0.1，即 $\alpha = 0.1$。

$$W^2(1) = W^2(0) - \alpha s^2 (a^1)^{\mathrm{T}} = [0.09 \quad -0.17] - 0.1[-2.522][0.321 \quad 0.368]$$
$$= [0.171 \quad -0.0772]$$

$$b^2(1) = b^2(0) - \alpha s^2 = [0.48] - 0.1[-2.522] = [0.732]$$

$$W^1(1) = W^1(0) - \alpha s^1 (a^0)^{\mathrm{T}} = \begin{bmatrix}-0.27\\-0.41\end{bmatrix} - 0.1\begin{bmatrix}-0.0495\\0.0997\end{bmatrix}[1] = \begin{bmatrix}-0.265\\-0.420\end{bmatrix}$$

$$b^1(1) = b^1(0) - \alpha s^1 = \begin{bmatrix}-0.48\\-0.13\end{bmatrix} - 0.1\begin{bmatrix}-0.0495\\0.0997\end{bmatrix} = \begin{bmatrix}-0.475\\-0.140\end{bmatrix}$$

这就完成了 BP 算法的第一次迭代。下一步可以选择另一个输入 p，执行算法的第二次迭代过程。迭代过程一直进行下去，直到网络响应和目标函数之差达到某一可接受的水平。

关于体系结构的选择，考察如下函数的拟合问题：

$$g(p) = 1 + \sin\left(\frac{i\pi}{4}p\right), \ -2 \leqslant p \leqslant 2$$

如果选择 1 - 3 - 1 网络结构，即隐含神经元数目为 3，i 分别等于 1、2、4 时拟合效果较好，i 等于 8 时拟合效果较差，如图 3 - 12 所示。

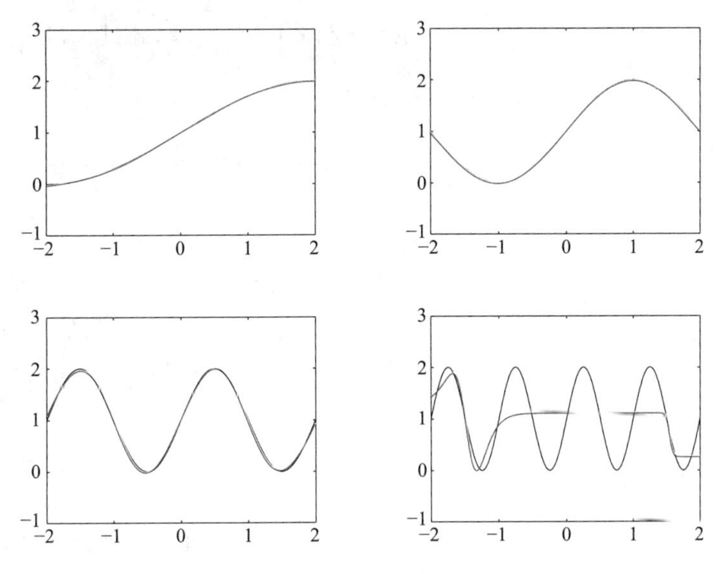

图 3 - 12　i 分别等于 1、2、4、8 时的 1 - 3 - 1 网络拟合效果

使用单个隐含层，但隐含神经元数目可变，通过实例分析网络性能是如何受隐含层大小变化影响的。给定如下函数，1 - 2 - 1，1 - 3 - 1，1 - 4 - 1，1 - 5 - 1 网络拟合效果如图 3 - 13 所示，只有 1 - 5 - 1 网络体系结构的拟合效果达到要求。

$$g(p) = 1 + \sin\left(\frac{6\pi}{4}p\right),\ -2 \leqslant p \leqslant 2$$

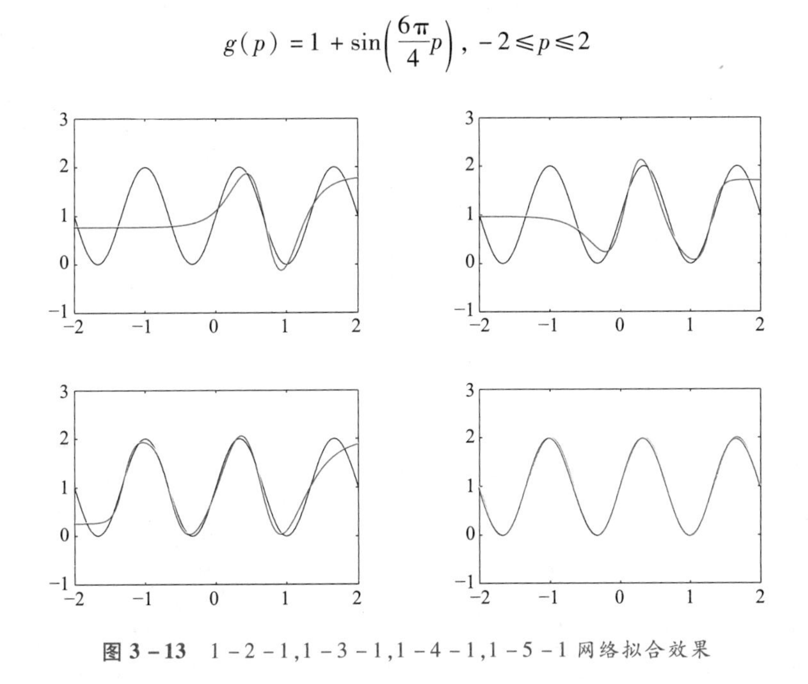

图 3 - 13　1 - 2 - 1，1 - 3 - 1，1 - 4 - 1，1 - 5 - 1 网络拟合效果

使用单个隐含层，1 - n - 1 网络拟合效果均达到要求的情况下，选择隐含神经元数

目较小的网络,泛化能力较好。例如:考虑如下函数及训练样本,1 - 2 - 1 网络泛化效果较好(见图 3 - 14),1 - 9 - 1 网络泛化效果较差(见图 3 - 15):

$$g(p) = 1 + \sin\left(\frac{\pi}{4}p\right), \quad p = -2, -1.6, -1.2, \cdots, 1.6, 2$$

$$\{\boldsymbol{p}_1, \boldsymbol{t}_1\}, \{\boldsymbol{p}_2, \boldsymbol{t}_2\}, \cdots, \{\boldsymbol{p}_Q, \boldsymbol{t}_Q\},$$

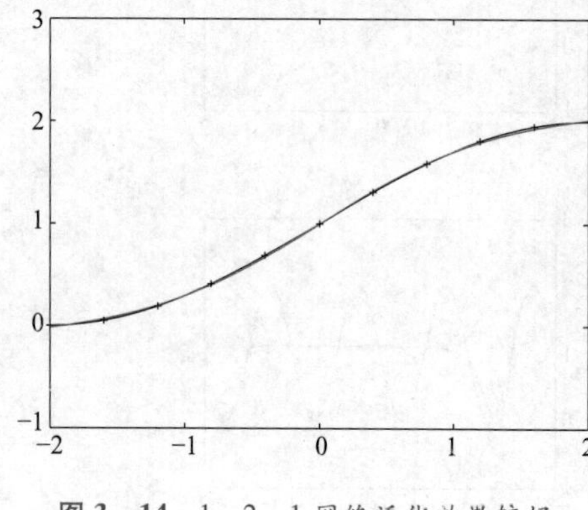

图 3 - 14　1 - 2 - 1 网络泛化效果较好

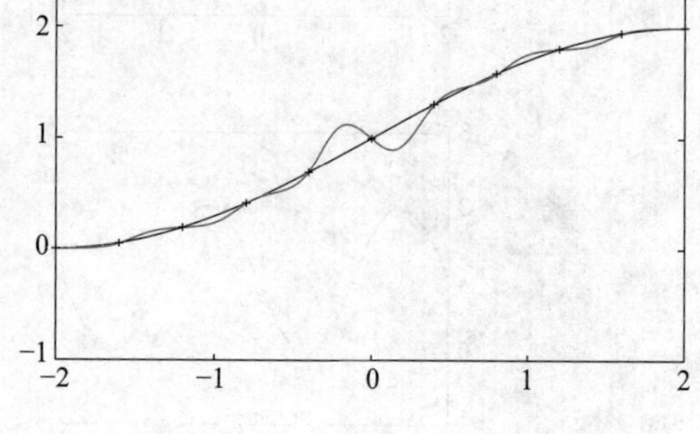

图 3 - 15　1 - 9 - 1 网络泛化效果较差

下面给出采用 BP 网络拟合样本点(见图 3 - 16)的程序、拟合过程(见图 3 - 17 ~ 图 3 - 19)及收敛曲线(见图 3 - 20 和图 3 - 21)。

程序如下:

```
%
clf reset
figure(gcf)
% setfsize(500,200);
echo on
clc
% initff - - -对前向网络进行初始化
% trainbpx - - -用算法对前向网络进行训练
% simuff - - -对前向网络进行仿真
pause
clc
p = -1:.1:1;
t = [-.9602 -.5770 -.0729 .3771 .6405 .6600 .4609 .1336 -.2013 -.4344 -.5000 ...
 -.3930 -.1647 .0988 .3072 .3960 .3449 .1816 -.0312 -.2189 -.3201];
pause
clc
plot(p,t,'+');
title('training vectors');
xlabel('input vector p');
ylabel('target vector t');
pause
```

```
clc
s1 =5;
[w1,b1,w2,b2] = initff(p,s1,'tansig',t,'purelin');
echo off
k =pickic;
if k = =2
    w1 = [3.5000;3.5000;3.5000;3.5000;3.5000];
    b1 = [ -2.8562;1.0744;0.5880;1.4083;2.8722];
    w2 = [0.2622 -.2375 -.4525 .2361 -.1718];
    b2 = [.1326];
end
echo on
clc
df =10;                   % 学习过程显示频率
me =8000;                 % 最大训练步数
eg =0.02,                 % 误差指标
lr =0.01;                 % 学习率
tp = [df me eg lr]
[w1,b1,w2,b2,ep,tr] =trainbp(w1,b1,'tansig',w2,b2,'purelin',p,t,tp);
pause
clc
ploterr(tr,eg);
pause
clc
p =0.5;
a =simuff(p,w1,b1,'tansig',w2,b2,'purelin')
echo off
```

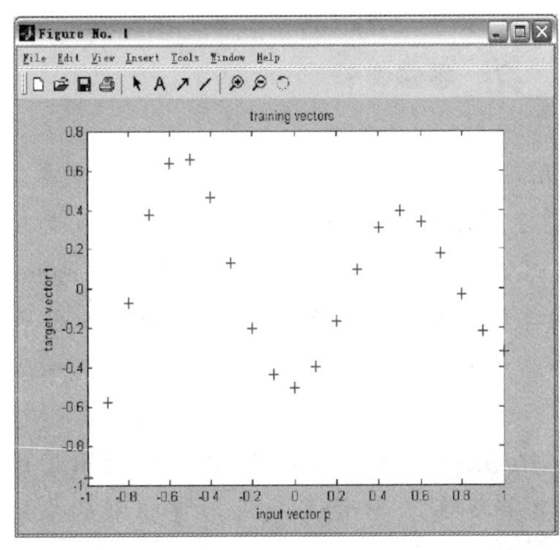

图3-16　样本点

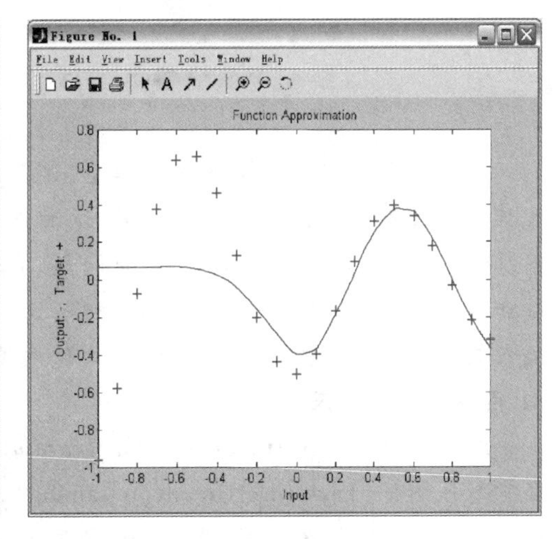

图3-17　拟合过程(一)

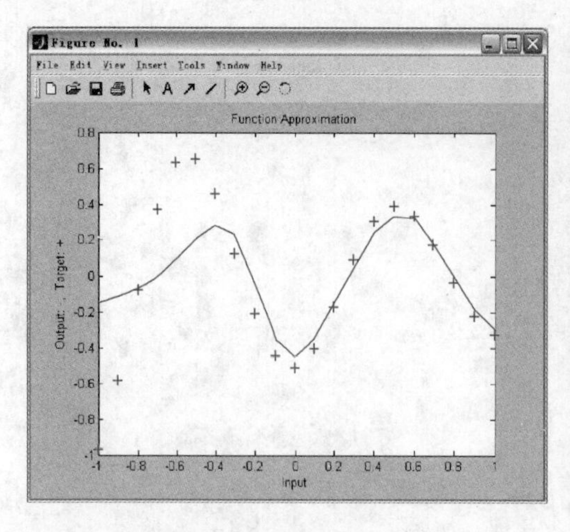

图 3-18　拟合过程(二)

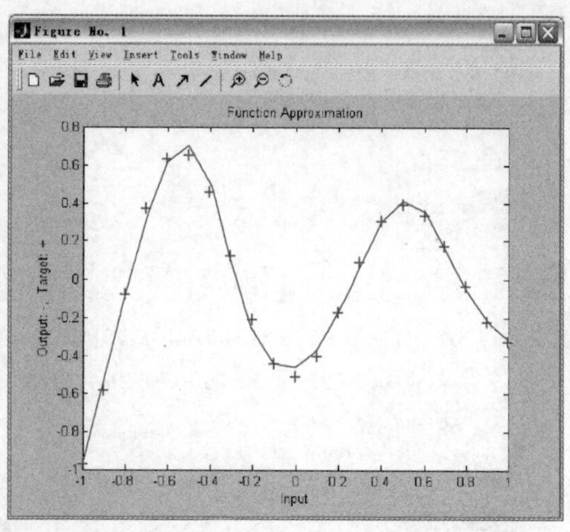

图 3-19　拟合过程(三)

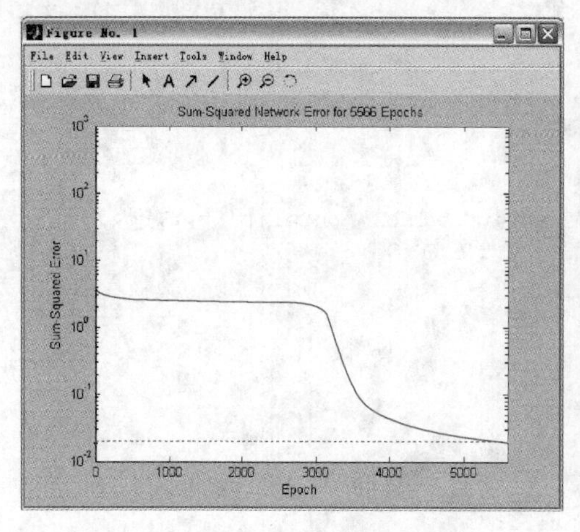

图 3-20　收敛曲线(5566 回合时)

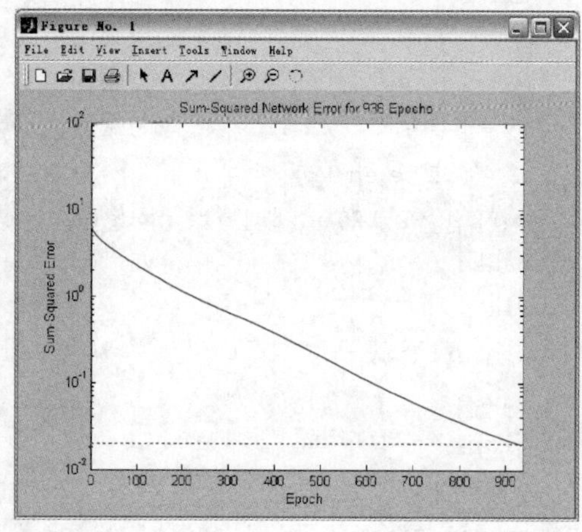

图 3-21　改进算法的收敛曲线(938 回合时)

小　结

本章首先介绍了单层感知器模型,这是第一个人工神经网络数学模型,能够实现线性分类、联想记忆等;在此基础上,详细介绍了多层感知器及其训练算法——反向传播算法,可以用来解决线性不可分问题。多层感知器主要是进行浅层学习(Shallow Learning)研究,它存在一些明显的缺陷:误差收敛速度慢,学习时间过长;学习过程易陷入局部极小值;网络泛化能力差;构建网络结构缺乏统一原则等。这些缺陷影响了BP 网络的应用效果。

2006 年 Geoffrey Hinton 在 *AFastLearning Algorithm for Deep Belief Nets* 中提出了逐层贪婪预训练(Layerwise Greedypretraining),显著提高了 MNIST 手写数字识别的准确率,开创了神经网络的新方向——深度学习;随后又在 *Reducing the Dimensionality of Data withNeural Networks* 中提出了 Deep Auto Encoder 结构,在图像和文本降维实验上明显优于传统算法,证明了深度学习的正确性。以这两篇论文为开端,整个学术界掀起了深度学习的研究热潮，由于更多的网络层数和参数个数，能够提取更多的数据特征，获取更好的学习效果，神经网络模型的层数和规模相比之前都有了很大的提升，被称为深度神经网络（Deep Neural Networks，DNN），关于深度神经网络将在第9章介绍。

习　题

1. 神经元 j 接受输入10、-20、4和-2，神经元 j 的突触权值分别为0.8、0.2、-1.0和-0.9。这里假设神经元的阈值为0。计算下列两种情况下神经元 j 的输出：

（1）激活函数为线性函数 $\varphi(v)=v$。

（2）激活函数为阈值函数（Threshold Function）。

$$\varphi(v)=\begin{cases}1, & \text{如果} \quad v\geqslant 0\\ 0, & \text{如果} \quad v<0\end{cases}$$

2. 考虑如图3-22所示的单神经元感知器网络。该网络的判定边界为 $\boldsymbol{Wp}+b=0$。试证明：若 $b=0$，那么判定边界是一个向量空间。

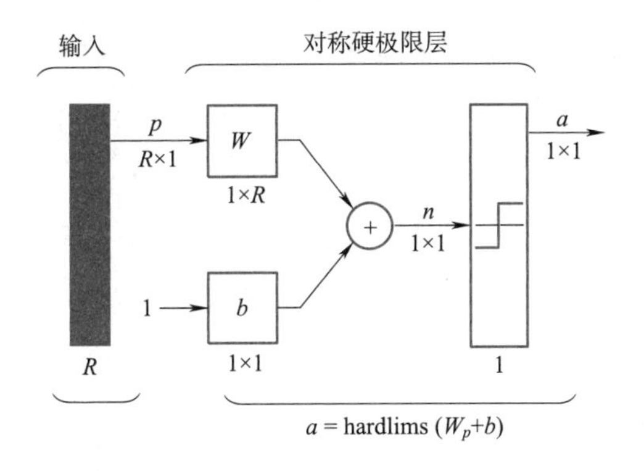

图3-22　单神经元感知机

3. 单层感知器只适用于一组线性可分的模式。如果两个模式是线性可分的，它们一定是线性无关的吗？

4. 基于反向传播的概念，求一个能更新图3-23中所示的递归网络的权值 $\boldsymbol{w}_1$ 和 $\boldsymbol{w}_2$ 的算法。

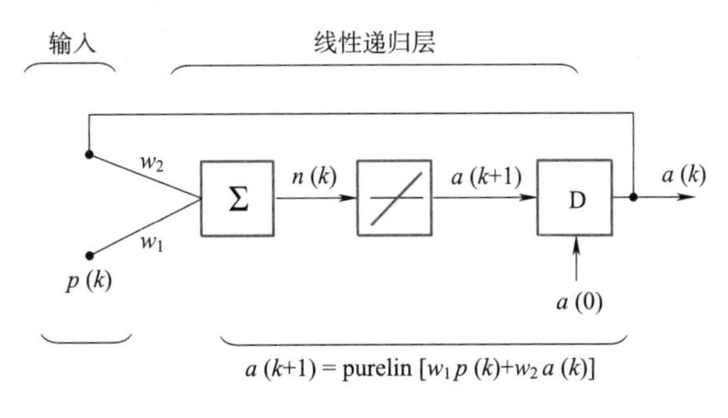

图3-23　线性递归网络

5. 一个全连接的前向网络具有10个源结点，两个隐层，其中一个隐层有4个神经元，另一个隐层有3个神经元，1个输出神经元。构造这个网络的结构图。

6. 增大权值是否能够使BP学习变慢？

7. 思考题：字符分类。任务是对数字0～9分类，有十类且每个目标向量应该是这十个向量中的一个。0用<0,0,0,0,0,0,0,0,0,0>表示，1用<1,0,0,0,0,0,0,0,0,0>表示，第1分量为1，其余为0。2～9的表示类推。要学习的数字显示在图3-24中，每个数字由9×7的网格表示，灰色像素代表0，黑色像素代表1。

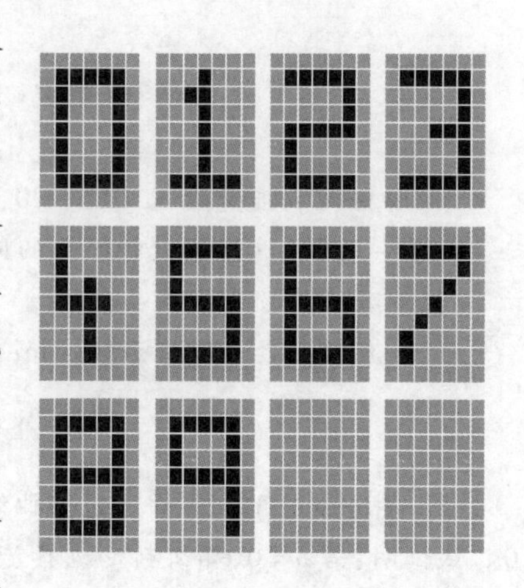

图3-24 训练数据

提示：选择一个63-6-9的网络结构：(9×7)个输入结点，对于每个像素对应一个结点，6个隐层结点，9个输出结点，像素到输入层的映射显示在图3-25中。将网格处理为0或1的长位串，并映射到输入层，位映射由左上角开始向下直到网格的整个一列，然后重复其他的列。

网络使用的学习率为0.3，动量项为0.7，训练600个周期。若输出结点的值大于0.9，则为ON；若值小于0.1则为OFF。当网络训练成功后，对图3-26中的数据进行测试。每个数字都有一个或多个丢失的位。

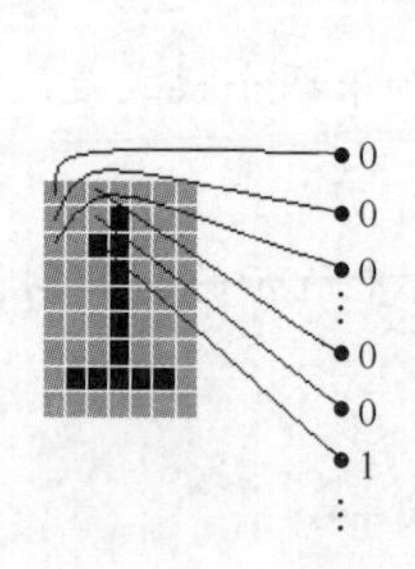

图3-25 像素到输入层的映射

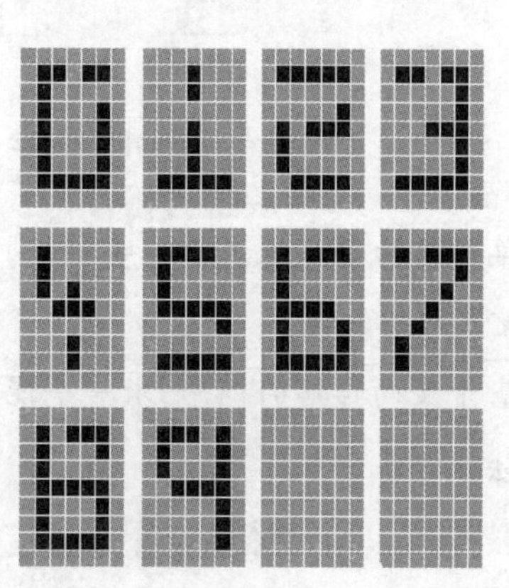

图3-26 带有噪声的测试数据

第4章 维度约简

维数灾难(Curse of Dimensionality)是用来描述当(数学)空间维度增加时,分析和组织高维空间,因体积指数增加而遇到各种问题场景。这样的难题在低维空间中不会遇到,如物理空间通常只用三维来建模,两个维度更容易理解。维度灾难也会出现在我们的机器学习算法中,随着输入维度的增加,需要更多数据来使算法充分推广。因此,需要维度约简算法进行降维。通常,采用三种算法达到降维的目的。第一种算法是特征选择法(Feature Selection),主要是查找可见且可以利用的特征而无论它们是否有用,也就是说把这些特征和输出变量关联起来,如神经网络方法等;第二种是特征推导法(Feature Derivation),一般通过应用数据迁移,即用矩阵来描述和平移旋转来改变图表的坐标系,从而用旧的特征推导出新的特征,它允许联合特征;第三种是简单地运用聚类法(Clustering)把相似的数据点放在一起,并且看看是否能有更少的特征。降维方法可以按监督和非监督学习来区分,本章主要讨论使用非监督学习的主成分分析(PCA)、独立成分分析(ICA)和监督学习中的线性判别分析(LDA)、局部线性嵌入(LLE)来进行维度约简;其中,LDA、PCA、ICA 都是线性投影方法,而 LLE 则是非线性维度归约。

4.1 主成分分析

主成分分析(Principal Component Analysis,PCA)被称为应用线性代数的最有价值的结果之一,属于无监督学习算法。它是一种从混乱的数据集中提取相关信息的简单、非参数的方法。它的目标是通过某种线性投影,将高维的数据映射到低维的空间中表示,并期望在所投影的维度上数据的方差最大,以此使用较少的数据维度,以便最小化投影误差的平方,同时保留住较多的原数据点的特性。

PCA 是属于计算数据迁移以便找到低维的坐标系,是用来处理无标记数据的无监督方法(见第 6 章)。但这并不影响用它们来处理标记数据,因为在低维空间的学习同样可以用目标数据,虽然这样会丢失一些包含在目标中的信息。这个方法的思路就是通过寻找特殊的坐标系，忽略不需要的维度。如图 4 - 1(a)所示，数据分布在一个和 x 轴成 45°角的椭圆中，而图 4 - 1(b)中的坐标系被移动，使得数据沿着 x 轴分布并集中在原点，它可以用来降维是因为维度 y 并没有太多变化，所以可以忽略它并且只用 x 轴的值而不是把学习算法的结果折中。

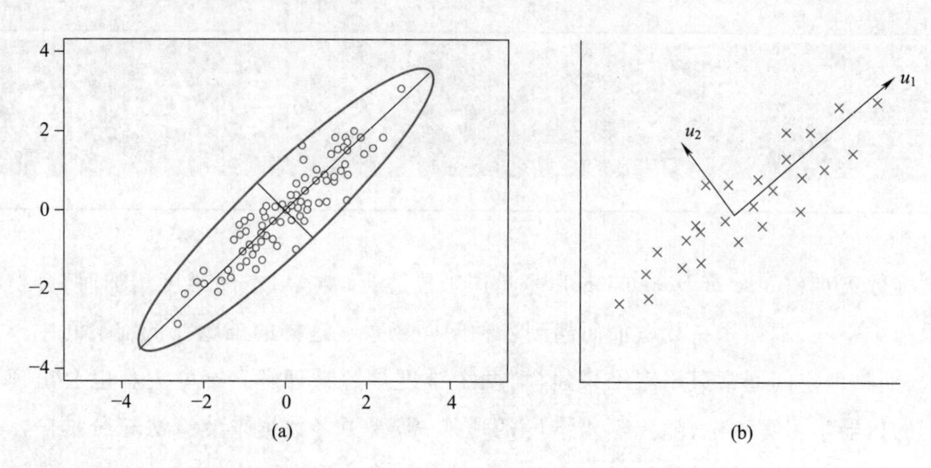

图 4 - 1　两个不同的直角坐标系，第二个利用主成分法的坐标系是第一个平移和旋转组成的

问题是如何选择坐标轴，主成分的概念是指数据中变化最大的方向。算法首先通过减去平均值来把数据集中，选择变化最大的方向并把它设为坐标轴，然后检查余下的变化并且找一个坐标轴使得它垂直于第一个并且覆盖尽可能多的变化。不断重复这个过程直到找到所有可能的坐标轴。这样的结果就是所有的变量都是沿着直角坐标系的轴，并且协方差矩阵是对角的，一些非常小的轴可以去掉而不影响数据的变化性。

可以把上述过程用数学式表示出来：

(1)均值归一化。对于数据集 $X = \{x_1, x_2, \cdots, x_m\}$ 需要计算出所有特征的均值 $\frac{1}{m}\sum_{i=1}^{m} x_i$，然后令 $x_i = x_i - \frac{1}{m}\sum_{i=1}^{m} x_i$，如果特征是在不同的数量级上，还需要将其除以标准差 σ^2。

(2)求其协方差矩阵。假设数据集特征维度为 2，a_1 表示变量 1 的 a 特征。那么构成的数据集矩阵如式(4 - 1)所示。

$$\boldsymbol{X} = \begin{pmatrix} a_1 & a_2 & \cdots & a_m \\ b_1 & b_2 & \cdots & b_m \end{pmatrix} \tag{4-1}$$

经过了第一步的特征均值归一化之后，可以使用式(4 - 2)得到协方差矩阵。

$$\frac{1}{m}\boldsymbol{X}\boldsymbol{X}^{\mathrm{T}} = \begin{pmatrix} \frac{1}{m}\sum_{i=1}^{m} a_i^2 & \frac{1}{m}\sum_{i=1}^{m} a_i b_i \\ \frac{1}{m}\sum_{i=1}^{m} a_i b_i & \frac{1}{m}\sum_{i=1}^{m} b_i^2 \end{pmatrix} \tag{4-2}$$

可以发现对角线上的元素是两个特征的方差，其他元素是两个特征的协方差，两者都被统一到了一个矩阵——协方差矩阵中。而 PCA 算法的目标就是方差最大，协方差最小，所以要达到 PCA 降维的目的等价于将协方差矩阵对角化，即对角外的其他元素化为 0，并且在对角线上将元素按大小从上到下排列，这样就达到了优化的目的。

(3)将协方差对角化，从而达到降维的目的。这意味着需要一个旋转矩阵（通常写成 $\boldsymbol{P}^{\mathrm{T}}$）去乘以数据矩阵 $\boldsymbol{X}$，也就是 $\boldsymbol{Y}=\boldsymbol{P}^{\mathrm{T}}\boldsymbol{X}$，这里 $\boldsymbol{P}$ 被用来使 $\boldsymbol{Y}$ 的协方差矩阵变成对角阵，如式(4－3)所示。

$$\mathrm{cov}(\boldsymbol{Y})=\mathrm{cov}(\boldsymbol{P}^{\mathrm{T}}\boldsymbol{X})=\begin{pmatrix}\lambda_1 & & \\ & \ddots & \\ & & \lambda_n\end{pmatrix} \tag{4-3}$$

通过一些线性代数的知识和协方差的定义，可以得到：

$$\begin{aligned}\mathrm{cov}(\boldsymbol{Y})&=\boldsymbol{E}[\boldsymbol{Y}\boldsymbol{Y}^{\mathrm{T}}]\\&=\boldsymbol{E}[(\boldsymbol{P}^{\mathrm{T}}\boldsymbol{X})(\boldsymbol{P}^{\mathrm{T}}\boldsymbol{X})^{\mathrm{T}}]\\&=\boldsymbol{E}[(\boldsymbol{P}^{\mathrm{T}}\boldsymbol{X})(\boldsymbol{X}^{\mathrm{T}}\boldsymbol{P})]\\&=\boldsymbol{P}^{\mathrm{T}}\boldsymbol{E}(\boldsymbol{X}\boldsymbol{X}^{\mathrm{T}})\boldsymbol{P}\\&=\boldsymbol{P}^{\mathrm{T}}\mathrm{cov}(\boldsymbol{X})\boldsymbol{P}\end{aligned}$$

这里有两个需要知道的公式：$\boldsymbol{P}^{\mathrm{T}}\boldsymbol{X}=\boldsymbol{X}^{\mathrm{T}}\boldsymbol{P}^{\mathrm{T}^{\mathrm{T}}}=\boldsymbol{X}^{\mathrm{T}}\boldsymbol{P}$ 和 $\mathrm{E}[\boldsymbol{P}]=\boldsymbol{P}$（对 $\boldsymbol{P}^{\mathrm{T}}$ 显然也成立），因为 $\boldsymbol{P}$ 是一个不依赖于具体数据的矩阵。然后得到式(4－4)。

$$\boldsymbol{P}\mathrm{cov}(\boldsymbol{Y})=\boldsymbol{P}\boldsymbol{P}^{\mathrm{T}}\mathrm{cov}(\boldsymbol{X})\boldsymbol{P}=\mathrm{cov}(\boldsymbol{X})\boldsymbol{P} \tag{4-4}$$

这用到了一个复杂的事实，即对于一个旋转矩阵有 $\boldsymbol{P}^{\mathrm{T}}=\boldsymbol{P}^{-1}$，也就是说要转置一个旋转矩阵，可以通过反向旋转相同的量。

由于 $\mathrm{cov}(\boldsymbol{Y})$ 是对角的，如果把 $\boldsymbol{P}$ 写成列向量的形式 $\boldsymbol{P}=(p_1,p_2,\cdots,p_n)$，那么得到式(4－5)。

$$\boldsymbol{P}\mathrm{cov}(\boldsymbol{Y})=(\lambda_1p_1,\lambda_2p_2,\cdots,\lambda_np_n) \tag{4-5}$$

这就导出式(4－6)（$\lambda=(\lambda_1,\lambda_2,\cdots,\lambda_n)^{\mathrm{T}}$）并且记 $\boldsymbol{Z}=\mathrm{cov}(\boldsymbol{X})$）。

$$\boldsymbol{\lambda}_{p_i}=\boldsymbol{Z}_{p_i}\quad(\text{对于每一个 } p_i) \tag{4-6}$$

$\boldsymbol{\lambda}$ 是一个列向量，而 $\boldsymbol{Z}$ 是一个完整的矩阵。由于 $\boldsymbol{\lambda}$ 仅仅是一个列向量，它所能做的就是改变 $\boldsymbol{P}$ 成分的比例，它并不能旋转 $\boldsymbol{P}$ 或做一些类似的复杂的事。所以这在某种意义上告诉我们，发现了一个矩阵 $\boldsymbol{P}$，$\boldsymbol{P}$ 由方向向量组成，而矩阵 $\boldsymbol{Z}$ 并没有改变或者旋转 $\boldsymbol{P}$ 的方向向量，而仅仅是改变了它们的比例。这些方向很特殊，称其为特征向量，并且它们改变的比例称为特征值。

所以得到旋转矩阵 $\boldsymbol{P}^{\mathrm{T}}$ 后，其中每一行都是原始数据协方差矩阵的一个特征向量。将特征向量按对应特征值的大小从上到下按行排列成矩阵，则用矩阵 $\boldsymbol{P}^{\mathrm{T}}$ 的前 $\boldsymbol{K}$ 行组成的矩阵乘以原始数据矩阵 $\boldsymbol{X}$，就得到了需要的降维后的数据矩阵。

现在来看 PCA 的算法流程。

算法 4-1　将数据转换成前 K 个主成分

输入：样本集 $X=\{x_1,x_2,\cdots,x_m\}$；

输出：转换后的前 K 个主成分

(1)对所有数据集均值归一化 $x_i \leftarrow x_i - \frac{1}{m}\sum_{i=1}^{m} x_i$。

(2)计算协方差矩阵 $\boldsymbol{C}=\frac{1}{m}\boldsymbol{X}\boldsymbol{X}^{\mathrm{T}}$。

(3)计算 $\boldsymbol{C}$ 的特征值和特征向量，即 $\boldsymbol{P}^{\mathrm{T}}\boldsymbol{C}\boldsymbol{P}=\boldsymbol{D}$，其中 $\boldsymbol{P}$ 由 $\boldsymbol{C}$ 的特征向量组成，$\boldsymbol{D}$ 是由特征值组成的对角矩阵。

(4)把 $\boldsymbol{D}$ 对角线上的特征值按降序排列，并对 $\boldsymbol{P}$ 中特征值所对应的特征向量做同样的排列。

(5)用 $\boldsymbol{P}^{\mathrm{T}}$ 的前 K 行组成的矩阵乘以原始数据矩阵 $\boldsymbol{X}$，就得到了需要的降维后的数据矩阵。

PCA 的一个优点是，它是完全无参数限制的。在 PCA 的计算过程中完全不需要人为地设定参数或是根据任何经验模型对计算进行干预，最后的结果只与数据相关，与用户是独立的。但是，这一点同时也可以看作缺点。如果用户对观测对象有一定的先验知识，掌握了数据的一些特征，却无法通过参数化等方法对处理过程进行干预，可能会得不到预期的效果，效率也不高。

4.2　独立成分分析

独立成分分析(Independent Component Analysis，ICA)是一个线性变换。这个变换把数据或信号分离成统计独立的非高斯的信号源的线性组合。ICA 又称盲源分离(Blind Source Separation，BSS)，它假设观察到的随机信号 x 服从模型 $x=\boldsymbol{A}s$，其中，s 为未知源信号，其分量相互独立，$\boldsymbol{A}$ 为一未知混合矩阵。ICA 的目的是通过且仅通过观察 x 来估计混合矩阵 $\boldsymbol{A}$ 以及源信号 s。

PCA 方法被选择的成分都是正交且不相关的(以便协方差矩阵都是对角的)。ICA 方法要求成分是统计独立的(即对于 $\boldsymbol{E}[b_i,b_j]=\boldsymbol{E}[b_i]\boldsymbol{E}[b_j]$ 以及 b_i 是不相关的)。ICA 方法常见的动机是盲源分离问题。ICA 假设所看到的数据实际上来自于一些独立的潜在物理过程。由于来自不同过程的输出数据的输入方式被混在了一起，所以对于给出的一些数据，想找一个变换使得它把数据变成一个独立源或成分的混合。

最常见的描述盲源分离的方法是人们熟知的鸡尾酒会问题。在酒会上,你的耳朵听到许多来自不同场合的不同声音(不同人的谈话声、碰杯声、背景音乐等),但是不知怎么,你却能聚焦于和你谈话的那个人的声音,并且实际上可以分离所有来自不同源头的声音,即使它们是混在一起的。鸡尾酒会问题对于分离这些数据源是一个挑战,利用算法来解决问题,需要和数据源一样多的耳朵。这是因为算法并不像人们一样知道什么东西听起来是什么样的。

假设有两个数据源(s_1^t,s_2^t)产生声音,上标 t 表示随着时间的推移会不断有数据点出现,并且有两个耳机听声音,产生输入数据(x_1^t,x_2^t)。被听到的来自数据源的声音表示如式(4-7)和式(4-8)所示。

$$x_1 = as_1 + bs_2 \tag{4-7}$$

$$x_2 = cs_1 + ds_2 \tag{4-8}$$

可以把它写成矩阵形式,如式(4-9)所示。

$$x = \boldsymbol{A}s \tag{4-9}$$

这里的 $\boldsymbol{A}$ 称为混合矩阵。现在把式(4-9)变形,使得 s 看起来更简单:只需要计算 $s=\boldsymbol{A}^{-1}x$。解出的 $\boldsymbol{A}^{-1}$ 的估计值记为 $\boldsymbol{W}$,它是一个方阵,因为耳机数与数据源个数相同。

因此,混合数据和数据源有如下三点特征:

(1)混合数据不是独立的,即使他们的数据源独立,如果找到了一些相互独立的因素,那么它们可能是数据源。

(2)混合数据应该是符合正态分布的,即使数据源不服从正态分布,如果找到了一些因素不服从正态分布,那么它们可能是数据源。

(3)混合数据将比数据源更复杂。

对于一些数值问题,有几种常用的 ICA 实施方法,其中较流行的是 FastICA,它作为 MDP 包的一部分可用 Python 实现。

4.3　线性判别分析

线性判别分析(Linear Discriminant Analysis,LDA)是统计学家 R. A. Fisher 于 1936 年提出来的,是一个以监督学习为目标的降维方法,也就是说它的数据集的每个样本是有类别输出的,这点和 PCA 不同。LDA 的思想可以用一句话概括,即"投影后类内方差最小,类间方差最大"。也就是说要将数据在低维度上进行投影,投影后希望每一种类别数据的投影点尽可能接近,而不同类别的数据的类别中心之间的距离尽可能大。

上述 LDA 降维实现原理的具体过程可以在数学上表示出来:

(1)计算整个数据集的中心 μ(不同类中 $\mu_1\mu_2\cdots\mu_n$)以及每个类自己的协方差。图 4-2 所示为由两个类组成的二维数据集。对于这个数据集,需要找到两个类的中心 μ_1 和 μ_2,整个数据集的中心 μ 以及每个类自己的协方差 $\sum_j (x_j-\mu)(x_j-\mu)^{\mathrm{T}}$。

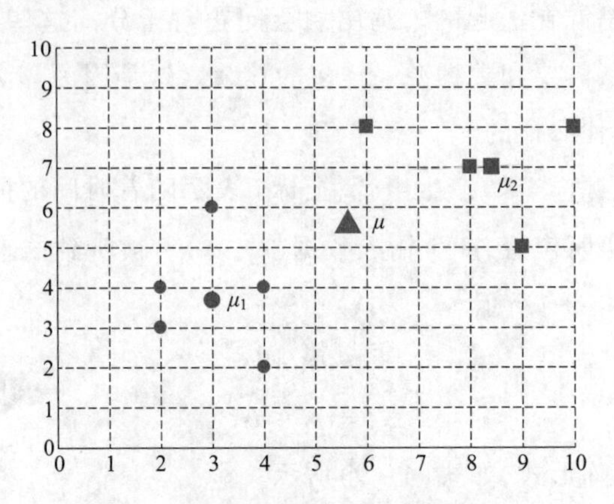

图 4-2 二维的数据点集,分为两类

(2)找数据集分布(数据之间伸展的程度),也就是求数据集的组内分布与组间分布。找到这个分布的方法是用协方差矩阵乘以 p_c,其中,p_c 是每个类的概率(就是说,一个类中所有数据点的个数除以总个数),把所有类的这样的值加起来,得到一个计算数据集组内分布的方法,如式(4-10)所示。

$$S_W = \sum_{\text{class}} \sum_{j \in c} p_c (x_j - \mu_c)(x_j - \mu_c)^{\mathrm{T}} \tag{4-10}$$

如果数据集很容易分类,那么这个组内分布应该很小,因为每个类都很紧密地集中在一起。然而,为了数据分开,还需要类与类之间的距离尽可能大。这就是组间分布,它很容易计算,仅看均值间的差,如式(4-11)所示。

$$S_B = \sum_{\text{class } c} (\mu_c - \mu)(\mu_c - \mu)^{\mathrm{T}} \tag{4-11}$$

有关分离的理论说明了容易分成不同类的数据集(即类是可分的)应该使得 S_B/S_W 尽可能大。

(3)计算一个合适映射的方法(找到使得 S_B/S_W 尽可能大的降维方式)。图 4-3 展示了数据集到直线的映射,对于图 4-3(a)的映射,显然不能把两个类分开,而对于图 4-3(b)的映射,可以找到合适的映射方法分开。

任何直线都可以写成一个向量 $\boldsymbol{w}$。对于数据点 x,映射可以写成 $z=\boldsymbol{w}^{\mathrm{T}}x$。这是沿着向量 $\boldsymbol{w}$ 找到 x 点投影所需的距离。因此可以计算每一个点在 $\boldsymbol{w}$ 上的投影长度,这样就可以像图 4-3 一样把数据投影在一条直线上。由于中心也可以被看作数据点,因此同样可以像上面那样投影:$\mu_c' = \boldsymbol{w}^{\mathrm{T}}\mu_c$。现在仅仅需要计算出组内分布和组间分布发生了什么变化。

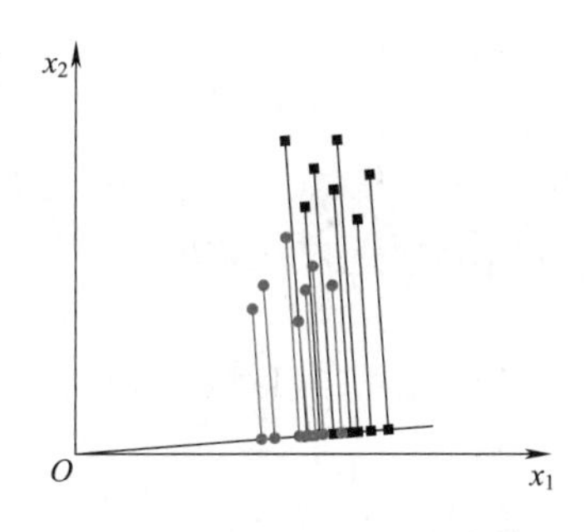

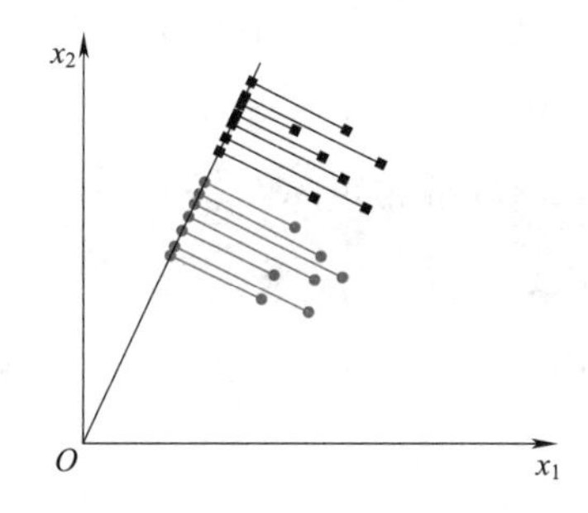

图 4－3　两个不同的映射直线，左边的不能把两个类分开

在式(4－10)和式(4－11)中用 $\boldsymbol{w}^{\mathrm{T}}x_j$ 替换 x_j，并根据一些线性代数的知识($(\boldsymbol{A}^{\mathrm{T}}\boldsymbol{B})=\boldsymbol{B}^{\mathrm{T}}\boldsymbol{A}^{\mathrm{T}^{\mathrm{T}}}=\boldsymbol{B}^{\mathrm{T}}\boldsymbol{A}$)得到式(4－12)和式(4－13)。

$$\sum_{\text{class } c}\sum_{j\in c}\boldsymbol{p}_c(\boldsymbol{w}^{\mathrm{T}}(x_j-\mu_c))(\boldsymbol{w}^{\mathrm{T}}(x_j-\mu_c))^{\mathrm{T}}=\boldsymbol{w}^{\mathrm{T}}S_W\boldsymbol{w} \tag{4-12}$$

$$\sum_{\text{class } c}\boldsymbol{w}^{\mathrm{T}}(\mu_c-\mu)(\mu_c-\mu)^{\mathrm{T}}\boldsymbol{w}=\boldsymbol{w}^{\mathrm{T}}S_B\boldsymbol{w} \tag{4-13}$$

所以，组内分布和组间分布的比例变成$\dfrac{\boldsymbol{w}^{\mathrm{T}}S_W\boldsymbol{w}}{\boldsymbol{w}^{\mathrm{T}}S_{\mathrm{B}}\boldsymbol{w}}$。

为了找到它以 $\boldsymbol{w}$ 为参变量的最大值，对 $\boldsymbol{w}$ 求导，并令其导数为零，得到式(4－14)。

$$\frac{S_B\boldsymbol{w}(\boldsymbol{w}^{\mathrm{T}}S_W\boldsymbol{w})-S_w\boldsymbol{w}(\boldsymbol{w}^{\mathrm{T}}S_B\boldsymbol{w})}{(\boldsymbol{w}^{\mathrm{T}}S_B\boldsymbol{w})^2} \tag{4-14}$$

所以，只要解这个关于 $\boldsymbol{w}$ 的方程即可，首先简化后得到式(4－15)。

$$S_w\boldsymbol{w}=\frac{\boldsymbol{w}^{\mathrm{T}}S_W\boldsymbol{w}}{\boldsymbol{w}^{\mathrm{T}}S_B\boldsymbol{w}}S_B\boldsymbol{w} \tag{4-15}$$

如果数据只有两类，那么应注意式(4－11)中 S_B 可以化简为：$(\mu_1-\mu_2)(\mu_1-\mu_2)^{\mathrm{T}}$，这说明 $S_B\boldsymbol{w}$ 在向量 $\mu_1-\mu_2$ 的方向上，所以 $\boldsymbol{w}$ 在 $S_w^{-1}(\mu_1-\mu_2)$ 的方向上，数量集与顺序无关，在用新的表达式替换 S_B 后，括号内的顺序可能会被改变(之所以忽略组内分布和组间分布的比例，是因为它是一个标量，不会影响向量的方向)。找最小值需要计算矩阵 $S_w^{-1}S_B$ 的全体特征值向量，这里假设 S_w 可逆。

(4)利用得到的矩阵 $S_w^{-1}S_B$ 对数据集进行降维。通过对矩阵 $S_w^{-1}S_B$ 进行对角化处理可以得到它的特征值和特征向量，取最大的 d 个特征值和对应的 d 个特征向量($\boldsymbol{w}_1,\boldsymbol{w}_2,\cdots,\boldsymbol{w}_d$)构成投影矩阵。使用投影矩阵乘以数据集将数据集的每一个数据特征转化为新的数据，得到降维后的数据集。

下面介绍 LDA 的算法流程。

算法 4－2　使用 LDA 对数据降维

输入：数据集 D，降维到的维度 d

输出：降维后数据集 D'

(1)计算整个数据集的中心 μ(不同类中心 $\mu_1\mu_2\cdots\mu_n$)以及每个类自己的协方差。

(2)计算组内分布矩阵 S_W。

(3)计算组间分布矩阵 S_B。

(4)计算矩阵 $S_w^{-1}S_B$。

(5)计算 $S_w^{-1}S_B$ 的最大的 d 个特征值和对应的 d 个特征向量$(w_1, w_2, \cdots, w_d)$,得到投影矩阵。

(6)对数据集的每一个数据特征转化为新的数据。

(7)得到降维后的数据集 D'。

LDA 算法的主要优点是:降维过程中可以使用类别的先验知识经验,而像 PCA 这样的无监督学习则无法使用类别先验知识;样本分类信息依赖均值而不是方差时,比 PCA 之类的算法较优。LDA 算法的主要缺点是:不适合对非高斯分布样本进行降维,PCA 也有这个问题;LDA 降维最多,降到类别数 $k-1$(组别数为 k,组间分布矩阵的秩最大为 $k-1$)的维数,如果降维的维度大于 $k-1$,则不能使用 LDA。当然有一些 LDA 的进化版算法可以绕过这个问题;LDA 在样本分类信息依赖方差而不是均值时,降维效果不好;LDA 可能过度拟合数据。

4.4 局部线性嵌入

局部线性嵌入(Locally Linear Embedding,LLE)是一种在降维时关注于保持样本局部线性特征的非线性维度归约,与 PCA、LDA 这些在降维时关注于样本方差的线性投影方法不同,它是从局部线性拟合发现全局非线性结构。但是保持不同的样本的局部线性特征(或者说数据特征)就会对应不同的算法。例如同属非线性降维方法的等距特征映射方法,它选择保持数据点之间的测地距离而不是欧式距离,因为测地距离更能反映沿流形的距离。然而等距特征映射方法因为要找所有样本全局的最优解,当数据量很大或样本维度很高时,计算起来非常耗时。与之不同的是局部线性嵌入则没有这个缺点,因为局部线性嵌入只是通过保证局部最优来降维,它假设样本集在局部满足线性关系,减少了降维的计算量。

首先了解一下 LLE 的算法思想:流形的每个局部小段都可以线性地近似,并且给定足够多的数据,每个点都可以通过它的邻域点来表示,给定原始空间中的 x_i,假定它的坐标可以通过它的邻域样本点 x_j, x_k, x_l 的坐标通过线性组合而重构出来,如式(4-16)所示。

$$x_i = w_{ij}x_j + w_{ik}x_k + w_{il}x_l \tag{4-16}$$

其中，w_{ij}，w_{ik}，w_{il}为权重系数，LLE降维则是希望式(4-16)的关系在低维空间中也得以保持，意思就是希望x_i在低维空间对应的投影x_i'和x_j，x_k，x_l对应的投影x_j'，x_k'，x_l'也尽量保持同样的线性关系，如式(4-17)所示。

$$x_i' = w_{ij}x_j' + w_{ik}x_k' + w_{il}x_l' \tag{4-17}$$

可以从式(4-16)和式(4-17)中看出，线性关系只在样本的局部有效即可，离样本远的样本对样本的局部线性关系是不会有影响的，这样就降低了降维的复杂度，根据图4-4也能更好地理解。

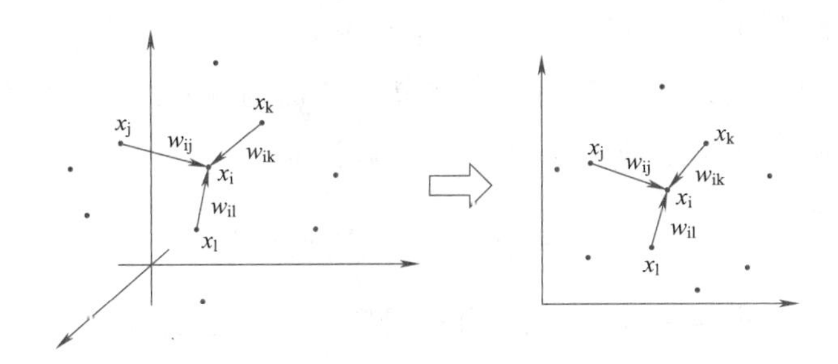

图4-4　高维空间中的样本重构关系在低维空间中得以保持

接下来将上述过程在数学上表示出来：

(1)选择邻域大小：选择邻域大小的意思就是选择合适数目的邻域样本来进行对样本的表示，假设这个值为k。可以通过距离度量(如欧式距离)来选择某样本的k个最近邻。

(2)计算系数w_i：假设样本x_i的近邻下标集合为Q_i(k个近邻样本集合)，即计算出基于Q_i中的k个样本点对x_i进行线性重构的系数w_i，如式(4-18)所示。

$$J(w) = \sum_{i=1}^{m} \left\| x_i - \sum_{j \in Q(i)} \right\|_2^2$$

$$\sum_{j \in Q(i)} w_{ij} = 1 \tag{4-18}$$

其中，式(4-18)中的第二个式子是权重系数w_{ij}的归一化限制，然后对第一个式子进行矩阵化，得到式(4-19)。

$$\begin{aligned} J(w) &= \sum_{i=1}^{m} \left\| x_i - \sum_{j \in Q(i)} w_{ij}x_j \right\|_2^2 \\ &= \sum_{i=1}^{m} \left\| \sum_{j \in Q(i)} w_{ij}x_i - \sum_{i \in Q(i)} w_{ij}x_j \right\|_2^2 \\ &= \sum_{i=1}^{m} \left\| \sum_{j \in Q(i)} w_{ij}(x_i - x_j) \right\|_2^2 \\ &= \sum_{i=1}^{m} W_i^{\mathrm{T}}(x_i - x_j)(x_i - x_j)^{\mathrm{T}} W_i \end{aligned} \tag{4-19}$$

其中，$W_i = (w_{i_1}, w_{i_2}, \cdots, w_{i_k})^{\mathrm{T}}$。

因为 x_i 和 x_j 均为已知，令 $C_{jk}=(x_i-x_j)^{\mathrm{T}}(x_i-x_k)$，$w_{ij}$ 会有闭式解，如式（4－20）所示。

$$w_{ij}=\frac{\sum_{k\in Q(i)}C_{jk}^{-1}}{\sum_{l,s\in Q(i)}C_{ls}^{-1}} \tag{4-20}$$

这样就得到了高维的权重系数。

（3）最小化损失函数 $J(Y)$：LLE 希望这些权重系数对应的线性关系在降维后的低维一样得到保持。假设 n 维样本集 $\{x_1,x_2,\cdots,x_m\}$ 在低维的 d 维度对应投影为 $\{y_1,y_2,\cdots,y_m\}$，则希望保持线性关系，也就是希望对应的均方差损失函数最小，即最小化损失函数 $J(Y)$ 如式（4－21）所示。

$$J(Y)=\sum_{i=1}^{m}\left\|y_i-\sum_{j=1}^{m}w_{ij}y_j\right\|_2^2 \tag{4-21}$$

从式（4－18）和式（4－21）的优化目标同形可以知道，这个式子和在高维的损失函数几乎相同，唯一的区别是式（4－18）中需要确定的是权重系数 w_i，而式（4－21）中已知权重系数，要求的是对应的低维数据的空间坐标 y_j。

（4）求低维坐标：令 $Y=(z_1,z_2,\cdots,z_m)\in R^{d'*m}$，$(W)_{ij}=w_{ij}$，$M=(I-W)^{\mathrm{T}}(I-W)$，则式（4－21）可重写为式（4－22）。

$$\begin{aligned}J(Y)&=\mathrm{tr}(YMY^{\mathrm{T}})\\YY^{\mathrm{T}}&=I\end{aligned} \tag{4-22}$$

式（4－20）可通过特征值分解求解：M 最小的 d' 个特征值对应的特征向量组成的矩阵即为 $\boldsymbol{Y}^{\mathrm{T}}$。

LLE 的算法流程如下。

算法 4－3　对流形曲面的样本进行降维

输入：样本集 $X=\{x_1,x_2,\cdots,x_m\}$，近邻参数 k，低维空间维数 d'；

输出：样本集 X 在低维空间的投影 $Y=\{y_1,y_2,\cdots,y_m\}$

（1）选择邻域大小，即确定 x_i 的 k 近邻。

（2）计算系数 w_i。

（3）最小化损失函数 $J(Y)$。

（4）求低维坐标。

LLE 有很多优点，比较重要的是可以学习任意维的局部线性的低维流形，且其算法归结为稀疏矩阵特征分解，计算复杂度相对较小，实现容易。但也有弊端，例如 LLE 算法所学习的流形是局限于不闭合状态的，样本集需要是稠密均匀的，并且算法对临

近样本数的选择敏感，不同的临近数对最后的降维结果有很大影响。

4.5 维度约简算法应用概述

维度约简算法主要应用于评价排序、特征提取、模式识别、图像处理等。

1. 评价排序

现实生活中人们经常要对事物进行评价和排序，但事物本身往往是由多元数据构成，并且数据之间具有某些内在的联系。使用 PCA 进行数据处理，可以去除数据之间的相关性，又减少了工作量。有学者使用一种基于 PCA 的教学质量评价方法消除了 16 个教学质量评价指标之间的相关性并简化为 5 个主成分，然后对这 5 个主成分的载荷进行分析，进而评价课堂教学质量。越来越多的基于 PCA 的评价方法正不断地应用于各个领域，如文化符号归因分析、软件质量评价、性能评估、可持续发展评价、城市交通拥挤评价、风险评价等。这些方法中，PCA 都被用于降低维数并去除数据之间的相关性。评价指标的选取、层次权重如何分配是此类问题的研究重点。

2. 特征提取

PCA 是特征提取领域应用最为广泛、提取特征效果较好的方法。该方法提取了事物的主要特征元素，同时达到了降维的目的，简化了复杂模型。有学者提出了一种基于多重组合特征提取算法（PCA - CFEA）的文本分类方法，首先用正交变换将文本空间降维，再通过多重组合特征提取算法在降维后的特征空间快速提取代表性强的特征项，过滤掉那些代表性弱的特征项，随后使用 SVM 分类器对文本进行分类。LDA 在特征提取方面也应用广泛，有学者提出了一种基于 LDA 混合模型的新的人脸识别方法，其中所有类的集合被划分为若干个集群，并且获得每个集群的变换矩阵。这种准确而详细的表示将提高分类性能。人脸识别的仿真结果表明，LDA 混合模型在分类性能方面优于 PCA。

3. 模式识别

PCA 及 LDA 也经常用于模式识别领域，是模式识别的经典算法，因为解决高维数据问题是模式识别很重要的部分，在这里可用 PCA 或 LDA 降维。以人脸识别为例，数据源是多幅不同的人脸图像，可使用 PCA 或 LDA 方法提取出人脸的内部结构特征，即所谓“模式”。当有新的图像需要识别，只需要在主成分空间对该图像进行分析，就可得到新图像与原人脸图像集的相似度差异，从而实现人脸识别。在这方面 LDA 通常和 PCA 一起使用，如有学者提出了一种基于 PCA、LDA 和 SVM 算法融合的人脸识别方法。

4. 图像处理

图像本身又是多维数据，因此 PCA 等模型在图像边缘检测、图像融合、图像分类、图像压缩等领域有着非常广泛的应用。PCA 将 n 个特征降维到 k 个，可以用来进行数据压缩,如果100维的向量最后可以用10维来表示,那么压缩率为90%。同样,图像处理领域的KL变换使用PCA做图像压缩,但PCA要保证降维,还要保证数据的特性损失最小。

4.6 案例分析

4.6.1 利用PCA对半导体制造数据降维

半导体是在一些极为先进的工厂中制造出来的。制造设备仅能在几年内保持其先进性,随后就需更换。如果制造过程中存在瑕疵,就必须尽早发现,从而确保宝贵的时间不会浪费在有缺陷的产品上。

一些工程上通用的解决方案是通过早期测试和频繁测试来发现有缺陷的产品,但仍然有一些有缺陷的产品通过了测试。如果机器学习能进一步减少错误,那么它就会为制造商节约大量资金。

接下来将考察面向上述任务中的数据集,这个数据集拥有590个特征,看看能否对这些特征进行降维处理。读者可以通过 http://archive.ics.uci.edu/ml/machine-learning-databases/secom/得到该数据集(见图4-5)。

```
3032.73 2517.79 2270.2556 1258.4558 1.395 100 104.8078 0.1207 1.5537 0.022 -0.0027 0.9613 195.3425 0 10.0002 420.
3040.34 2501.16 2207.3889 962.5317 1.2043 100 104.0311 0.121 1.5481 -0.0367 0.0014 0.9634 196.2746 0 8.4061 409.1
2988.3 2519.05 2208.8556 1157.7224 1.5509 100 107.8022 0.1233 1.5362 -0.0259 -0.0179 0.9614 197.1793 0 13.3419 40
2987.32 2528.81 NaN NaN NaN NaN NaN 0.1195 1.6343 -0.0263 0.0116 0.9587 200.8256 0 11.9224 414.306 9.7659 0.9661
NaN 2481.85 2207.3889 962.5317 1.2043 100 104.0311 0.121 1.5559 0.0002 -0.0044 0.9617 196.6315 0 13.6262 410.695
3002.27 2497.45 2207.3889 962.5317 1.2043 100 104.0311 0.121 1.5465 0.0195 -0.0114 0.9491 199.6394 0 15.4346 418.
2884.74 2514.54 2160.3667 899.9488 1.4022 100 105.4978 0.124 1.5585 -0.0317 -0.0138 0.9638 196.1842 0 11.6229 434
3010.41 2632.8 2203.9 1116.4129 1.2639 100 102.2733 0.1199 1.4227 0.0194 0.0073 0.9765 199.0177 0 4.704 406.7425
```

图4-5 任务数据集预览

该数据包含很多缺失值。这些缺失值是以NaN(Not a Number)标识的。在590个特征下,绝大多数样本都有NaN,因此去除不完整的样本不太现实。尽管可以将所有的NaN替换为0,但是由于并不知道这些值的意义,所以这样做是个下策。如果是开氏温度,那么将NaN置为0的处理策略误差非常大。下面用平均值来代替缺失值,平均值通过那些非NaN得到(处理后的数据见图4-6)。

```
[[3.03093000e+03 2.56400000e+03 2.18773330e+03 ... 1.64749042e-02
  5.28333333e-03 9.96700663e+01]
 [3.09578000e+03 2.46514000e+03 2.23042220e+03 ... 2.01000000e-02
  6.00000000e-03 2.08204500e+02]
 [2.93261000e+03 2.55994000e+03 2.18641110e+03 ... 4.84000000e-02
  1.48000000e-02 8.28602000e+01]
 ...
 [2.97881000e+03 2.37978000e+03 2.20630000e+03 ... 8.60000000e-03
  2.50000000e-03 4.35231000e+01]
```

图4-6 用平均值代替缺失值后的数据集

去除了所有 NaN 后，接下来考虑在该数据集上应用 PCA。首先确认所需特征可以去除的特征数目。PCA 会给出数据中所包含的信息量。需要强调的是，数据（Data）和信息（Information）之间具有巨大的差别。数据指的是接收的原始材料，其中可能包含噪声和不相关信息。信息是指数据中的相关部分。这些并非只是抽象概念，还可以定量地计算数据中所包含的信息并决定保留的比例。

将处理后的数据的前 20 个主成分可视化，得到图 4-7（文件：利用 PCA 对半导体制造数据降维 .py）。前 6 个主成分就覆盖了数据 96.8% 的方差，而前 20 个主成分覆盖了 99.3% 的方差。这表明如果保留前 6 个而去除后 584 个主成分，就可以实现大概 100:1 的压缩比。另外，由于舍弃了噪声的主成分，将后面的主成分去除便使得数据更加干净。

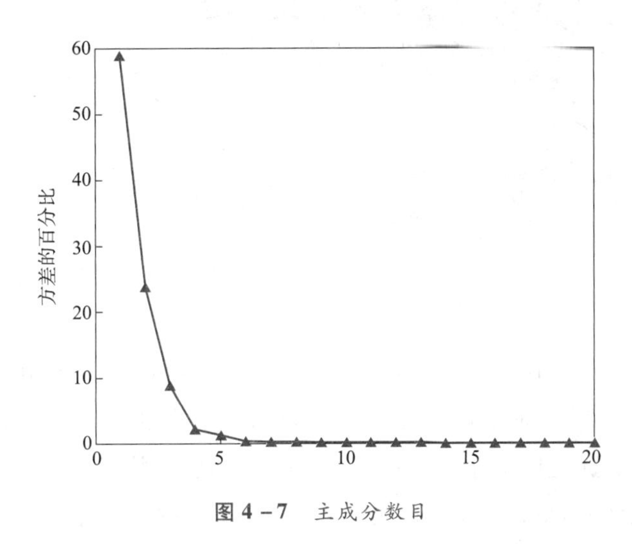

图 4-7　主成分数目

有些人使用能包含 90% 信息量的主成分数量，而其他人使用前 20 个主成分。由于无法精确知道所需要的主成分数目，必须通过在实验中取不同的值来确定。有效的主成分数目则取决于数据集和具体应用。

上述分析能够得到所用到的主成分数目，然后可以将该数目输入 PCA 算法中，最后得到约简后的数据就可以在分类器中使用。

4.6.2　LDA 降维——应用于 Wine 葡萄酒数据集

在降维过程中，为了方便做可视化，采用的是分类数据，从而可以在特征空间里，直接观察不同类别标记样本的离散程度，来定性地认识降维方法的效果。下面通过对特征空间做可视化来阐述降维的主要意义。降维会缩减特征空间的维数，新的特征将是原始特征的线性组合（线性降维），降维不仅使得模型的复杂度降低，还可以提高模型的可解释性。比如对数据进行分类的任务，经过降维，在新的特征空间中，分类很可能更容易进行。

这里选用 sklearn 的 Wine 数据，它有 178 个样本，13 个特征（alcohol，malic，acid，ash 等），总共分为三类。对于 Wine 集，先导入 sklearn 中的数据集，然后选取其中的三个特征，以得到特征空间的分布并将其可视化出来，如图 4－8 所示。

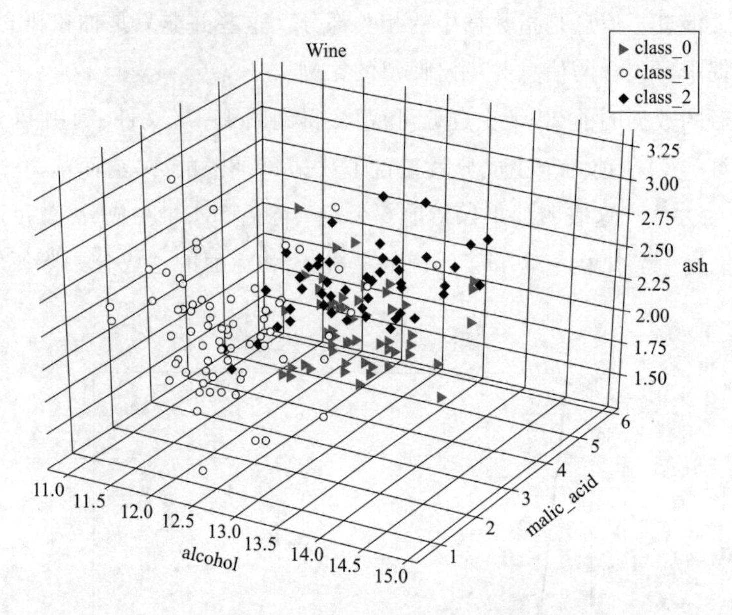

图 4－8 Wine 数据集的可视化

从图中可以看到 class_0 和 class_2 紧紧纠缠在一起，没有区分开。这也是特征选择局限性的体现，因为特征选择不改变原始特征，只是从中挑选子集，会在后面看到降维的好处。同时，class_1 却仍然与这两类都离得特别远，特征空间上只需要一条直线就可以非常好地区分 class_1 和其他两类，把这种情况称为线性可分。这就是利用分类数据的好处，可以直接在特征空间上看到分类的效果。

用 LDA 算法对 Wine 数据集进行降维并可视化，如图 4－9 所示。

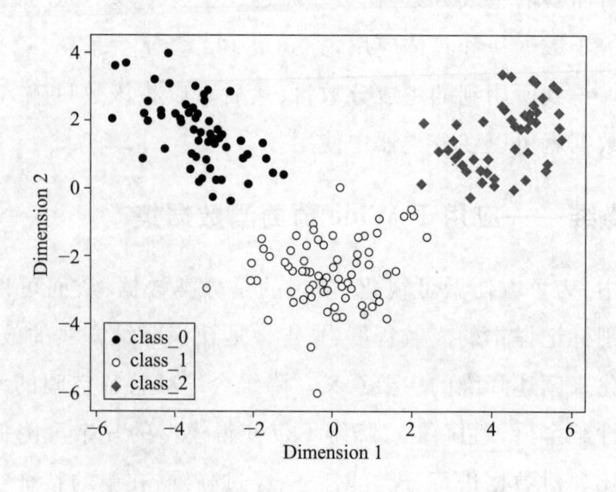

图 4－9 降维后 Wine 数据集的可视化

可以看出，经过降维后 class_0 和 class_2 两类完全分开，就可以说 LDA 取得了较好的效果。

小　　结

维度约简是机器学习中的一项重要任务，因为它通过减少高维空间不需要的属性来促进高维数据的分类、压缩和可视化。传统的降维方法主要采用主成分分析（PCA）、线性判别分析（LDA）和因子分析等线性方法。然而，这些线性技术不能充分处理复杂的非线性数据。近年来，大量新的（非线性）降维技术（多维尺度分析、局部线性嵌入等）被提出。这些技术中的大多数都是基于这样一种直觉，即数据位于或接近嵌入高维空间中的复杂低维流形。

降维新技术旨在从高维空间中识别和提取流形。与传统的线性方法相比，非线性方法具有处理复杂非线性数据的能力。特别是对于真实数据，非线性降维技术可能提供一个优势，因为真实数据很可能是高度非线性的。以往的研究表明，非线性技术在复杂的人工任务上优于线性技术。例如，Swiss roll 数据集包含一组位于三维空间中螺旋状二维流形上的点。大量的非线性技术都能完美地找到这种嵌入，而线性技术却不能。与人工数据集的成功相比，非线性降维技术在自然数据集上的成功应用还比较少，它们在自然数据集上的性能并不优于 PCA。

随着科技的进步，出现了越来越多复杂的真实数据，呈现给研究者处理分析相关数据及问题的挑战也愈加巨大。现有降维技术的研究为快速有效地处理高维数据提供了一定的便利，已经取得了较大的成果，但还有很多研究问题的处理效率有待提升。例如在流形学习降维中，目前流形学习方法难以在应用上进行推广，原因在于该类方法并未建立高维流形数据与映射后低维数据之间的映射关系，使得无法获得新输入的高维数据与低维结果数据之间的映射表示；目前，在超高维数据降维中，降维技术在处理不同领域的较低维度数据时效率很好，但是在较高维度（维度大于 50）的处理效果仍有待提高；在自适应能力上，目前降维技术对动态变化的数据集难以实现快速高效的降维，由于真实环境中数据的复杂性（非线性数据）与受噪声影响较大等原因，如何提高算法的健壮性，降低噪声和奇异值对数据的影响，提高降维算法的自适应性与降维结果的有效性是今后研究的重点。

习　　题

1. 在实际运用中降维算法应该如何确定最终的特征维度？
2. 试用 PCA 算法对 Iris 数据集降维，并与 LDA 算法比较，思考两个算法的异同。

3. 对高维数据降维之前应先进行“中心化”，常见的方法是将协方差矩阵$\boldsymbol{X}\boldsymbol{X}^{\mathrm{T}}$转化为$\boldsymbol{X}\boldsymbol{H}\boldsymbol{H}^{\mathrm{T}}\boldsymbol{X}^{\mathrm{T}}$，其中$\boldsymbol{H}=\boldsymbol{I}-\frac{1}{m}\boldsymbol{1}$（这里的1是1矩阵），试分析其效果。

4. 在实践中，协方差阵$\boldsymbol{X}\boldsymbol{X}^{\mathrm{T}}$的特征值分解常由中心化后的样本矩阵$\boldsymbol{X}$的奇异值分解替代，试简述原因。

5. 降维中涉及的投影矩阵通常要求是正交的，简述正交、非正交投影矩阵用于降维的优缺点。

6. 试在剑桥大学提供的AT&T人脸数据集中使用主成分分析策略，并做一些可视化处理。数据下载地址：https://www.cl.cam.ac.uk/research/dtg/attarchive/facedatabase.html。

第5章 支持向量机

支持向量机(Support Vector Machine,SVM)建立在计算学习理论的结构风险最小化原则之上,其主要思想是针对两类分类问题,在高维空间中寻找一个超平面作为两类的分割,以保证最小的分类错误率。SVM 的一个重要优点是可以处理线性不可分的情况。

5.1 线性可分模式的最优超平面

考虑训练样本$\{(x_i,d_i)\}_{i=1}^{N}$,其中x_i是输入模式的第i个样本,d_i是对应的期望响应(目标输出)。首先假设由子集$d_i=+1$代表的模式(类)和$d_i=-1$所代表的模式(类)是“线性可分的”(Linearly Separable)。用于分离的超平面形式的决策面如式(5-1)所示。

$$w^{\mathrm{T}}x+b=0 \tag{5-1}$$

其中,x是输入向量,w是可调的权值向量,b是偏置。因此可以写成式(5-2)所示。

$$\begin{cases} w^{\mathrm{T}}x_i+b\geqslant 0 & \text{当 } d_i=+1 \\ w^{\mathrm{T}}x_i+b<0 & \text{当 } d_i=-1 \end{cases} \tag{5-2}$$

在这里做了模式线性可分的假定,以便在相当简单的环境里解释支持向量机背后的基本思想。

对于一个给定的权值向量w和偏置b,由式(5-1)定义的超平面和最近的数据点之间的间隔被称为分离边缘,用ρ表示。支持向量机的目标是找到一个特殊的超平面,对于这个超平面分离边缘ρ最大。在这个条件下,决策面称为最优超平面(Optimal Hyperplane)。图5-1描绘的是二维输入空间中最优超平面的几何结构。

设w_o,b_o表示权值向量和偏置的最优值。相应地,在输入空间里表示多维线性决策面的最优超平面由式(5-3)定义。

$$w_0^{\mathrm{T}}x+b_0=0 \tag{5-3}$$

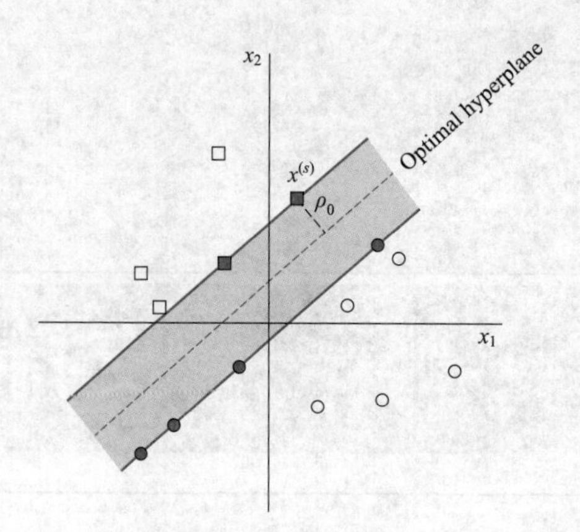

图 5-1　用于线性可分模式的最优超平面的几何结构

它是由式(5-1)改写的。判别函数如式(5-4)所示。

$$g(x)=w_0^{\mathrm{T}}x+b_0 \tag{5-4}$$

给出了从 x 到最优超平面的距离的代数度量。看出这一点的最简单方法是将 x 表达为:

$$x=x_p+r\frac{w_0}{\|w_0\|} \tag{5-5}$$

其中,x_p 是 x 在最优超平面上的正轴投影,并且 r 是期望的代数距离;如果 x 在最优超平面的正面,r 是正值;相反如果 X 在最优超平面的背面,r 是负值。因为由定义可知,$g(x_p)=0$,那么可得式(5-6)。

$$g(\boldsymbol{x})=\boldsymbol{w}_0^{\mathrm{T}}\boldsymbol{x}+b_0=r\|\boldsymbol{w}_0\| \tag{5-6}$$

或者得式(5-7)。

$$r=\frac{g(\boldsymbol{x})}{\|\boldsymbol{w}_0\|} \tag{5-7}$$

如图 5-2 所示,从原点(即 $x=0$)到最优超平面的距离由$\frac{b_0}{\|\boldsymbol{w}_0\|}$给定。如果 $b_0>0$,原点在最优超平面的正面;如果 $b_0<0$,原点在背面;如果 $b_0=0$,最优超平面通过原点。

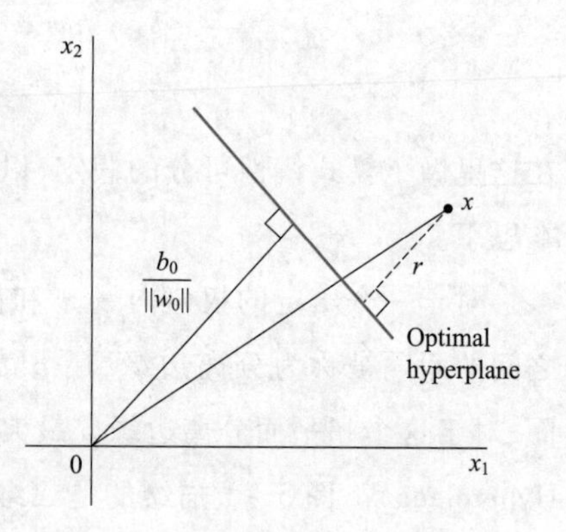

图 5-2　二维情况下点到最优超平面的代数距离的几何解释

现在的问题是对于给定的数据集 $\Gamma=\{(\boldsymbol{x}_i,d_i)\}_{i=1}^{N}$,找到最优超平面的参数 w_0 和 b_0。根据图 5-2 描绘的结果,可以看到一对$(\boldsymbol{w}_0,b_0)$一定满足条件,如式(5-8)所示。

$$\begin{cases}\boldsymbol{w}_0^{\mathrm{T}}\boldsymbol{x}_i+b_0\geqslant 1, & \text{当 } d_i=+1\\ \boldsymbol{w}_0^{\mathrm{T}}\boldsymbol{x}_i+b_0\leqslant -1, & \text{当 } d_i=-1\end{cases} \tag{5-8}$$

注意，如果式(5－2)成立，即模式是线性可分的，总可以重新调整 $\boldsymbol{w}_0$ 和 b_0 的值使得式(5－8)成立；这种重新调整并不改变式(5－3)。

满足式(5－8)第一行或第二行等号情况的特殊数据点($\boldsymbol{x}_i, d_i$)称为支持向量，“支持向量机”因此得名。这些向量在这类学习机器的运行中起着主导作用。用概念性的术语说，支持向量是那些最靠近决策面的数据点，这样的数据点是最难分类的。因此，它们和决策面的最优位置直接相关。

假定一个支持向量 $x^{(s)}$ 对应于 $d^{(s)} = +1$。然后根据定义，得到式(5－9)。

$$g(x^{(s)}) = w_0^{\mathrm{T}} x^{(s)} + b_0 = \pm 1, \text{当 } d^{(s)} = \pm 1 \tag{5-9}$$

从式(5－7)可知，从支持向量 $x^{(s)}$ 到最优超平面的代数距离如式(5－10)所示。

$$\begin{aligned} r &= \frac{g(x^{(s)})}{\|\boldsymbol{w}_0\|} \\ &= \begin{cases} \dfrac{1}{\|\boldsymbol{w}_0\|} & \text{当 } d^{(s)} = +1 \\ \dfrac{-1}{\|\boldsymbol{w}_0\|} & \text{当 } d^{(s)} = -1 \end{cases} \end{aligned} \tag{5-10}$$

其中，加号表示 $x^{(s)}$ 在最优超平面的正面，减号表示 $x^{(s)}$ 在最优超平面的背面。让 ρ 表示在两个类之间的分离边界的最优值，其中这两个类构成训练集合 Γ。因此从式(5－10)得到式(5－11)。

$$\rho = 2r = \frac{2}{\|\boldsymbol{w}_0\|} \tag{5-11}$$

式(5－11)说明 3 最大化类之间的分离边缘等同于最小化权值向量 w 的欧几里得范数。

总之，由式(5－3)定义的最优超平面是唯一的，最优权值向量 $\boldsymbol{w}_0$ 提供了正反例之间的最大可能的分离。这个优化的条件是通过权值向量 $\boldsymbol{w}$ 的最小欧几里得范数获得的。

寻找最优超平面的二次最优化

现在的目标是设计一个有效的程序，通过使用训练样本 $\Gamma = \{(x_i, d_i)\}_{i=1}^{N}$，找到最优超平面，并且满足约束条件如式(5－12)所示。

$$d_i(\boldsymbol{w}^{\mathrm{T}} x_i + b) \geqslant 1 \quad \text{当 } i = 1, 2, \cdots, N \tag{5-12}$$

这个约束把式(5－8)两行连到一起，$\boldsymbol{w}_0$ 被 $\boldsymbol{w}$ 代替。

下面必须解决的约束最优问题可陈述如下：

给定训练样本 $\{(x_i, d_i)\}_{i=1}^{N}$，找到权值向量 $\boldsymbol{w}$ 和偏置 b 的最优值使得它们满足下面的约束条件：

$$d_i(\boldsymbol{w}^{\mathrm{T}} x_i + b) \geqslant 1 \quad \text{当 } i = 1, 2, \cdots, N$$

并且权值向量 w 的最小化代价函数：

$$\boldsymbol{\Phi}(\boldsymbol{w}) = (1/2) \times \boldsymbol{w}^{\mathrm{T}} \boldsymbol{w}$$

这里包含比例因子 1/2 是为了讲解方便。这个约束优化问题称为原问题(Primal Problem),其特点是:

(1)代价函数 $\Phi(w)$关于 w 是凸函数。

(2)限制条件关于 w 是线性的。

相应地,可以使用 Lagrange 乘子方法解决约束最优问题。首先,建立 Lagrange 函数如式(5-13)。

$$J(w,b,\alpha)=\frac{1}{2}w^{\mathrm{T}}w-\sum_{i=1}^{N}\alpha_i[d_i(w^{\mathrm{T}}x_i+b)-1] \tag{5-13}$$

其中,附加的非负变量 α_i称为 Lagrange 乘子。约束最优问题的解决由 Lagrange 函数 $J(w,b,\alpha)$的鞍点决定,此函数关于 w 和 b 求最小化,关于 α 求最大化。$J(w,b,\alpha)$关于 w 和 b 求微分并置结果等于零,得到下面两个最优化条件:

条件 1:$\partial J(w,b,\alpha)/\partial w=0$

条件 2:$\partial J(w,b,\alpha)/\partial b=0$

应用最优化条件 1 到式(5-13)的 Lagrange 函数得到式(5-14)(在重新安排项之后)。

$$w=\sum_{i=1}^{N}\alpha_i d_i x_i \tag{5-14}$$

应用最优条件 2 到式(5-13)的 Lagrange 函数得到式(5-15)。

$$\sum_{i=1}^{N}\alpha_i d_i=0 \tag{5-15}$$

解向量 w 定义为 N 个训练样本的展开。注意,尽管这个解是唯一的,这由 Lagrange 函数的凸性的本质决定,但并不能认为 Lagrange 函数的系数 α_i亦是唯一的。

在这里同样值得提到的是:在鞍点对每一个 Lagrange 乘子 α_i,与它相应的限制乘子的积为零,如式(5-16)所示。

$$\alpha_i[d_i(\boldsymbol{w}^{\mathrm{T}}x_i+b)-1]=0 \quad i=1,2,\cdots,N \tag{5-16}$$

因此,只有这些精确满足式(5-16)的乘子才能假定非零值。这个结果是从最优化理论的 Karush-Kuhn-Tucker 条件得出的。

就像早先提到的,原问题是处理凸代价函数和线性约束。给定这样一个约束最优化问题,它可能构造另一个问题,称为对偶问题。第二个问题与原问题有同样的最优值,但由 Lagrange 乘子提供最优解。特别地,可以陈述对偶定理如下:

(1)如果原问题有最优解,对偶问题也有最优解,并且相应的最优值是相同的。

(2)为了使得 w_0为原问题的一个最优解和 α_0为对偶问题的一个最优解的充分必要条件是 w_0对原问题是可行的,并且 $\Phi(w_0)=J(w_0,b_0,\alpha_0)=\min_w J(w,b_0,\alpha_0)$。

为了说明对偶问题是原问题的必要条件,首先逐项展开式(5-13)如式(5-17)所示。

$$J(\boldsymbol{w},b,\alpha)=\frac{1}{2}\boldsymbol{w}^{\mathrm{T}}\boldsymbol{w}-\sum_{i=1}^{N}\alpha_i d_i \boldsymbol{w}^{\mathrm{T}}x_i-b\sum_{i=1}^{N}\alpha_i d_i+\sum_{i=1}^{N}\alpha_i \tag{5-17}$$

按照式(5－15)最优条件的性质,式(5－17)右面的第三项是零。而且从式(5－14)得到式(5－18)。

$$\boldsymbol{w}^{\mathrm{T}}\boldsymbol{w}=\sum_{i=1}^{N}\alpha_i d_i \boldsymbol{w}^{\mathrm{T}}x_i=\sum_{i=1}^{N}\sum_{j=1}^{N}\alpha_i\alpha_j d_i d_j x_i^{\mathrm{T}}x_j \tag{5-18}$$

因此,目标函数设置为 $J(w,b,\alpha)=Q(\alpha)$,可以改写为式(5－19)。

$$Q(\alpha)=\sum_{i=1}^{N}\alpha_i-\frac{1}{2}\sum_{i=1}^{N}\sum_{j=1}^{N}\alpha_i\alpha_j d_i d_j x_i^{\mathrm{T}}x_j \tag{5-19}$$

其中,α_i是非负的。

现在陈述对偶问题:

假定训练样本$\{(x_i,d_i)\}_{i=1}^{N}$,寻找最大化如式(5－20)的目标函数的 Lagrange 乘子$\{\alpha_i\}_{i=1}^{N}$。

$$Q(\alpha)=\sum_{i=1}^{N}\alpha_i-\frac{1}{2}\sum_{i=1}^{N}\sum_{j=1}^{N}\alpha_i\alpha_j d_i d_j x_i^{\mathrm{T}}x_j \tag{5-20}$$

满足约束条件:

(1) $\sum_{i=1}^{N}\alpha_i d_i=0$。

(2) $\alpha_i\geqslant 0$　(当 $i=1,2,3,\cdots,N$ 时)。

注意:对偶问题完全是根据训练数据来表达的。而且函数 $Q(\alpha)$的最大化仅依赖于输入模式点积的集合$\{(x_i^{\mathrm{T}}x_j)\}_{i,j=1}^{N}$。

确定了最优的 Lagrange 乘子后,用 $\alpha_{0,i}$表示,可以用式(5－14)计算最优权值向量 w_0,如式(5－21)所示。

$$w_0=\sum_{i=1}^{N_s}\alpha_{0,i}d_i x_i \tag{5-21}$$

其中,Ns 是支持向量的个数。为了计算最优偏置 b_0,使用获得的 w_0,对于一个正的支持向量利用式(5－9),得到式(5－22)。

$$b_0=1-w_0^{\mathrm{T}}x^{(s)}\quad 当\ \mathrm{d}^{(s)}=1\ 时 \tag{5-22}$$

5.2　不可分离模式的最优超平面

到目前为止重点关注的是线性可分模式的情况。下面考虑更难的不可分离模式的情况。给定这样一组训练数据集,肯定不能建立一个不具有分类误差的分离超平面。然而,希望找到一个最优超平面,它对整个训练集合的分类误差的概率达到最小。

在类之间的分离边缘认为是软的,如果数据点(x_i,d_i)不满足下面的条件[见式(5－12)]:

$$d_i(\boldsymbol{w}^{\mathrm{T}}x_i+b)\geqslant+1,\quad i=1,2,\cdots,N$$

会出现如下两种情况之一：

(1)数据点(x_i,d_i)落在分离区域之内，但在决策面正确的一侧，如图5-3(a)所示。

(2)数据点(x_i,d_i)落在决策面错误的一侧，如图5-3(b)所示。

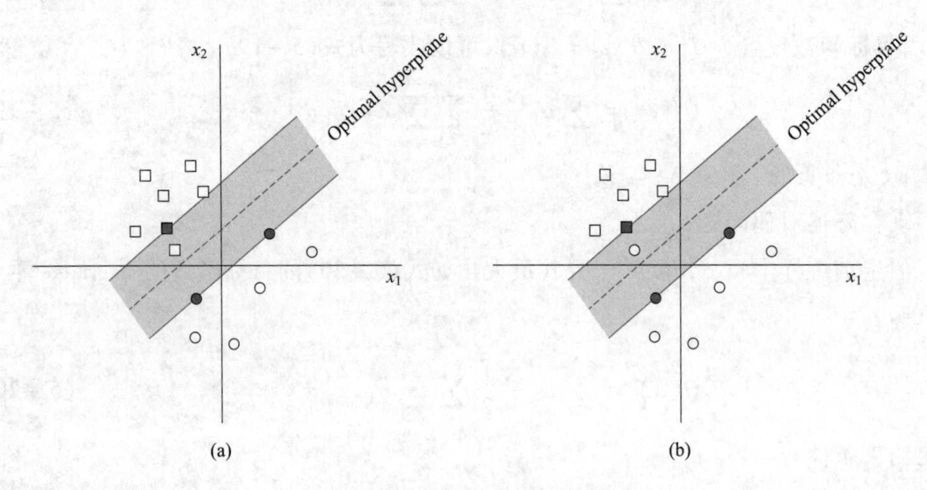

图5-3　软分离边缘平面

注意：在情况(1)有正确的分类，但情况(2)分类是错误的。

为了对不可分离数据点给出一个正式处理的表示，引入一组新的非负标量变量$\{\xi_i\}_{i=1}^{N}$到分离超平面(即决策面)的定义中，表示如式(5-23)所示。

$$d_i(\boldsymbol{w}^{\mathrm{T}}x_i+b)\geqslant1-\xi_i,\quad i=1,2,\cdots,N \tag{5-23}$$

这里ξ_i称为松弛变量(Slack Variables)，它们度量一个数据点对模式可分的理想条件的偏离程度。对于$0\leqslant\xi_i\leqslant1$，数据点落入分离区域的内部，但是在决策面的正确一侧，如图5-3(a)所示。对于$\xi_i>1$，数据点落到分离超平面的错误一侧，如图5-1b所示。支持向量是那些精确满足式(5-23)的特殊数据点，即使$\xi_i>0$。此外，满足$\xi_i=0$的点也是支持向量。注意：如果一个对应的样本$\xi_i>0$被遗弃在训练集外，决策面就要改变。支持向量的定义对线性可分和不可分的情况都是相同的。

下面的目的是找到分离超平面，训练集合上的平均错误分类的误差最小。可以通过最小化关于权值向量w泛函达到此目的：

$$\boldsymbol{\Phi}(\xi)=\sum_{i=1}^{N}\mathrm{I}(\xi_i-1)$$

泛函满足式(5-23)的约束条件和对$\|w\|^2$的限制。函数$\boldsymbol{I}(\xi)$是一个指标函数，定义为：

$$I(\xi)=\begin{cases}0 & 若\ \xi\leqslant0\\1 & 若\ \xi>0\end{cases}$$

不幸的是，$\boldsymbol{\Phi}(\xi)$关于w的最小化是非凸的最优化问题，它是NP完全的。

为了使最优问题数学上易解，近似逼近函数为：

$$\Phi(\xi) = \sum_{i=1}^{N} \xi_i$$

而且通过形成关于权值向量 w 如下最小化函数以简化计算，如式（5－24）所示。

$$\Phi(\boldsymbol{w},\xi) = \frac{1}{2}\boldsymbol{w}^{\mathrm{T}}\boldsymbol{w} + C\sum_{i=1}^{N}\xi_i \tag{5－24}$$

如前，式（5－24）中最小化第 1 项与最小化支持向量机的 VC 维数有关。至于第 2 项 $\sum_i \xi_i$，它是测试错误数量的上界。

参数 C 控制机器的复杂度和不可分离点数之间的平衡；这样它也可以被看作是一种"正则化"参数的形式。参数 C 由用户指定，也可通过使用训练（验证）集由实验决定。

无论哪种情况，泛函 $\Phi(w,\xi)$ 关于 w 和 $\{\xi_i\}_{i=1}^{N}$ 的最优化，要求满足式（5－23）的约束和 $\xi_i \geqslant 0$。这样做，w 的范数平方被认为是一个关于不可分离点的联合最小化中的一个数量项，而不是作为强加在关于不可分离点数量的最小化上的一个约束条件。

对刚刚陈述的不可分模式的最优化问题而言，线性可分模式的最优化问题可作为它的一种特殊情况。具体地，在式（5－23）和式（5－24）里，对所有的 i 置 $\xi_i = 0$，把它们简化为相应的线性可分情形。

现在对不可分离的情况的原问题正式陈述如下：

给定训练样本 $\{(x_i, d_i)\}_{i=1}^{N}$，找到权值向量 w 和偏置 b 的最优值使得它们满足如下约束条件，如式（5－25）和式（5－26）所示。

$$d_i(\boldsymbol{w}^{\mathrm{T}}x_i + b) \geqslant 1 - \xi_i, \quad 当\ i = 1,2,\cdots,N \tag{5－25}$$

$$\xi_i \geqslant 0 \quad 对所有的\ i \tag{5－26}$$

并且使得权值向量 w 和松弛变量 ξ_i 最小化代价函数，如式（5－27）所示。

$$\Phi(\boldsymbol{w},\xi) = \frac{1}{2}\boldsymbol{w}^{\mathrm{T}} w + C\sum_{i=1}^{N}\xi_i \tag{5－27}$$

式中，C 是用户选定的正参数。

使用 Lagrange 乘子方法，可以得到不可分离模式的对偶问题的表示如下：

给定训练样本 $\{(x_i, d_i)\}_{i=1}^{N}$，寻找 Lagrange 乘子 $\{\alpha_i\}_{i=1}^{N}$ 来最大化目标函数，如式（5－28）所示。

$$Q(\alpha) = \sum_{i=1}^{N}\alpha_i - \frac{1}{2}\sum_{i=1}^{N}\sum_{j=1}^{N}\alpha_i\alpha_j d_i d_j x_i^{\mathrm{T}} x_j \tag{5－28}$$

并满足以下约束条件：

（1）$\sum_{i=1}^{N}\alpha_i d_i = 0$。

（2）$0 \leqslant \alpha_i \leqslant C$，当 $i = 1,2,3,\cdots,N$。

式中，C 是使用者选定的正参数。

注意:松弛变量 ξ_i 和它们的 Lagrange 乘子都不出现在对偶问题里。除了一些少量但很重要的差别外,不可分离模式的对偶问题与线性可分模式的简单情况相似。在两种情况下,最大化的目标函数 $Q(\alpha)$ 是相同的。不可分离情况与可分离情况的不同在于限制条件 $\alpha_i \geqslant 0$ 被替换为条件更强的 $0 \leqslant \alpha_i \leqslant C$。除了这个变化,不可分离的情况的约束最优问题和权值向量 w 和偏置 b 的最优值的计算过程与线性可分离情况一样。

5.3 用于模式识别的支持向量机的潜在思想

有了关于对不可分离模式如何找到最优超平面的知识后,现在正式描述建立用于模式识别任务的支持向量机。

从根本上说,支持向量机的关键在于图 5-4 中说明和总结的两个数学运算。

(1)输入向量到高维特征空间的非线性映射,对输入和输出特征空间都是隐藏的。

(2)建立一个最优超平面用于分离在(1)中发现的特征。

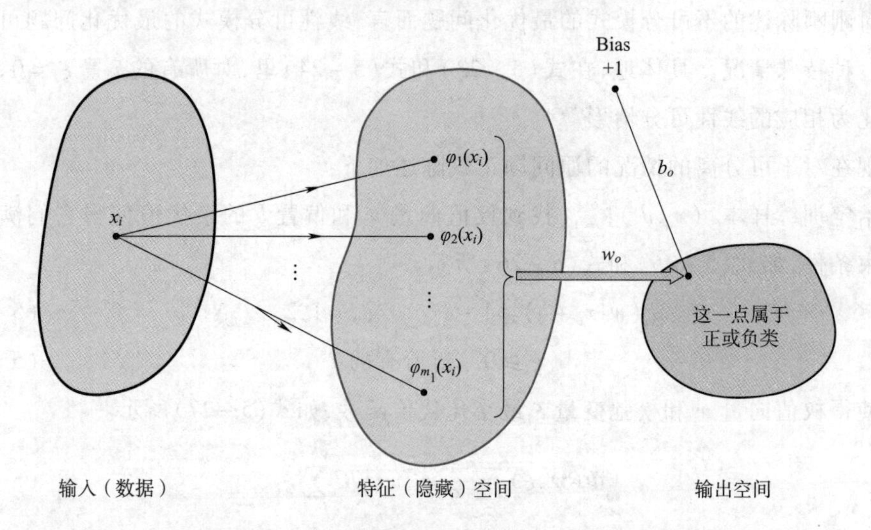

图 5-4 从输入空间到特征空间的非线性映射

5.4 使用核方法的支持向量机

1. 内积核

令 x 表示从输入空间得到的向量,假定维数为 m_0。令 $\{\varphi_j(x)\}_{j=1}^{m_1}$ 表示一系列从输入空间到特征空间的一个非线性函数的集合,其中 m_1 是特征空间的维数。给定非线性变换的一个集合,可以定义一个充当决策面的超平面如式(5-29)所示。

$$\sum_{j=1}^{m_1} w_j \varphi_j(x) + b = 0 \tag{5-29}$$

式中，$\{w_j\}_{j=1}^{m_1}$表示把特征空间连接到输出空间的线性权值的集合，b 是偏置。可以简化为式(5－30)。

$$\sum_{j=0}^{m_1} w_j \varphi_j(x) = 0 \tag{5-30}$$

式中，假定对所有的 x，$\varphi_0(x)=1$，所以 w_0表示偏置 b。式(5－30)定义了一个决策面，这个决策面在特征空间根据机器的线性权值来进行计算。通过特征空间，$\varphi_j(x)$表示提供给权值 w_j的输入。

使用矩阵的观点，重写等式为紧凑形式，如式(5－31)所示。

$$\boldsymbol{w}^{\mathrm{T}}\boldsymbol{\varphi}(x)=0 \tag{5-31}$$

式中，$\boldsymbol{\varphi}(x)$是特征向量，$\boldsymbol{w}$ 是相应的权重向量。

试图寻找在特征空间中“转化后模式的线性可分性”，带着这个目标，可以将式(5－21)的形式用权重向量改写成式(5－32)。

$$w = \sum_{i=1}^{N_s} \alpha_i d_i \varphi(x_i) \tag{5-32}$$

式中，特征向量表示为式(5－33)。

$$\varphi(x_i) = [\varphi_0(x_i), \varphi_1(x_i), \cdots, \varphi_{m_1}(x_i)]^{\mathrm{T}} \tag{5-33}$$

N_s是支持向量的个数。所以，把式(5－31)代入式(5－32)中，将输出空间中的决策面表示为式(5－34)。

$$\sum_{i=1}^{N_s} \alpha_i d_i \varphi^{\mathrm{T}}(x_i)\, \varphi(x) = 0 \tag{5-34}$$

注意到式(5－34)中 $\varphi^{\mathrm{T}}(x_i)\,\varphi(x)$代表一个内积。这样引入内积核(inner-product kernel)，由 $k(x,x_i)$表示并且定义为式(5－35)。

$$\begin{aligned} k(x,x_i) &= \varphi^{\mathrm{T}}(x_i)\, \varphi(x) \\ &= \sum_{j=0}^{m_1} \varphi_j(x)\, \varphi_j(x_i) \quad i = 1,2,\cdots,N_s \end{aligned} \tag{5-35}$$

由该定义，可以看到内积核是一个关于自变量对称的函数，如图(5－36)所示。

$$k(x,x_i)=k(x_i,x) \quad \text{对所有的 } i \tag{5-36}$$

最重要的是，可以使用内积核 $k(x,x_i)$在特征空间里建立最优超平面，无须用显式的形式考虑特征空间自身。将式(5－35)代入(5－34)中可以看到这一点，此时最优超平面定义如式(5－37)所示。

$$\sum_{i=0}^{N_s} \alpha_i d_i\, k(x,x_i) = 0 \tag{5-37}$$

2. Mercer 定理

式(5－35)对于内积核函数 $k(x,x_i)$的扩展是 Mercer 定理在泛函分析中的一种特殊情形。这个定理可以被正式表述为如下形式：

$k(x,x')$ 表示一个连续的对称核函数,其中 x 与 x' 定义在闭区间 $a\leqslant x\leqslant b,a\leqslant x'\leqslant b$。核函数 $k(x,x')$ 可以被展开为如下形式:

$$k(x,x') = \sum_{i=1}^{\infty} \lambda_i \varphi_i(x)\varphi_i(x')$$

式中,所有的 λ_i 均是正的。为了保证这个展开式是合理的并且为绝对一致收敛,充分必要条件是:

$$\int_a^b\int_a^b k(x,x')\psi(x)\psi(x')\mathrm{d}x\mathrm{d}x' \geqslant 0$$

对于所有 $\psi(\cdot)$ 成立,这样就有:

$\int_a^b \psi^2(x)\mathrm{d}x < \infty$ 成立,其中 a,b 是实数。函数 $\varphi_i(x)$ 称为展开的特征函数,λ_i 称为特征值。所有的特征值均为正数,这个事实意味着核函数 $k(x,x')$ 是正定的。

5.5 支持向量机的设计

式(5-35)里内积核函数 $k(x,x_i)$ 的展开式允许建立一个决策面,在输入空间中是非线性的,但它在特征空间的像是线性的。有了这个展开式,现对支持向量机的约束最优化的对偶形式陈述如下:

给定训练样本 $\{(x_i,d_i)\}_{i=1}^N$,寻找 Lagrange 乘子 $\{\alpha_i\}_{i=1}^N$ 以最大化目标函数如式(5-38)所示。

$$Q(\alpha) = \sum_{i=1}^N \alpha_i - \frac{1}{2}\sum_{i=1}^N\sum_{j=1}^N \alpha_i\alpha_j d_i d_j k(x_i,x_j) \tag{5-38}$$

满足约束条件如下:

(1) $\sum_{i=1}^N \alpha_i d_i = 0$。

(2) $0\leqslant\alpha_i\leqslant C$, 当 $i=1,2,3,\cdots,N$

式中,C 是使用者选定的正参数。

注意:约束条件 1 由 Lagrange $Q(\alpha)$ 关于 $\varphi_0(x)=1$ 时偏置 $b=w_0$ 的最优化产生。这里陈述的对偶问题与上面考虑的不可分离模式情况的形式相同,事实上除了内积 $x_i^{\mathrm{T}}x_j$ 被内积核函数 $k(x_i,x_j)$ 代替。我们可以把 $k(x_i,x_j)$ 看作是 $N\times N$ 的对称矩阵 $\boldsymbol{K}$ 的第 ij 项元素,如下所示。

$$\boldsymbol{K} = \{k(x_i,x_j)\}_{i,j=1}^N \tag{5-39}$$

在找到了由 $\alpha_{0,i}$ 表示 Lagrange 乘子的最优值之后,可以得到相应的线性权值向量最优值 $\boldsymbol{w}_0$,在新的情况下它采用(5-21)的公式联系特征空间到输出空间。特别地,考虑到像 $\varphi(x_i)$ 在从输入到权值向量 $\boldsymbol{w}$ 的作用,可以定义 $\boldsymbol{w}_0$ 为式(5-40)。

$$\boldsymbol{w}_{o} = \sum_{i=1}^{N} \alpha_{o,i} d_i \varphi(x_i) \tag{5-40}$$

式中，$\varphi(x_i)$是 x_i在特征空间导出的像。注意到 $\boldsymbol{w}_o$的第一个分量表示最优偏置 b_o。

5.6　支持向量机的应用概述

SVM 方法在理论上具有突出的优势，其应用主要可划分为模式识别和回归建模两个大类，迄今为止，SVM 在文字识别、人脸检测、语音识别、图像处理及其他应用研究等方面取得了大量的研究成果，从最初的简单模式输入的直接的 SVM 方法研究，进入多种方法取长补短的联合应用研究，对 SVM 方法也有了很多改进。

1. 文字识别

支持向量机在分类方面的应用最开始的研究就是手写体数字识别。贝尔实验室对美国邮政手写数字库进行了实验，结果表明采用支持向量机作为分类器其错误率比其他方法低得多，也正是这一研究体现了支持向量机的巨大应用价值。

在文字识别领域应用中，主要是指针对手写文本，能够实现文本关键词、特殊意义短语的识别且对于不同语言都有具体的分析研究。例如，将 SVM 分类器应用于基于句子级别的文本检测系统中，将从文档句子中所提取的词特征作为分类器的输入向量，实现对表达含义不明确的词语的信息抽取分类；采用基于集成学习策略 SVM 分类法对中文文本中具有欺骗性的信息进行检测识别，通过集成所有子 SVM 分类器的结果进行分类，类似于多类别分类 SVM 中的一对多法。Elleuch 等设计一种基于支持向量机的深度学习模型(DSVM)应用于手写识别系统。DSVM 使用 dropout 技术，能够选择关键的数据点的同时避免过度拟合，对识别对象进行高效地分类。

2. 人脸检测

人脸检测是指给定一幅图像，判定其中是否存在人脸，如果有人脸，则返回其坐标和大小。对复杂景物中的人脸图像，由于光照、姿态、表情等因素造成人脸模式变化复杂，进行检测就相当困难。Osuna 最早将 SVM 应用于人脸检测，并取得了较好的效果。其方法是直接训练非线性 SVM 分类器完成人脸与非人脸的分类。

人脸检测研究中更复杂的情况是姿态的变化。利用支持向量机方法进行人脸姿态的判定，将人脸姿态划分成 6 个类别，从一个多姿态人脸库中手工标定训练样本集和测试样本集，训练基于支持向量机姿态分类器，可以降低到 1.67% 的错误率。

3. 语音识别

在语音识别方面，由于背景环境中存在不同程度的噪声，根据支持向量机和隐式马尔可夫模型(HMM)相结合的特点，有学者建立 SVM 和隐式马尔可夫模型两者相结合的混合模型，用来解决语音识别问题。HMM 适合处理连续信号，而 SVM 适合于分类问题；HMM 的结果反映了同类样本的相似度,而 SVM 的输出结果则体现了异类样本间的差异。

4. 图像处理

图像处理领域的应用包括图像过滤、视频字幕提取、图像分类和检索等。

(1)图像过滤。一般的互联网色情图像过滤软件主要采用网址库的形式来封锁色情网址或采用人工智能方法对接收到的中、英文信息进行分析甄别。有学者提出一种多层次特定类型图像过滤法,即以综合肤色模型检验,支持向量机分类和最近邻方法校验的多层次图像处理框架,达到85%以上的准确率。

(2)视频字幕提取。视频字幕蕴含了丰富语义,可用于对相应视频流进行高级语义标注。浙江大学学者提出并实践了基于 SVM 的视频字幕自动定位和提取的方法。该方法首先将原始图像帧分割为 $N \times N$ 的子块,提取每个子块的灰度特征;然后使用预先训练好的 SVM 分类机进行字幕子块和非字幕子块的分类;最后结合金字塔模型和后期处理过程,实现视频图像字幕区域的自动定位提取。实验表明该方法取得了良好的效果。

(3)图像分类和检索。由于计算机自动抽取的图像特征和人所理解的语义间存在巨大的差距,图像检索结果难以令人满意。已出现的相关反馈方法,以 SVM 为分类器,在每次反馈中对用户标记的正例和反例样本进行学习,根据学习所得的模型进行检索。

3D 虚拟物体图像应用越来越广泛,有学者提出了一种基于 SVM 对相似 3D 物体识别与检索的算法。该算法首先使用细节层次模型对 3D 物体进行三角面片数量的约减,然后提取 3D 物体的特征,由于所提取的特征维数很大,因此先用独立成分分析进行特征约减,然后使用 SVM 进行识别与检索。将该算法用于 3D 丘陵与山地的地形识别中,取得了良好效果。

5. 特征选择

特征选择是机器学习领域的研究热点之一,特征选择结果的好坏直接影响着分类器的分类精度和泛化性能。特征选择的研究目标是从原始特征集的特征中选择出对于分类或聚类有重要贡献的特征,剔除不相关的、冗余的特征,在保持系统分类或聚类性能的前提下选择尽可能少的特征构成特征子集。特征选择广泛应用于基因工程、流量识别及入侵检测等问题。基于 SVM 的特征选择算法主要是指利用 SVM 的理论引导特征选择,即将 SVM 融入特征选择的过程中,现有的基于 SVM 的特征选择算法可以归为 3 大类:基于 SVM 的 Wrapper 特征选择算法、基于 SVM 的 Embedded 特征选择算法和基于 SVM 的混合特征选择算法。

6. 医学研究

支持向量机也为医学研究提供了新的研究方法和工具。支持向量机被用于人类基因数据的分析、蛋白质序列分析和医疗诊断。例如,利用 SVM 进行蛋白质结构类别的预测;利用 SVM 从基因表示数据中对基因进行分类;利用支持向量机检测胎儿肺部图像,判断胎儿是否发育成熟等。

7. 预测

基于支持向量机的回归预测在很多领域方面得到应用，如疾病预测、天气预测、市场预测、股价预测、实时业务预报等领域。支持向量机在时间序列的预测和混沌系统重构中优势明显。

5.7　支持向量机的示例

核函数 $k(x,x_i)$ 的要求是满足 Mercer 定理。只要满足这个要求，怎样选择它是有一定自由度的。在表 5-1 总结了支持向量机的三个常用的内积核函数：多项式学习机器、径向基函数网络和双层感知器。

表 5-1　三个常用的内积核函数

支持向量机种类	Mercer 核 $k(x,x_i)$	说　　明
多项式学习机	$(x^{\mathrm{T}}x+1)^{p}$	使用者预先指定指数 p
径向基函数网络	$\exp\left(-\frac{1}{2\sigma^2}\Vert x-x_i\Vert^2\right)$	和所有核一样，由使用者指定宽度 σ^2
双层感知器	$\tanh(\beta_0 x^{\mathrm{T}}x_i+\beta_1)$	只有一些特定的 β_0，β_1 值满足 Mercer 定理

图 5-5 给出了一种支持向量机的体系结构，其中，m_1 是隐藏层的大小（如特征空间）。

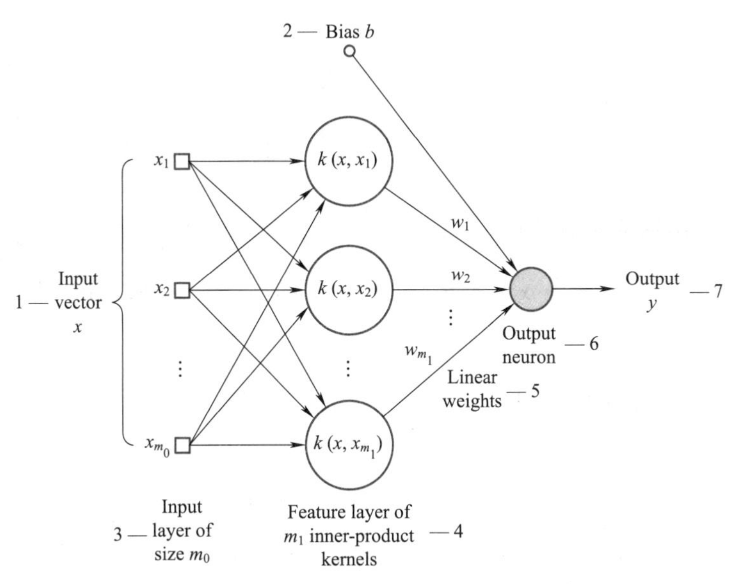

图 5-5　支持向量机结构

1—输入向量 x；2—偏置；3—大小为 m_0 的输入层；

4—m_1 个内积核的特征层；5—线性权值；6—输出神经元；7—输出 y。

为了说明支持向量机设计过程，下面讨论 XOR（异或）问题。表 5－2 总结了 4 种可能输入向量及其期望响应。

表 5－2　XOR 问题

输入向量 x	期望的响应 d
(－1，－1)	－1
(－1. ＋1)	＋1
(＋1，－1)	＋1
(＋1，＋1)	－1

定义如式(5－41)所示。

$$k(\boldsymbol{x},\boldsymbol{x}_i)=(1+\boldsymbol{x}^{\mathrm{T}}\boldsymbol{x}_i)^2 \tag{5-41}$$

令 $x=[x_1,x_2]^{\mathrm{T}}$ 和 $x_i=[x_{i1},x_{i2}]^{\mathrm{T}}$，因而内积核 $k(x,x_i)$ 可应用不同次数的单项式表示如下：

$$k(x,x_i)=1+x_1^2x_{i1}^2+2x_1x_2x_{i1}x_{i2}+x_2^2x_{i2}^2+2x_1x_{i1}+2x_2x_{i2}$$

输入向量 x 在特征空间中映射的像可推断为：

$$\varphi(x)=[1,x_1^2,\sqrt{2}x_1x_2,x_2^2,\sqrt{2}x_1,\sqrt{2}x_2]^{\mathrm{T}}$$

类似地：

$$\varphi(x_i)=[1,x_{i1}^2,\sqrt{2}x_{i1}x_{i2},x_{i2}^2,\sqrt{2}x_{i1},\sqrt{2}x_{i2}]^{\mathrm{T}},i=1,2,3,4$$

由式(5－39)得到 Gram 矩阵：

$$\boldsymbol{K}=\begin{bmatrix}9&1&1&1\\1&9&1&1\\1&1&9&1\\1&1&1&9\end{bmatrix}$$

因此，目标函数的对偶形式为［见式(5－38)］：

$$Q(\alpha)=\alpha_1+\alpha_2+\alpha_3+\alpha_4-\frac{1}{2}(9\alpha_1^2-2\alpha_1\alpha_2-2\alpha_1\alpha_3+2\alpha_1\alpha_4+9\alpha_2^2$$
$$+2\alpha_2\alpha_3-2\alpha_2\alpha_4+9\alpha_3^2-2\alpha_3\alpha_4+9\alpha_4^2)$$

关于 Lagrange 乘子优化 $Q(\alpha)$ 产生下列联立方程组：

$$\begin{cases}9\alpha_1-\alpha_2-\alpha_3+\alpha_4=1\\-\alpha_1+9\alpha_2-\alpha_3-\alpha_4=1\\-\alpha_1+\alpha_2+9\alpha_3+\alpha_4=1\\\alpha_1-\alpha_2-\alpha_3+9\alpha_4=1\end{cases}$$

因此，Lagrange 乘子的最优值为：

$$\alpha_{0.1}=\alpha_{0.2}=\alpha_{0.3}=\alpha_{0.4}=\frac{1}{8}$$

这个结果说明，在这个例子中所有4个输入向量$\{x_i\}_{i=1}^4$都是支持向量，$Q(\alpha)$的最优值是：

$$Q_o(\alpha)=\frac{1}{4}$$

相应地，可写出：

$$\frac{1}{2}\|w_0\|^2=\frac{1}{4}$$

或者：

$$\|w_0\|=\frac{1}{\sqrt{2}}$$

从式(5-40)可以找到最优权值向量：

$$w_0=\frac{1}{8}[-\phi(x_1)+\phi(x_2)+\phi(x_3)-\phi(x_4)]$$

$$=\frac{1}{8}\left[-\begin{bmatrix}1\\1\\\sqrt{2}\\1\\-\sqrt{2}\\-\sqrt{2}\end{bmatrix}+\begin{bmatrix}1\\1\\-\sqrt{2}\\1\\-\sqrt{2}\\\sqrt{2}\end{bmatrix}+\begin{bmatrix}1\\1\\-\sqrt{2}\\1\\\sqrt{2}\\-\sqrt{2}\end{bmatrix}-\begin{bmatrix}1\\1\\\sqrt{2}\\1\\\sqrt{2}\\\sqrt{2}\end{bmatrix}\right]=\begin{bmatrix}0\\0\\-1/\sqrt{2}\\0\\0\\0\end{bmatrix}[\varphi]$$

w_0的第一个分量表示偏置b为0。

最优超平面定义为：

$$w_0^{\mathrm{T}}\varphi(x)=0$$

即

$$\begin{bmatrix}0 & 0 & \frac{-1}{\sqrt{2}} & 0 & 0 & 0\end{bmatrix}\begin{bmatrix}1\\x_1^2\\\sqrt{2}x_1x_2\\x_2^2\\\sqrt{2}x_1\\\sqrt{2}x_2\end{bmatrix}=0$$

这归结为$-x_1x_2=0$。

对于XOR问题的多项式形式的支持向量机如图5-6(a)所示。对$x_1=x_2=-1$和$x_1=x_2=+1$，输出$y=-1$；对$x_1=-1,x_2=+1$以及$x_1=+1,x_2=-1$，输出$y=+1$。因此，如图5-6(b)所示，XOR问题被解决了。

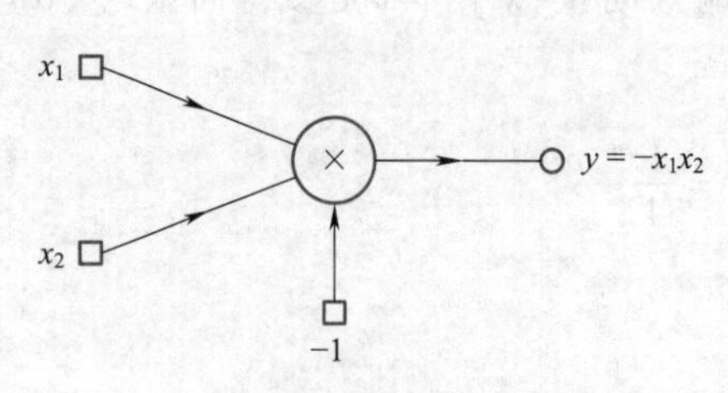

(a) 多项式核机器解决XOR问题

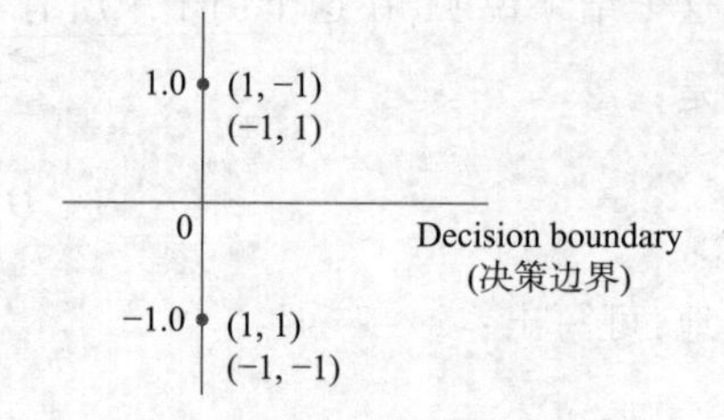

(b) 由XOR问题的4个点推导出的特征空间的像

图 5－6　XOR 问题

小　结

支持向量机可能是较受欢迎和较广泛讨论的机器学习算法之一。超平面是分割输入变量空间的一条线。在 SVM 中,选择一个可以最好地根据输入变量类别(类别 0 或类别 1)对输入变量空间进行分隔的超平面。对于二维情况,可以将其视为一条线,假设所有的输入点都可以被这条线完全分开。SVM 学习算法找到了可以让超平面对类别进行最佳分隔的系数。超平面和最近的数据点之间的距离被称为间隔。分开两个类别的最好的或最理想的超平面具备最大间隔。只有这些最近的数据点与定义超平面以及构建分类器有关。这些点被称为支持向量,它们支持或定义了超平面。实际上,优化算法用于寻找最大化间隔的系数的值。

本章介绍了线性可分模式的最优超平面、不可分离模式的最优超平面、用于模式识别的支持向量机的潜在思想、使用核方法的支持向量机,给出了支持向量机的设计方法和支持向量机的示例“XOR 问题”。支持向量机的较新发展是与深度学习(第 9 章)结合使用。

深度学习模型有支持向量机无法比拟的非线性函数逼近能力,能够很好地提取并表达数据的特征,深度学习模型的本质是特征学习器。但是,深度模型往往在独立处理分类、回归等问题上难以取得理想的效果。而对于 SVM 来说,可以利用核函数的思想将非线性样本映射到高维空间,使其线性可分,再通过使数据集之间的分类间隔最大化来寻找最优分隔超平面,在分类问题上表现出许多特有优势。但实质上,SVM 只含有一个隐层,数据表征能力并不理想。因此将深度学习方法与 SVM 相结合,可构造用于分类的深层模型。利用深度学习的无监督方式分层提取样本高级特征,然后将这些高级特征输入 SVM 模型进行分类,从而达到最优分类精度。

GUO S 等人将 CNN 与 SVM 结合,形成混合模型(CNN-SVM),采用 SVM 取代 CNN 模型的 softmax 层,在图像识别等领域验证了该混合模型的有效性。JU Y 等人,构造了 SAE 与 SVM 相结合的混合模型,通过构建包含多个隐层的 SAE,对图像数据重新表征，生成新的特征集，并输入SVM进行训练，从而达到最优分类效果。YANG J等人将RBM与SVM结合，构建用于分类的深层模型。通过对比散度的求解方法来训练RBM网络，自动提取样本特征，然后将这些特征输入SVM模型进行分类。LIM J H提出的Geometric GAN，判别器由特征映射函数和SVM分类器组成，SVM以两个类别特征点间最大间隔作为训练目标，数值实验表明Geometric GAN优于现有生成式对抗网络。

习　题

1. 考虑用于线性可分模式的超平面，它的式为：

$$\boldsymbol{w}^{\mathrm{T}}x+b=0$$

其中，$\boldsymbol{w}$表示权值向量，b为偏置，x为输入向量，如果对输入模式集$\{x_i\}_{i=1}^{N}$满足附加的条件：

$$\min_{i=1,2,\cdots,N}|\boldsymbol{w}^{\mathrm{T}}x_i+b|=1$$

则称($\boldsymbol{w}$, b)为超平面的规范对。证明规范对的要求导致两类分离边界的距离为$\dfrac{\alpha}{\|\boldsymbol{w}\|}$。

2. 在不可分类模式的背景下判断下列陈述：错分意味着模式的不可分性，但相反则未必为真。

3. 在数据空间中最优超平面的位置是由被选为支持向量的数据点决定。如果数据有噪声，第一反应也许是质疑分离边界对噪声的健壮性，但最优超平面的详细研究发现分离边界对噪声实际上是健壮的，讨论这种健壮性的理论基础。

4. 用于求解XOR问题的多项式学习机使用的内积核定义为：

$$K(x,x_i)=(1+x^{\mathrm{T}}x_i)^p$$

解XOR问题的指数p的最小值是多少？假定p为正整数，比最小值大的p会出现什么结果？

5. 思考题：内积核$K(x_i,x_j)$是在训练W个样本集Γ上定义的，它产生$N\times N$矩阵：

$$K=\{K_{ij}\}_{i,j=1}^{N}$$

其中，$K_{ij}=K(x_i,x_j)$。由于它的所有元素的值为正，矩阵$\boldsymbol{K}$是正的。利用相似变换：

$$\boldsymbol{K}=\boldsymbol{Q}\wedge\boldsymbol{Q}^{\mathrm{T}}$$

其中$\wedge$为对角的特征矩阵，而Q为相应特征向量构成的矩阵。利用$\boldsymbol{K}$的特征值和特征向量个构造内积核$K(x_i,x_j)$的展开式，可以从这个表达式得出什么结论？

6. 思考题：

两层感知器的内积核定义如下：

$$K(x,x_i)=\tanh(\beta_0x^{\mathrm{T}}x_i+\beta_1)$$

探讨对常数 β_0 和 β_1 的那些值不满足 Mercer 定理的条件。

7. 思考题：

在这一章中利用支持向量机进行二分类，讨论支持向量机如何解决 M 类模式识别的问题（M >2）。

8. 思考题：

关于下列任务比较支持向量机和利用反向传播算法训练的多层感知器的优点和局限：

(1)模式识别。

(2)非线性回归。

第6章 无监督学习

前面所说的有监督机器学习，都使用了由一系列标记好的目标数据组成的训练集。但现实生活中，我们往往很难得到标记好的数据，或进行人工类别标注的成本太高。很自然地，我们希望计算机能代替我们完成这些工作，或至少提供一些帮助。因此，这种没有标注的训练数据集，需要根据样本间的统计规律对样本集进行分析，称为无监督学习。无监督学习的数据集和有监督学习的不同，没任何标签，也就是没有"正确的输出结果"，在此过程中没有指导者，只有计算机自己学习。无监督学习的常见任务包括聚类、关联分析、自组织映射等。

6.1 聚类概述

聚类(Cluster)又称为点群分析，是一种典型的无监督学习。聚类的目标是在一个对象(模式、数据点)的集合中发现其自然分组。聚类似乎是人类的本能，人眼观测二维或三维数据的聚类结构是非常容易的。事实上，聚类目标在人们心目中是明确的，但如何形式化描述聚类问题却是很困难的。关于聚类，尚无统一的定义，比较常用的定义如下：聚类是把一个数据对象的集合划分成簇(子集)，使簇内对象彼此相似、簇间对象不相似的过程。这个定义是非形式化的，对于计算机而言，聚类可定义为：给定 n 个对象的某种表示，根据某种相似度度量，发现 K 个簇，使得簇内对象的相似度高，簇间对象的相似度低。

一个理想的簇是紧凑而且孤立的数据集的子集，内部紧致、相互分离、边界清晰。但现实的数据分布复杂多样，噪声(又称孤立点)的存在、簇呈现不同的密度、某些簇可进一步划分为子簇、不同簇的尺寸差距较大、簇的形状复杂等因素给聚类任务带来很大的挑战。

聚类算法种类繁多，具体的算法选取取决于数据类型、聚类的应用和目的。常用的聚类算法大致可分成如下几类：基于划分的聚类算法、基于密度的聚类算法、基于模型的聚类算法、基于层次的聚类算法、基于网格的聚类算法。

(1)基于划分的聚类算法。此类算法按照某种目标将数据集划分成若干个组,划分的结果是使目标函数值最大化(或最小化)。具体的做法是先为每个簇指定一个或若干个代表点,根据目标函数用这些代表点对这个数据集进行划分,在划分结果中重新选择代表点,重复上述过程直到收敛,其代表算法有 K-means 算法、K-medoids 算法以及 CLARANS 算法等。

(2)基于密度的聚类算法。只要在临近区域的密度(对象或数据点的数目)超过某个阈值,就把它加到与之相近的聚类中。这种方法可以用来过滤“噪声”孤立点数据,发现任意形状的聚类结果,其代表算法有 DBSCAN 算法、OPTICS 算法及 DENCLUE 算法等。

(3)基于模型的聚类算法。此类算法为每个聚类假定了一个模型,寻找数据对给定模型的最佳拟合。一个基于模型的算法可能通过构建反映数据点空间分布的密度函数来定位聚类,也可能基于标准的统计数学决定聚类数目,并考虑“噪声”数据或孤立点,从而产生健壮的聚类方法。其代表算法主要基于两种模型:基于统计学模型的 EM 算法和 COBWEB 算法,以及基于神经网络模型的竞争网络。

(4)基于层次的聚类算法。对给定数据对象集合进行层次的分解,形成一颗以簇为结点的树。该算法可以分为自底向上(凝聚)和自顶向下(分裂)两种操作方式,其代表算法有 BIRCH 算法、CURE 算法、ROCK 算法及 Chameleon 算法等。

(5)基于网格的聚类算法。此类算法先将对象空间划分为有限个单元以构成网格结构,然后利用网格结构完成聚类,其代表算法有 STING 算法、WaveCluster 算法等。

6.2 K-means 算法

K-means 算法是由 Steinhaus 于 1955 年、Lloyd 于 1957 年、Ball 和 Hall 于 1965 年、Mcqueen 于 1967 年分别在各自的不同的科学研究领域独立提出来的。K-means 算法在数据压缩、数据分类、密度估计等许多领域获得成功应用。由于其算法思想简洁易懂,而且对于很多聚类问题都可以花费较小的计算代价而得到不错的聚类结果,K-means 算法成为各种聚类算法中较为常用的算法之一,也被学者们选为数据挖掘领域的十大算法之一。

K-means 算法常用的准则函数是平方误差函数。采用欧式距离度量相似性的 K-means 算法,使用平方误差和(Sum of Squared Errors,SSE)作为度量聚类质量的目标函数。给定一个包含 n 个数据对象的数据集 $D=\{x_1,x_2,\cdots,x_n\}$,定义经由 K-means 算法进行聚类分析后产生的类别集合为 $C=\{C_1,C_2,\cdots,C_k\}$。算法目标函数 SSE 的形式化定义如式(6-1)所示。

$$\mathrm{SSE}(C) = \sum_{k=1}^{K} \sum_{x_i \in C_k} \| x_i - c_k \|^2 \tag{6-1}$$

式(6－1)中，c_k是C_k的质心，计算方法如式(6－2)所示。

$$c_k = \frac{\sum_{x_i \in C_k} x_i}{|C_k|} \tag{6-2}$$

K-means 算法的目标是找到能最小化 SSE 的聚类结果，这个最优化问题是一个 NP 难题，难以找到一个多项式算法对其进行求解。因此，借由一些启发式的算法将这个问题转化，通过不断迭代更新簇的构成和簇的质心来进行最优化的求解。迭代过程主要分为两个步骤：第一个是分配过程，在分配过程中，每个数据样本都要被分配到与它距离最近的簇质心所属的簇中；第二步是更新过程，在更新过程中，簇质心需要被重新计算，采用分配到这一类别中的所有数据样本对簇质心进行更新。

K-means 算法流程如下：

算法 6－1　K-means 算法。用于划分的 K-means 算法，其中每个簇的质心都用簇中所有对象的均值来表示

输入：簇的数目 k 和包含 n 个对象的数据集

输出：k 个簇，使平方误差和(SSE)最小

(1)随机地选择 k 个对象，每个对象代表一个簇的初始均值或质心。

(2)对剩余的每个对象，根据它与簇均值(质心)的距离，将其指派到最相似的簇。

(3)计算每个簇的新均值(质心)。

(4)回到步骤(2)，循环，直到簇的均值(质心)不再发生变化。

下面举例说明 K-means 算法的工作过程，如图 6－1 所示。图 6－1(a)表示初始数据集，假设 $k=2$。在图 6－1(b)中，随机选择了两个 k 类所对应的簇质心，即图中的黑色质心和咖啡色质心，然后分别求样本中所有点到这两个质心的距离，并标记每个样本的类别为和该样本距离最小的质心的类别，如图 6－1(c)所示，经过计算样本和黑色质心和咖啡色质心的距离，得到了所有样本点的第一轮迭代后的类别。此时对当前标记为黑色和咖啡色的点分别求其新的质心，如图 6－1(d)所示，新的黑色质心和咖啡色质心的位置已经发生了变动。图 6－1(e)和图 6－1(f)重复了在图 6－1(c)和图 6－1(d)的过程，即将所有点的类别标记为距离最近的质心的类别并求新的质心。

在使用 K-means 算法时，必须事先给定要生成簇的数目 k。k 值的选取常使用参考 SSE 的手肘法。手肘法的核心思想是：随着聚类数 k 的增大，样本划分会更加精细，每个簇的聚合程度会逐渐提高，那么 SSE 自然会逐渐变小。并且，当 k 小于真实聚类数时，由于 k 的增大会大幅增加每个簇的聚合程度，故 SSE 的下降幅度会很大；而当 k

到达真实聚类数时，再增加 k 所得到的聚合程度回报会迅速变小，所以 SSE 的下降幅度会骤减，然后随着 k 值的继续增大而趋于平缓，也就是说 SSE 和 k 的关系图是一个手肘的形状，而这个肘部对应的 k 值就是数据的真实聚类数。

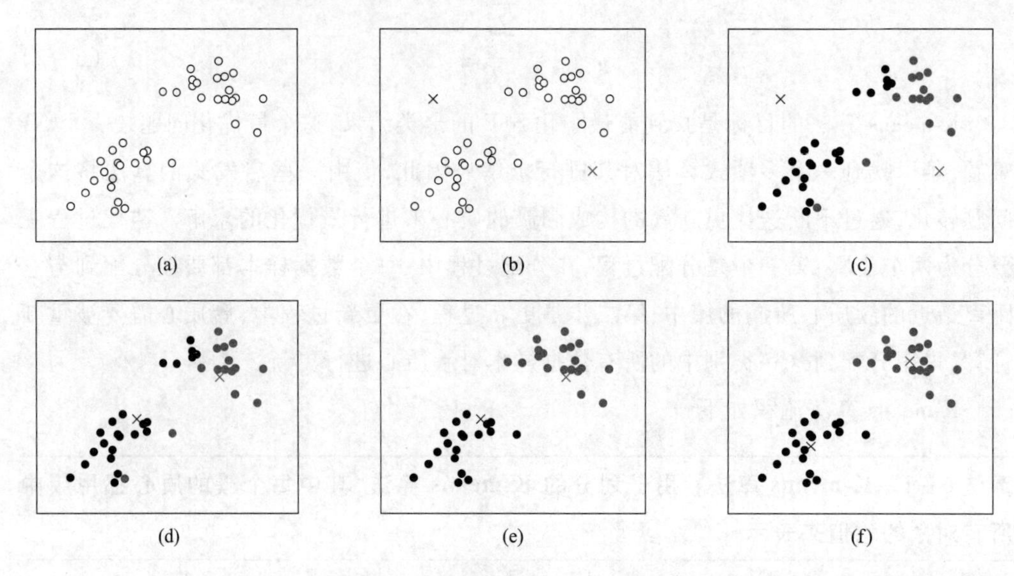

图 6－1　K-means 算法的工作过程

另外，初始化的聚类质心距离要尽可能地远。首先随机选择一个点作为第一个初始类簇质心，然后选择距离该点最远的那个点作为第二个初始类簇质心，然后再选择距离前两个点的距离最远的点作为第三个初始类簇的质心，依此类推，直至选出 K 个初始类簇质心。

K-means 算法总结如下：

（1）当结果簇是密集的，而簇之间的区别明显时，它的效果较好。

（2）对于处理大数据集，该算法是相对可伸缩的和高效的，因为它的算法复杂度是 $O(nkt)$，其中 n 是数据个数，k 是簇的个数，t 是迭代的次数，通常，$k \ll n$，且 $t \ll n$。

（3）算法通常终止于局部最优解。

（4）只有当簇均值有定义的情况下才能使用，这可能不适用于某些应用，如涉及有分类属性的数据。

（5）必须事先给定要生成的簇的数目 k。

（6）对噪声和孤立点数据敏感，少量的该类数据能够对平均值产生极大的影响。

（7）不适合发现非凸形状的簇，或者大小差别很大的簇。

6.3　DBSCAN 算法

DBSCAN（Density Based Spatial Clustering of Application with Noise，具有噪声的基于

密度的空间聚类应用)由 Ester、Kriegel、Sande 和 Xu 于 1996 年提出,是一种基于高密度连接区域的密度聚类算法。该算法将具有足够高密度的区域划分成簇,并可以在带有“噪声”的空间数据库中发现任意形状的聚类,它定义簇为密度相连的点的最大集合。

对 DBSCAN 的基本概念的初步认识:

(1)对于簇中的任意一个点,它周围局部点密度必须超过某阈值。

(2)簇中的点在空间上是相互关联的。

给定数据集 $D=\{x_1,x_2,\cdots,x_n\}$,距离半径 ε,点数阈值 MinPts,其中,ε 和 MinPts 为用户指定参数,有如下定义:

• ε - 邻域

对 $\forall x_p \in D$,若x_p的 ε - 邻域表示为$N_\varepsilon(x_p)$,则$N_\varepsilon(x_p)=\{x_i \in D \mid dist(x_i,x_p)\leqslant\varepsilon\}$。即数据集 D 中满足到x_p的距离小于 ε 的任意样本点x_i的集合。

• 核心对象

对 $\forall x_p \in D$,若x_p的 ε - 邻域内的点的个数大于 MinPts,即$|N_\varepsilon(x_p)|\geqslant$MinPts,那么$x_p$是一个核心对象(核心点)。不是核心点但落在某个核心点的 ε - 邻域内的对象称为边界点。

• 直接密度可达

对 $\forall x_p,x_q \in D$,若x_q在x_p的 ε - 邻域内,且x_p为核心对象,则称x_q由x_p直接密度可达。

• 密度可达

对 $\forall x_p,x_q \in D$,若存在样本序列$p_1,p_2,\cdots,p_{n1} \in D$,其中$p_1=x_p$,$p_{n1}=x_q$,且$p_{i+1}$由$p_i$直接密度可达,则称$x_q$由$x_p$密度可达。

• 密度相连

对 $\forall x_p,x_q \in D$,若存在 $\forall x_k \in D$,使得x_p,x_q均由x_k密度可达,则称x_q与x_p密度相连。

基于这些概念,DBSCAN 将“簇”定义为:由密度可达关系导出的最大密度相连样本集合。形式化地说,给定领域参数(ε,MinPts),簇 $C\subseteq D$ 是满足以下性质的非空样本子集:

连接性(Connectivity):$x_i \in C$,$x_j \in C$,x_i与x_j密度相连。

最大性(Maximality):$x_i \in C$,x_j由x_i密度可达,则$x_j \in C$。

关于密度可达和密度相连,示例如图 6-2 所示,给定圆的半径 ε,MinPts=3。

由图 6-2 可看出 m,p,o,r 都是核心对象,因为它们的 ε-邻域内都至少包含 3 个对象。对象 q 是从 m 直接密度可达的。对象 m 从 p 直接密度可达的。对象 q 是从 p(间接)密度可达的,因为 q 从 m 直接密度可达,m 从 p 直接密度可达。r 和 s 是从 o 密度可达的,而 o 是从 r 密度可达的,所有 o,r 和 s 都是密度相连的。

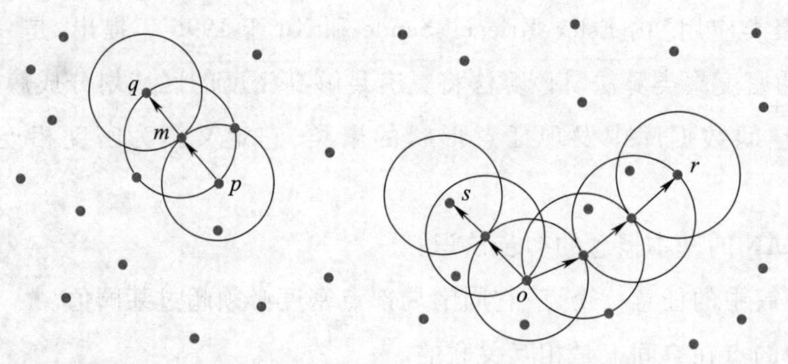

图 6-2 基于密度聚类中的密度可达和密度相连性

DBSCAN 算法流程如下:

算法 6-2 DBSCAN 算法。基于高密度连接区域的密度聚类算法

输入:ε、MinPts 和包含 n 个对象的数据库

输出:基于密度的聚类结果

(1)一个没有加簇标签的点 p。

(2)得到所有从 p 关于 ε 和 MinPts 密度可达的点。

(3)如果 p 是一个核心点,形成一个新的簇,给簇内的所有对象点加簇标签。

(4)如果 p 是一个边界点,没有从 p 密度可达的点,DBSCAN 将访问数据集中的下一个点。

(5)继续这一过程,直到数据集中所有点都被处理。

DBSCAN 算法总结如下:

(1)聚类速度快且能够有效处理噪声点和发现任意形状的空间聚类。

(2)与 K-means 算法比较,不需要输入要划分的聚类个数。

(3)聚类簇的形状没有偏倚。

(4)可以在需要时输入过滤噪声的参数。

(5)当数据量增大时,要求较大的内存支持 I/O 消耗也很大。

(6)当空间聚类的密度不均匀、聚类间距差相差很大时,聚类质量较差,因为这种情况下参数 ε、MinPts 选取困难。

(7)算法聚类效果依赖于距离公式选取,实际应用中常用欧式距离,对于高维数据,存在"维数灾难"。

6.4 EM 算法

期望最大化(Expectation Maximization,EM)是一种基于模型的聚类算法。假设样本分布符合高斯混合模型,算法目的是确定各个高斯部件的参数,充分拟合给定数据,并得到一个模糊聚类，即每个样本以不同概率属于每个高斯分布，概率数值将由以上各个参数计算得到。

关于(多元)高斯分布的定义。对 n 维样本空间 χ 中的随机变量 x，若 x 服从高斯分布，其概率密度函数如式(6－3)所示。

$$p(x)=\frac{1}{(2\pi)^{\frac{n}{2}}\left|\sum\right|^{\frac{1}{2}}}\mathrm{e}^{-\frac{1}{2}(x-\boldsymbol{\mu})^{\mathrm{T}}\sum^{-1}(x-\boldsymbol{\mu})} \tag{6-3}$$

式中，$\boldsymbol{\mu}$ 是 n 维均值向量，$\sum$ 是 $n\times n$ 的协方差矩阵。由式6－3可看出，高斯分布完全由均值向量 $\boldsymbol{\mu}$ 和协方差矩阵 $\sum$ 这两个参数确定。

可以定义高斯混合分布如式(6－4)所示。

$$pM(x)=\sum_{i=1}^{k}\alpha_i\cdot p(x\mid\boldsymbol{\mu}_i,\textstyle\sum_i) \tag{6-4}$$

由 k 个混合成分组成，每个混合成分对应一个高斯分布。其中，$\boldsymbol{\mu}_i$ 与 $\sum_i$ 是第 i 个高斯混合成分的参数，而 $\alpha_i>0$ 为相应的“混合系数”，$\sum_{i=1}^{k}\alpha_i=1$。

假设样本的生成过程由高斯混合成分给出：首先，根据 $\alpha_1,\alpha_2,\cdots,\alpha_k$ 定义的先验分布选择高斯混合成分，其中 α_i 为选择第 i 个混合成分的概率；然后，根据被选择的混合成分的概率密度函数进行采样，从而生成相应的样本。

若数据集 $D=\{x_1,x_2,\cdots,x_m\}$ 由上述过程生成，令随机变量 $z_j\in\{1,2,\cdots,k\}$ 表示生成样本 x_j 的高斯混合成分，其取值未知。显然，z_j 的先验概率 $p(z_j=i)$ 对应于 $\alpha_i(i=1,2,\cdots,k)$。根据贝叶斯定理，z_j 的后验分布如式(6－5)所示。

$$pM(z_j=i\mid x_j)=\frac{p(z_j=i)\cdot pM(x_j\mid z_j=i)}{pM(x_j)}=\frac{\alpha_i\cdot p(x_j\mid\mu_i,\sum_i)}{\sum_{l=1}^{k}\alpha_l\cdot p(x_j\mid\mu_l,\sum_l)} \tag{6-5}$$

$pM(z_j=i\mid x_j)$ 给出了样本 x_j 由第 i 个高斯混合成分生成的后验概率，将其简记为 $\gamma_{ji}(i=1,2,\cdots,k)$。

当高斯混合分布已知时，高斯混合聚类将把数据集 D 划分为 k 个簇 $C=\{C_1,C_2,\cdots,C_k\}$，每个样本 x_j 的簇标记 λ_j 如式(6－6)所示。

$$\lambda_j=\underset{i\in\{1,2,\cdots,k\}}{\arg\max}\ \gamma_{ji} \tag{6-6}$$

从原型聚类的角度来看，高斯混合聚类时采用概率模型对原型进行刻画，簇划分则由原型对应后验概率确定。

那么，对于 $pM(x)=\sum_{i=1}^{k}\alpha_i\cdot p(x\mid\mu_i,\sum_i)$，模型参数 $\{(\alpha_i,\mu_i,\sum_i)\mid 1\leqslant i\leqslant k\}$，给定数据集 D，可以采用极大似然估计，即最大化(对数)似然，如式(6－7)所示。

$$\mathrm{LL}(D)=\ln\left(\prod_{j=1}^{m}pM(x_j)\right)=\sum_{j=1}^{m}\ln\left(\sum_{i=1}^{k}\alpha_i\cdot p(x_j\mid\mu_i,\textstyle\sum_i)\right) \tag{6-7}$$

我们利用 EM 算法进行迭代优化求解，简单的推导过程如下：

若参数 $\{(\alpha_i,\mu_i,\sum_i)|1 \leqslant i \leqslant k\}$ 能使 LL(D)最大化，则由$\frac{\partial \mathrm{LL}(D)}{\partial \mu_i}=0$ 有式(6－8)。

$$\sum_{j=1}^{m} \frac{\alpha_i \cdot p(x_j \mid \mu_i, \sum_i)}{\sum_{l=1}^{k} \alpha_l \cdot p(x_j \mid \mu_l, \sum_l)}(x_j - \mu_i) = 0 \tag{6-8}$$

由γ_{ji}，有式(6－9)。

$$\mu_i = \frac{\sum_{j=1}^{m} \gamma_{ji} x_j}{\sum_{j=1}^{m} \gamma_{ji}} \tag{6-9}$$

即各混合成分的均值可通过样本加权平均来估计，样本权重是每个样本属于该成分的后验概率。同样，$\frac{\partial_{LL}(D)}{\partial \sum_i} = 0$ 可得式(6－10)。

$$\sum_i = \frac{\sum_{j=1}^{m} \gamma_{ji}(\boldsymbol{x}_j - \boldsymbol{\mu}_j)(\boldsymbol{x}_j - \boldsymbol{\mu}_j)^{\mathrm{T}}}{\sum_{j=1}^{m} \gamma_{ji}} \tag{6-10}$$

对于混合系数α_i，除了要最大化 LL(D)，还需满足$\alpha_i \geqslant 0$，$\sum_{i=1}^{k} \alpha_i = 1$ 。考虑 LL(D)的拉格朗日形式如式(6－11)所示。

$$\mathrm{LL}(D) + \lambda\left(\sum_{i=1}^{k} \alpha_i - 1\right) \tag{6-11}$$

式中，λ 为拉格朗日乘子。由式(6－11)对α_i的导数为 0，有式(6－12)。

$$\sum_{j=1}^{m} \frac{p(x_j \mid \mu_i, \sum_i)}{\sum_{l=1}^{k} \alpha_l \cdot p(x_j \mid \mu_l, \sum_l)} + \lambda = 0 \tag{6-12}$$

两边同乘以α_i，对所有混合成分求和可知 $\lambda = -m$，有式(6－13)。

$$\alpha_i = \frac{1}{m} \sum_{j=1}^{m} \gamma_{ji} \tag{6-13}$$

即每个高斯成分的混合系数由样本属于该成分的平均后验概率确定。

由上述推导即可获得高斯混合模型的 EM 算法：在每步迭代中，先根据当前参数来计算每个样本属于每个高斯成分的后验概率γ_{ji}（E 步），再更新模型参数 $\{(\alpha_i,\mu_i,\sum_i)|1 \leqslant i \leqslant k\}$（M 步）。

EM 算法总结如下：

(1)EM 算法比 K-means 算法计算复杂，收敛较慢，但比 K-means 算法计算结果稳定、准确。

(2)需要已知样本聚类数目。

(3)对初始值敏感,通常需要一个好的、快速的初始化过程。

(4)局部最优解。

(5)对孤立点敏感,有噪声时效果差。

6.5　关联分析

关联分析是在交易数据、关系数据或其他信息载体中查找存在于项目集合或对象集合之间的频繁模式、关联、相关性成因果结构。通俗地说,关联分析就是发现隐藏在大型数据集中的令人感兴趣的联系。所发现的联系通常用关联规则或者频繁项集的形式表示:

$$X \rightarrow Y$$

该规则表明 X 和 Y 之间存在很强的联系。

关联分析的最普通的应用就是分析购物数据(称为购物篮数据),从而发现各商品之间的联系,表6-1给出了某商场部分客户的购物记录。

表6-1　部分购物篮数据

ID	项　集
1	{牛奶、啤酒、尿布}
2	{可乐、啤酒、面包、尿布}
3	{面包、牛奶、尿布、可乐}
4	{婴儿食品、啤酒、尿布、牛奶}
5	{苹果、水、鸡蛋、尿布}

通过观察,可以看出大部分买了尿布的购物单里都包括啤酒,因此可以推测尿布和啤酒的销售之间存在某种很强的联系或者规则,可以表示如下:

{尿布}→{啤酒}

令 $I=\{i_1,i_2,\cdots,i_d\}$ 是购物篮数据中所有项的集合,而 $T=\{t_1,t_2,\cdots,t_N\}$ 是所有事务的集合。每个事务 t_i 包含的项集都是 I 的子集。在关联分析中,定义项集为包含0个或者多个项的集合。如果一个项集包含 k 个项,则称为 k 项集,如项集{可乐、啤酒、面包、尿布}是一个4项集。项集的一个重要属性为它的支持度计数,定义为包含特定项集的事务个数,其数学表达式如式(6-14)所示。

$$\sigma(X)=\left|\{t_i \mid X\subseteq t_i, t_i\in T\}\right| \tag{6-14}$$

其中,$|\cdot|$表示集合的元素个数,如 σ {牛奶、啤酒、尿布}=2。因为事务1和事务4包含该项集。

为了形象化地表示关联关系，可以用蕴含表达式表示关联规则，如式(6－15)所示。

$$X \to Y, X \cap Y = \varnothing \tag{6-15}$$

可以定义支持度 $s(\cdot)$ 和置信度 $c(\cdot)$ 来表示关联规则的强度，支持度用于表示规则在数据集中出现的频繁程度，而置信度用于表示 X 事务中出现 Y 的频繁程度，数学公式如式(6－16)所示。

$$\begin{aligned} s(X \to Y) &= \frac{\sigma(X \cup Y)}{N} \\ c(X \to Y) &= \frac{\sigma(X \cup Y)}{\sigma(X)} \end{aligned} \tag{6-16}$$

式中，N 为事务总个数。显然关联度和置信度越大，关联规则的强度越大。

显然，关联分析的目标就是在给定的事务集合中发现那些支持度和置信度都比较大的关联规则，对于某一条规则 $X \to Y$，其支持度和置信度的数学公式如式(6－17)所示。

$$s(X \to Y) >= \text{minsup}, c(X \to Y) >= \text{minconf} \tag{6-17}$$

其中，minsup 为支持度阈值，minconf 为置信度阈值。

那么，如何进行关联规则发现？一一列举规则是最简单的方法，但是由于事务集合规则的数量太多以至于无法实际操作。对于包含 d 项的数据集，可能存在的关联规则总数如式(6－18)所示。

$$R = 3^d - 2^{d+1} + 1 \tag{6-18}$$

例如，包含 7 项的数据集存在 1 932 个关联规则。为了更好地进行关联规则发现，引入频繁项集和强规则的概念。

对于项集 X 和它的子集 X_i，有 $s(X) \leqslant s(X_i)$，因为

$$s(X) = \frac{\sigma(X)}{N} \leqslant \frac{\sigma(X_i)}{N} = s(X_i), X_i \in X, i = 1, 2, \cdots$$

则可以定义频繁项集为满足最小支持度阈值的项集，那么它们的所有子集也是频繁项集。可以定义强规则为频繁项集中的高置信度关联规则。那么关联规则发现的主要两个子任务为：

(1)找出所有的频繁项集，该过程称为频繁项集产生。

(2)发现所有的强规则，该过程称为规则产生。

根据频繁项集的定义，显然有：如果一个项集是频繁的，则它的所有子集一定也是频繁的，该原理即为先验原理。反之，如果一个项集是非频繁的，那么它的所有超集也是非频繁的。利用该原理，可以进行基于支持度修剪指数搜索空间的策略，称为基于支持度的剪枝。该技术利用了支持的反弹调性，一个项集的支持度绝不会超过它的子集的支持度。

根据先验原理,提出了 Apriori 频繁项集产生算法,该算法是一个可以快速产生频繁项集并挖掘关联规则的算法,它开创性地使用了基于支持度剪枝的技术,有效解决了指数爆炸问题。其算法步骤如下:

算法 6-3:频繁项集生成算法

输入:包含 N 个事物的数据集合 T 和支持度阈值 minsup

输出:所有频繁项集

(1) 令 $k=1$;

(2) while $F_k \neq \varnothing$ do

(3) 发现所有的 k 项集,组合集合 C_k,创建频繁 k 项集 F_k;

(4) for 每一个候选项集 $c \subset C_k$

(5) 令其支持度计数为 $\sigma(c)=0$;

(6) for 每个事务 $t \subset T$

(7) if 该事物 t 包含 c 中的所有项

(8) $\sigma(c)=\sigma(c)+1$;

(9) endif

(10) endfor

(11) if $\sigma(c) \geqslant$ minsup

(12) 将 c 加入集合 F_k 中;

(13) endif

(14) endfor

(15) $k=k+1$

(16) 输出 $F=\cup F_k$

6.6 竞争网络

竞争网络是一种无监督学习方法。Hamming 网络是最简单的竞争网络之一,其输出层的神经元通过互相竞争从而产生一个胜者。这个胜者表明了何种标准模式最能代表输入模式。这种竞争是通过输出层神经元之间的一组负连接(即侧向抑制)来实现的。

从简单的竞争网络开始,然后介绍结合网络拓扑结构的自组织特征图模型。最后,讨论学习向量量化网络,它将竞争和有监督学习框架相结合。

6.6.1 Hamming 网络

由于本节讨论的竞争网络与 Hamming 网络(见图 6-3)密切相关,所以有必要先介绍 Hamming 网络的一些基本概念。

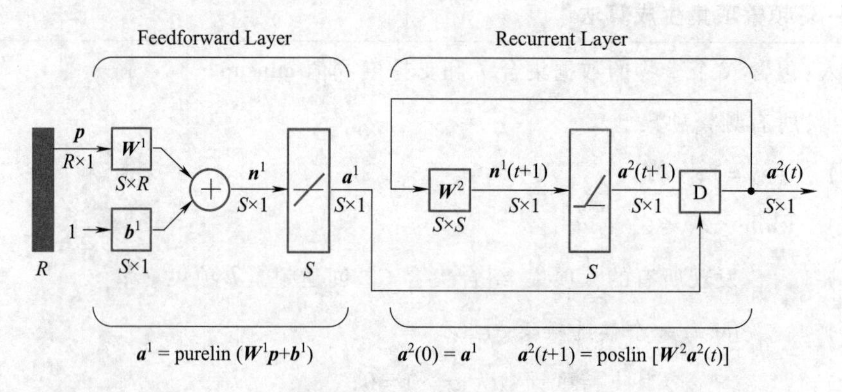

图 6-3 Hamming 网络

Hamming 网络包含两层,第一层将输入向量和标准向量相互关联起来。第二层采用竞争方式确定最接近于输入向量的标准向量。

1. 第一层(前馈层)

假设要让网络识别如下的标准向量集合:

$$\{\boldsymbol{P}_1, \boldsymbol{P}_2, \cdots, \boldsymbol{P}_Q\}$$

则第一层的权值矩阵 $\boldsymbol{W}^1$ 和偏置向量 $\boldsymbol{b}^1$ 如式(6-19)所示。

$$\boldsymbol{W}^1 = \begin{bmatrix} {}_1\boldsymbol{W}^{\mathrm{T}} \\ {}_2\boldsymbol{W}^{\mathrm{T}} \\ \vdots \\ {}_S\boldsymbol{W}^{\mathrm{T}} \end{bmatrix} = \begin{bmatrix} \boldsymbol{p}_1^{\mathrm{T}} \\ \boldsymbol{p}_2^{\mathrm{T}} \\ \vdots \\ \boldsymbol{p}_Q^{\mathrm{T}} \end{bmatrix}, \boldsymbol{b}^1 = \begin{bmatrix} \boldsymbol{R} \\ \boldsymbol{R} \\ \vdots \\ \boldsymbol{R} \end{bmatrix} \tag{6-19}$$

其中,$\boldsymbol{W}^1$ 的每一行代表了一个想要识别的标准向量,$\boldsymbol{b}^1$ 中的每一个元素都设为等于输入向量的元素个数 R。(神经元的数量 S 等于将要被识别的标准向量的个数 Q。)

因此,第一层的输出如式(16-20)所示。

$$\boldsymbol{a}^1 = \boldsymbol{W}^1 p + \boldsymbol{b}^1 = \begin{bmatrix} \boldsymbol{p}_1^{\mathrm{T}} p + R \\ \boldsymbol{p}_2^{\mathrm{T}} p + R \\ \vdots \\ \boldsymbol{p}_Q^{\mathrm{T}} p + R \end{bmatrix} \tag{6-20}$$

注意:第一层的输出等于标准向量与输入的内积再加上 R。内积表明了标准向量与输入向量之间的接近程度。

2. 第二层（递归层）

第二层是一个竞争层，这一层的神经元使用前馈层的输出进行初始化，这些输出指明了标准模式和输入向量间的相互关系。然后这一层的神经元之间相互竞争以决出一个胜者，即竞争过后只有一个神经元具有非零输出。获胜的神经元指明了输入数据所属的类别（每一个标准向量代表一个类别）。

首先，使用第一层的输出 $\boldsymbol{a}^1$ 初始化第二层，如式（6－21）所示。

$$\boldsymbol{a}^2(0)=\boldsymbol{a}^1 \tag{6-21}$$

然后，根据以下递归关系更新第二层的输出如式（6－22）所示。

$$\boldsymbol{a}^2(t+1)=\text{poslin}(\boldsymbol{W}^2\boldsymbol{a}^2(t)) \tag{6-22}$$

第二层的权值矩阵 $\boldsymbol{W}^2$ 的对角线上的元素都被设为1，非对角线上的元素被设为一个很小的负数，如式（6－23）所示。

$$w_{ij}^2=\begin{cases}1, & \text{if } i=j \\ -\varepsilon, & \text{otherwise} \quad 0<\varepsilon<\dfrac{1}{S-1}\end{cases} \quad 【条件\ i=j,i\neq j】 \tag{6-23}$$

该矩阵产生侧向抑制（Lateral Inhibition），即每一个神经元的输出都会对所有其他的神经元产生一个抑制作用。为了说明这种作用，用1和 $-\varepsilon$ 代替 $\boldsymbol{W}^2$ 中所对应的元素，针对单个神经元重写式（6－22）得到式（6－24）。

$$a_i^2(t+1)=\text{poslin}\left(a_i^2(t)-\varepsilon\sum_{j\neq i}a_j^2(t)\right) \tag{6-24}$$

在每次迭代中，每一个神经元的输出将会随着其他神经元的输出之和成比例减小（最小的输出为0）。具有最大初始条件的神经元的输出会比其他神经元的输出减小得慢些。最终该神经元成为唯一一个拥有正值输出的神经元。此时，网络将达到一个稳定的状态。第二层中拥有稳定正值输出的神经元的索引即是与输入最匹配的标准向量的索引。

由于只有一个神经元拥有非0输出，因此把上述的竞争学习规则称为胜者全得（Winner-Take-All）竞争。

6.6.2　竞争学习及案例

Hamming 网络第二层之所以被称为竞争（Competition）层，是由于其每个神经元都激活自身并抑制其他所有神经元。定义一个传输函数来实现递归竞争层的功能，如式（6－25）所示。

$$a=\text{compet}(n) \tag{6-25}$$

它找到拥有最大净输入的神经元的索引 i^*，并将该神经元的输出置为1（平局时选索引最小的神经元），同时将其他所有神经元的输出设置为0，如式（6－26）所示。

$$a_i = \begin{cases} 1, & i = i^* \\ 0, & i \neq i^* \end{cases} \quad n_{i^*} \geqslant n_i, \forall i \text{ 且 } i^* \leqslant i, \forall n_i = n_{i^*} \tag{6-26}$$

使用这个竞争传输函数作用在第一层上，替代 Hamming 网络的递归层，这样将简化陈述。图 6－4 展示了一个竞争层。

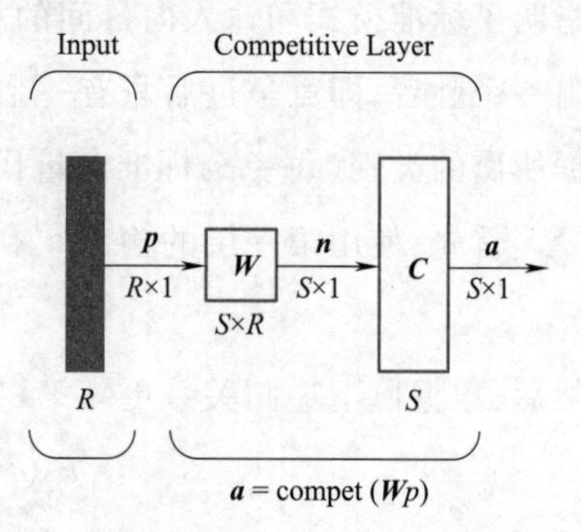

图 6－4　网络竞争层

和 Hamming 网络一样，标准向量被存储在 $\boldsymbol{W}$ 矩阵的行中。网络净输入 n 计算了输入向量 $\boldsymbol{p}$ 与每一个标准向量 iw 之间的距离（假设所有的向量都被归一化，长度为 L）。每个神经元 i 的净输入 ni 正比于 $\boldsymbol{p}$ 与标准向量 iw 之间的夹角 θ_i，如式（6－27）所示。

$$\boldsymbol{n} = W_p = \begin{bmatrix} {}_1\boldsymbol{w}^{\mathrm{T}} \\ {}_2\boldsymbol{w}^{\mathrm{T}} \\ \vdots \\ {}_S\boldsymbol{w}^{\mathrm{T}} \end{bmatrix} \boldsymbol{p} = \begin{bmatrix} {}_1\boldsymbol{w}^{\mathrm{T}}p \\ {}_2\boldsymbol{w}^{\mathrm{T}}p \\ \vdots \\ {}_S\boldsymbol{w}^{\mathrm{T}}p \end{bmatrix} = \begin{bmatrix} L^2\cos\theta_1 \\ L^2\cos\theta_2 \\ \vdots \\ L^2\cos\theta_S \end{bmatrix} \tag{6-27}$$

竞争传输函数将方向上与输入向量最接近的权值向量所对应的神经元输出设置为 1，如式（6－28）所示。

$$\boldsymbol{a} = \text{compet}(\boldsymbol{W}p) \tag{6-28}$$

通过将 $\boldsymbol{W}$ 的行设置为期望的标准向量，可设计一个竞争网络分类器。然而，更希望找到一个学习规则，使得在不知道标准向量的情况下也能训练竞争网络的权值。instar 规则便是这样的学习规则，如式（6－29）所示。

$${}_i\boldsymbol{w}(q) = {}_i\boldsymbol{w}(q-1) + \alpha a_i(q)(\boldsymbol{p}(q) - {}_i\boldsymbol{w}(q-1)) \tag{6-29}$$

因为竞争网络中仅有获胜神经元（$i = i*$）对应的 a 中的非 0 元素，所以使用 Kohonen 规则也能得到同样的结果，如式（6－30）和式（6－31）所示。

$$\begin{aligned} {}_i\boldsymbol{w}(q) &= {}_i\boldsymbol{w}(q-1) + \alpha(p(q) - {}_i\boldsymbol{w}(q-1)) \\ &= (1-\alpha)\,{}_i\boldsymbol{w}(q-1) + \alpha\boldsymbol{p}(q) \end{aligned} \tag{6-30}$$

及

$${}_i\boldsymbol{w}(q) = {}_i\boldsymbol{w}(q-1) \quad i \neq i* \tag{6-31}$$

因此，权值矩阵中最接近输入向量的行（即与输入向量的内积最大的行）向着输入向量靠近，它沿着权值矩阵原来的行向量与输入向量之间的连线移动，如图 6－5 所示。

下面使用图 6－6 中的 6 个向量来演示竞争层网络是如何学会分类的。这 6 个向量如式（6－32）所示。

$$p_1=\begin{bmatrix}-0.1961\\0.9806\end{bmatrix},p_2=\begin{bmatrix}0.1961\\0.9806\end{bmatrix},p_3=\begin{bmatrix}0.9608\\0.1961\end{bmatrix}$$

$$p_4=\begin{bmatrix}0.9806\\-0.1961\end{bmatrix},p_5=\begin{bmatrix}-0.5812\\-0.8137\end{bmatrix},p_6=\begin{bmatrix}-0.8137\\-0.5812\end{bmatrix}\tag{6-32}$$

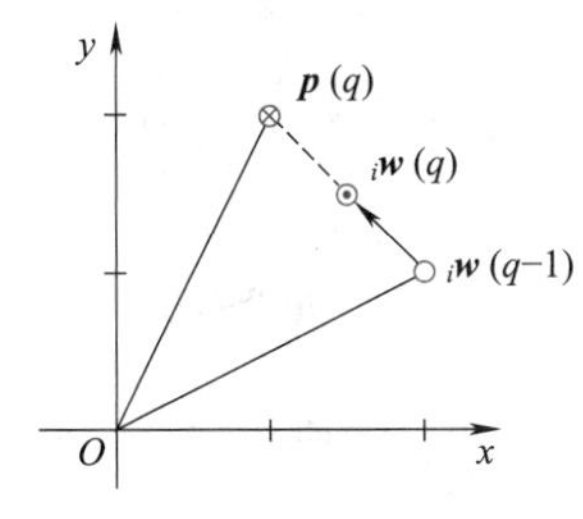

图 6-5　Kohonen 规则的图示

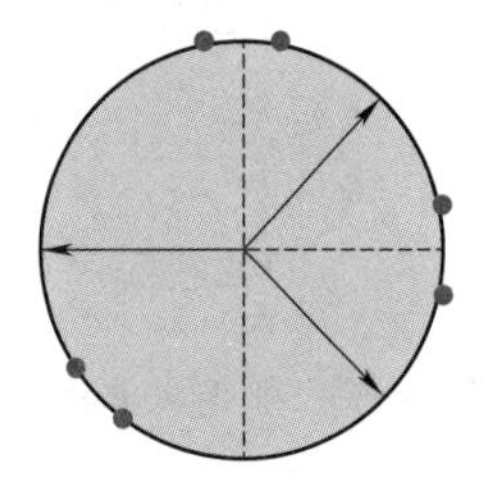

图 6-6　输入向量样本

这里使用的竞争网络将有 3 个神经元，因此它可把这些输入向量分为 3 类。下面是“随机”选择的归一化的初始权值，如式(6　33)所示。

$${}_1w=\begin{bmatrix}0.7071\\-0.7071\end{bmatrix},{}_2w=\begin{bmatrix}0.7071\\0.7071\end{bmatrix},{}_3w=\begin{bmatrix}-1.0000\\0.000\end{bmatrix},W=\begin{bmatrix}{}_1w^{T}\\{}_2w^{T}\\{}_3w^{T}\end{bmatrix}\tag{6-33}$$

数据向量如图 6-7 所示，其中权值向量用箭头表示。

将向量 p_2 输入到网络后可得式(6-34)。

$$\begin{aligned}a&=\mathbf{compet}(Wp_2)\\&=\mathbf{compet}\left(\begin{bmatrix}0.7071&-0.7071\\0.7071&0.7071\\-1.0000&0.0000\end{bmatrix}\begin{bmatrix}0.1961\\0.9806\end{bmatrix}\right)\\&=\mathbf{compet}\left(\begin{bmatrix}-0.5547\\0.8321\\-0.1961\end{bmatrix}\right)=\begin{bmatrix}0\\14\\0\end{bmatrix}\end{aligned}\tag{6-34}$$

从式(6-34)可见，第二个神经元的权值向量最接近于 p_2，所以它竞争获胜($i^*=2$)且输出值为 1。现在应用 Kohonen 学习规则更新获胜神经元的权值向量，其中学习率 $\alpha=0.5$，如式(6-35)所示。

$$\begin{aligned}{}_2w^{new}&={}_2w^{old}+\alpha(p_2-{}_2w^{old})\\&=\begin{bmatrix}0.7071\\0.7071\end{bmatrix}+0.5\left(\begin{bmatrix}0.1961\\0.9806\end{bmatrix}-\begin{bmatrix}0.7071\\0.7071\end{bmatrix}\right)=\begin{bmatrix}0.4516\\0.8438\end{bmatrix}\end{aligned}\tag{6-35}$$

正如图 6-8 所示，Kohonen 规则移动 2^w，以使其接近 p_2。如果继续随机选择输入向量并把它们输入网络，那么每次迭代后，与输入向量最接近的权值向量将会向着这个输入向量移动。最终,每个权值向量将指向输入向量的不同簇,且将变成不同簇的标准向量。

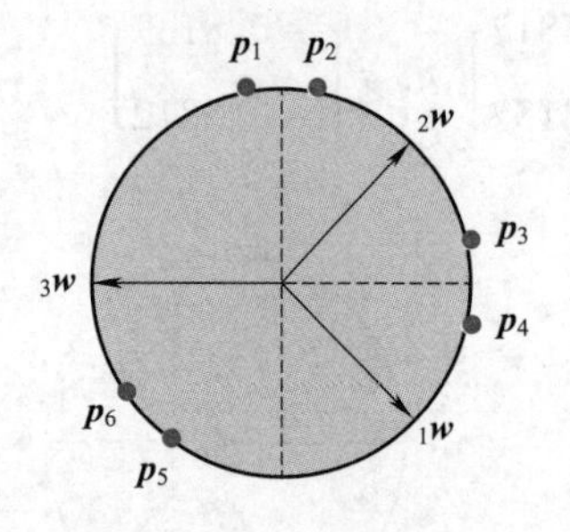

图 6-7　数据向量和权值向量

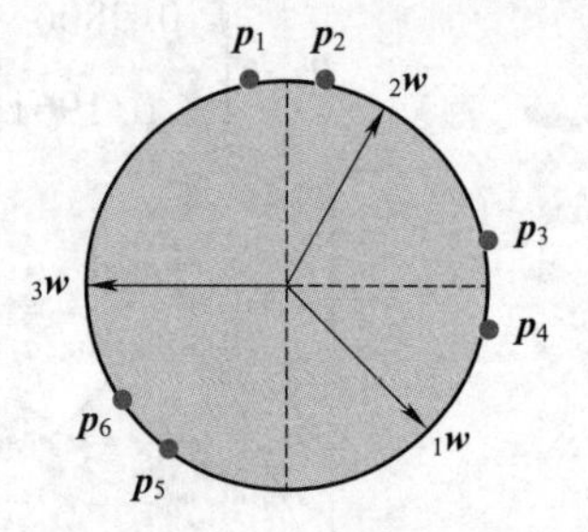

图 6-8　移动 2^w

这个例子可以预测哪一权值向量将指向哪一簇,最终的权值将类似图 6-9 所示。

一旦网络学会了将输入向量进行分类,那么它也会相应地对新向量进行分类。如图 6-10 所示,3 个不同深浅的扇形阴影区域分别表示每个神经元将做出响应的区域。通过使得权值向量最接近于输入向量 $\boldsymbol{p}$ 的神经元的输出为 1,竞争网络将 $\boldsymbol{p}$ 归为某一类。

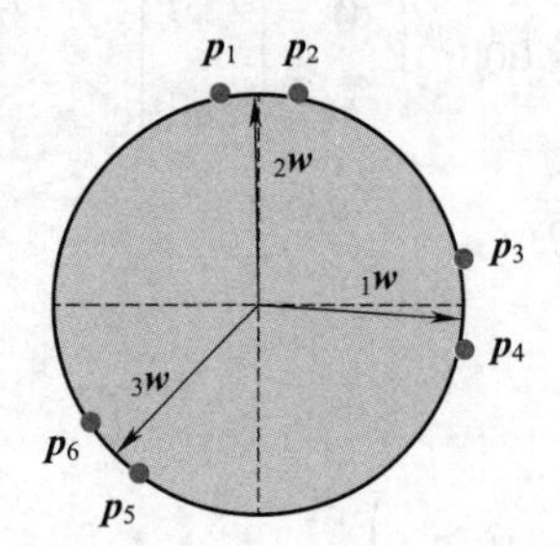

图 6-9　最终的权值

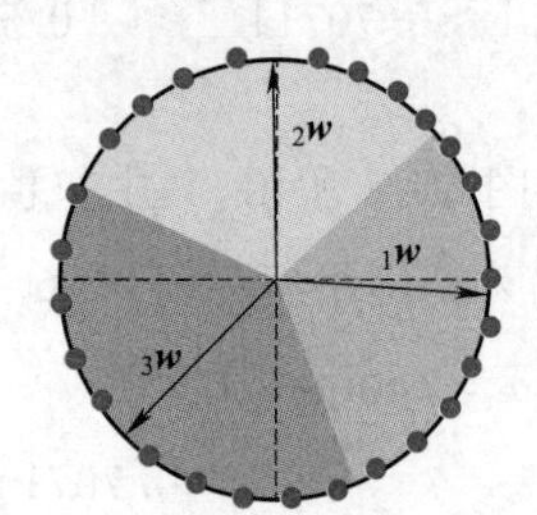

图 6-10　每个神经元对应一个响应区域

当类由非凸区域或由多个不连通区域构成时,竞争层将不能实现分类。这些问题将在后续介绍的特征图网络和 LVQ 网络中得到解决。

6.6.3　自组织特征图

为了模仿生物系统的活动区,且不必实现非线性的加强中心/抑制周围的反馈连接,Kohonen 设计了简化形式,提出了自组织特征图(Self-Organizing Feature Maps,SOFM)。SOFM 网络首先使用与竞争层网络相同的方式得到获胜的神经元 i^*,然后采用 Kohonen 规则更新获胜神经元周围某一特定邻域内所有神经元的权值向量,如式(6-36)所示。

$$
\begin{aligned}
{}_i\boldsymbol{w}(q) &= {}_i\boldsymbol{w}(q-1) + \alpha(\boldsymbol{p}(q) - {}_i\boldsymbol{w}(q-1)) \\
&= (1-\alpha)\,{}_i\boldsymbol{w}(q-1) + \alpha\boldsymbol{p}(q)
\end{aligned}
\qquad i \in N_{i^*}(d) \qquad (6-36)
$$

其中,邻域 $N_{i^*}(d)$ 包括所有落在以获胜神经元 i^* 为中心、d 为半径的圆内的神经元的下标，如式(6－37)所示。

$$N_i(d) = \{j, d_{i,j} \leqslant d\} \tag{6-37}$$

当一个向量 $\boldsymbol{p}$ 输入网络时，获胜神经元及其邻域内神经元的权值将会向 $\boldsymbol{p}$ 移动。结果是，在向量被多次输入网络之后，邻域内的神经元将会学习到彼此相似的向量。

为了展示邻域的概念，可参考图 6－11 所示的两幅图。左图描述了围绕神经元 13，半径 $d=1$ 的二维邻域，右图显示的是其半径 $d=2$ 的邻域。

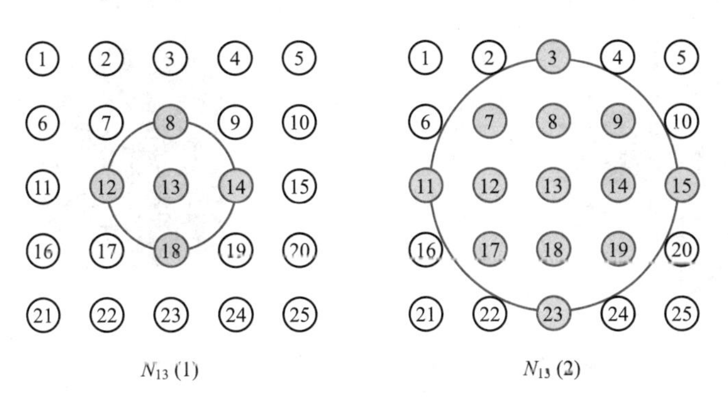

图 6－11　邻域

这两个邻域定义如下：

$N_{13}(1) = \{8,12,13,14,18\}$

$N_{13}(2) = \{3,7,8,9,11,12,13,14,15,17,18,19,23\}$

需要说明的是：SOFM 中的神经元不必排列成二维形式，它也可能以一维、三维甚至更高维的形式排列。对于一个一维 SOFM，非端点处的每个神经元半径为 1 的邻域内只有 2 个邻居神经元(位于端点处的神经元仅有 1 个邻居神经元)。当然，距离的定义可以有多种方式，如为了高效实现，Kohonen 提议使用矩形或者六边形邻域。事实上，网络的性能对邻域的具体形状并不敏感。

下面来展示一下 SOFM 网络的性能。图 6－12 所示是一个特征图及其神经元的二维拓扑结构。

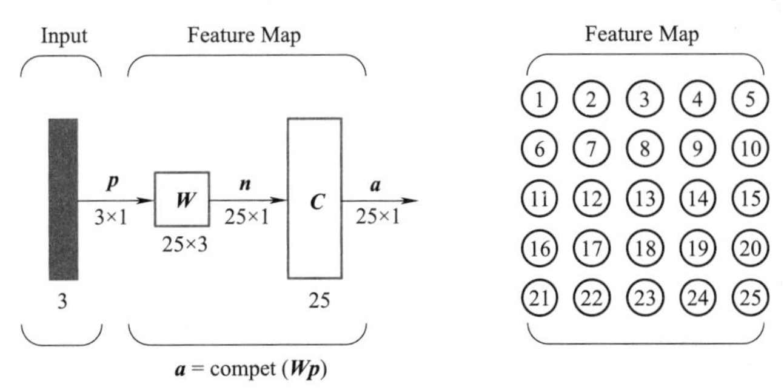

图 6－12　自组织特征图

(Input 输入，Feature Map 特征图)

图 6－13 展示了特征图的初值权值向量。每个三元权值向量以球体上的一个点表示(权值已经归一化,因此向量会落在球面上)。邻居神经元的点都用线连接起来,因而可以看出网络拓扑结构在输入空间中是如何组织的。

图 6－14 展示了球体表面的一个方形区域。我们将从这一区域随机选取一些向量,并将其输入特征图网络。

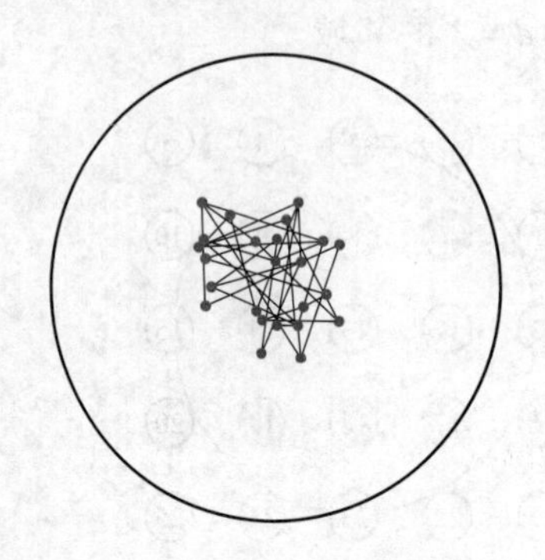

图 6－13 特征图的初值权值向量

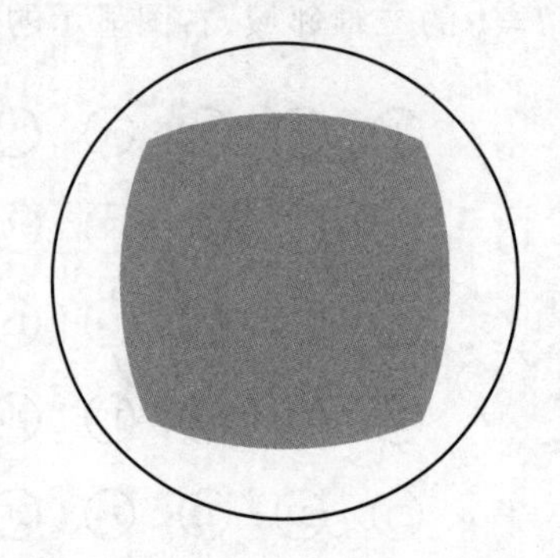

图 6－14 球体表面的一个方形区域

每当一个向量输入网络时,具有与其最近的权值向量的神经元将竞争获胜。获胜的神经元及其邻居神经元将移动它们的权值向量向输入向量靠近(因此它们也互相靠近)。这里使用的是半径为 1 的邻域。

权值向量的变化有两个趋势:

(1)随着更多的向量输入网络,权值向量将分布到整个输入空间。

(2)邻域神经元的权值向量互相靠近。这两个趋势共同作用使得该层神经元将重新分布,最终使得网络能对输入空间进行划分。

图 6－15 所示的一系列图展示了 25 个神经元的权值是如何在活动的输入空间展开,并组织以匹配其拓扑结构的。

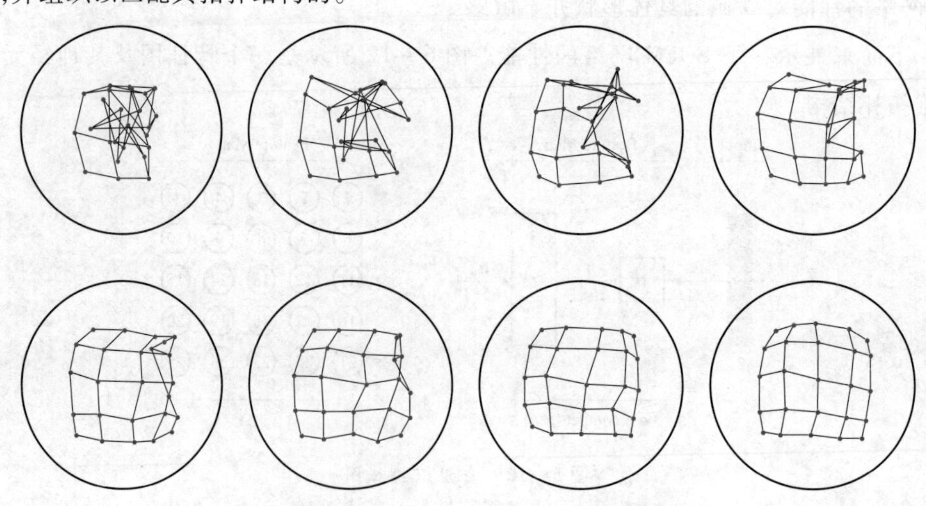

图 6－15 自组织(经过 250 次迭代后的结果)

这里由于输入向量是以同等概率从输入空间的任意一个点产生的，所以神经元将输入空间分为了大致相等的区域。

以上仅讨论了训练特征图的最基本算法。现在考虑几种能够加速自组织过程并使其更可靠的技术。

一种改进特征图性能的方法是在训练过程中改变邻域的大小。初始时，设置较大的邻域半径 d，随着训练的进行，逐渐减小 d，直到邻域只包括竞争获胜的神经元。这种方法能加速网络的自组织，而且使得网络中出现扭曲现象的可能性极小。

学习速率也可以随着时间变化。初始时，值为 1 的学习率可使神经元快速学习到输入向量。在训练过程中，学习率逐渐降至 0，使得学习变得稳定。

另外一种加快自组织的方法是让获胜神经元使用比邻居神经元更大的学习速率。

最后，竞争层和特征图也常常采用其他方式的净输入。除了使用内积外，它们还可直接计算输入向量与标准向量之间的距离作为网络输入。这种方式的优点是无须对输入向量进行归一化。下节的 LVQ 网络中将会介绍这种净输入。

6.6.4　学习向量量化

下面介绍学习向量量化（learning vector quantization，LVQ）网络，如图 6－16 所示。LVQ 网络是一种混合型网络，它使用无监督和有监督学习来实现分类。

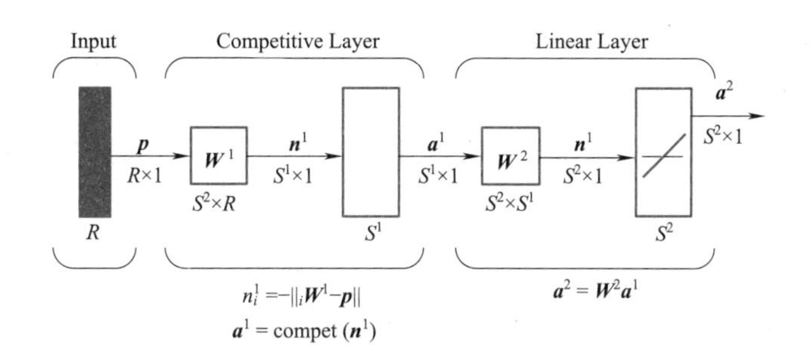

图 6－16　LVQ 网络

在 LVQ 网络中，第一层的每一个神经元都会被指定给一个类，常常会有多个神经元被指定给同一个类。每类又被指定给第二层的一个神经元。因此，第一层的神经元个数 S_1 与第二层神经元的个数 S_2 至少相同，并且通常会更大些。

和竞争网络一样，LVQ 网络第一层的每一个神经元都学习一个标准向量，从而可以区分输入空间的一个区域。然而，在 LVQ 网络中通过直接计算输入和权值向量之间的距离来表示两者之间的相似度，而非计算内积。直接计算距离的一个优点是无须对输入向量归一化。当向量归一化之后，无论是使用内积还是直接计算距离的方法，网络的响应都是一样的。

LVQ 第一层的净输入如式（6－38）所示。

$$n_i^1 = -\|{}_i\boldsymbol{w}^1 - \boldsymbol{p}\| \tag{6-38}$$

以向量的形式表示如式(6－39)所示。

$$\boldsymbol{n}^1 = \begin{bmatrix} \|{}_1\boldsymbol{w}^1 - \boldsymbol{p}\| \\ \|{}_2\boldsymbol{w}^1 - \boldsymbol{p}\| \\ \|{}_{S^1}\boldsymbol{w}^1 - \boldsymbol{p}\| \end{bmatrix} \tag{6-39}$$

LVQ 网络第一层的输出如式(6－40)所示。

$$a^1 = \text{compet}(n^1) \tag{6-40}$$

因此,与输入向量最接近的权值向量所对应的神经元的输出为 1,其他神经元的输出为 0。

至此,LVQ 网络与竞争网络的行为几乎完全相同(至少对归一化的输入向量而言)。两个网络的差异在于解释上。竞争网络中,非 0 输出的神经元指明输入向量所属的类。而 LVQ 网络中,获胜神经元表示的是一个子类(subclass)而非一个类,可能有多个不同的神经元(子类)组成一个类。

LVQ 网络的第二层使用权值矩阵 $\boldsymbol{W}^2$ 将多个子类组合成一个类。$\boldsymbol{W}^2$ 的列代表子类,而行代表类。$\boldsymbol{W}^2$ 的每列仅有一个元素为 1,其他的元素都设为 0。1 所在的行代表对应子类所属的类,如式(6－41)所示。

$$(\boldsymbol{w}_{k,i}^2 = 1) \Rightarrow \text{subclass } i \text{ is a part of class } k \tag{6-41}$$

这种将子类组合成一个类的过程使得 LVQ 网络可产生复杂的类边界。LVQ 网络突破了标准竞争层网络只能够形成凸决策区域的局限。

LVQ 网络的学习结合了竞争学习和有监督学习。正如所有的有监督学习算法一样,它需要一组带标记的数据样本:

$$\{\boldsymbol{p}_1, \boldsymbol{t}_1\}, \{\boldsymbol{p}_2, \boldsymbol{t}_2\}, \cdots, \{\boldsymbol{p}_Q, \boldsymbol{t}_Q\}$$

每一个目标向量中除一个元素为 1 外,其他必须是 0。1 出现的行指明输入向量所属的类。例如,假设需要将一个三元向量分类到四个类中的第二类,表示如式(6－42)所示。

$$\left\{ \boldsymbol{p}_1 = \begin{bmatrix} \sqrt{1/2} \\ 0 \\ \sqrt{1/2} \end{bmatrix}, \boldsymbol{t}_1 = \begin{bmatrix} 0 \\ 1 \\ 0 \\ 0 \end{bmatrix} \right\} \tag{6-42}$$

在学习开始前,第一层的每个神经元会被指定给一个输出神经元,这就产生了矩阵 $\boldsymbol{W}^2$。通常,与每一个输出神经元相连接的隐层神经元的数量都相同,因此每个类都可以由相同数量的凸区域组成。除了下述情况外,矩阵 $\boldsymbol{W}^2$ 中所有元素都置为 0:如果隐层神经元 i 被指定给类 k,则置 $w_{ki}^2 = 1$。

$\boldsymbol{W}^2$ 一旦赋值,其值将不再改变。而隐层权值 $\boldsymbol{W}^1$ 则采用 Kohonen 规则的一种变化形式进行训练。

LVQ 的学习规则如下：在每次迭代中，将向量 $\boldsymbol{p}$ 输入网络并计算 $\boldsymbol{p}$ 与标准向量之间的距离；隐层神经元进行竞争，当神经元 i^* 竞争获胜时，将 a^1 的第 i^* 个元素设为 1；a^1 与 $\boldsymbol{W}^2$ 相乘得到最终输出 a^2。a^2 仅含一个非 0 元素 k^*，表明输入 p 被归为类 k^*。

Kohonen 规则通过以下方式来改进 LVQ 网络的隐层。如果 p 被正确分类，则获胜神经元的权值 $i^*\boldsymbol{w}^1$ 向 $\boldsymbol{p}$ 移动，如式(6-43)所示。

$$ {}_{i^*}\boldsymbol{w}^1(q) = {}_{i^*}\boldsymbol{w}^1(q-1) + \alpha(\boldsymbol{p}(q) - {}_{i^*}\boldsymbol{w}^1(q-1)), \text{if } a^2_{k^*} = t_{k^*} = 1 \tag{6-43} $$

如果 $\boldsymbol{p}$ 没有被正确分类，那么可知错误的隐层神经元赢得了竞争，故移动权值 $i^*\boldsymbol{w}^1$ 远离 $\boldsymbol{p}$，如式(6-44)所示。

$$ {}_{i^*}\boldsymbol{w}^1(q) = {}_{i^*}\boldsymbol{w}^1(q-1) - \alpha(\boldsymbol{p}(q) - {}_{i^*}\boldsymbol{w}^1(q-1)), \text{if } a^2_{k^*} = 1 \neq t_{k^*} = 0 \tag{6-44} $$

由此，每一个隐层神经元向落入其对应子类所形成的类的向量靠近，同时远离那些落入其他类中的向量。

6.7　无监督学习应用概述

无监督学习主要适用于异常发现、用户细分、推荐系统等场景。聚类作为一种典型的无监督式学习方法已经广泛应用在不同领域，基于相似性将对象聚集成不同的类簇或子集，使同一个类簇中的对象都具有相似的属性。

1. 商业领域

在商业领域，无监督学习被用来发现不同的客户群，并且通过购买模式刻画不同的客户群的特征。无监督学习是细分市场的有效工具，同时也可用于研究消费者行为，寻找新的潜在市场、选择实验的市场，并作为多元分析的预处理。

例如超市的经营者希望满足不同客户群体的要求，增加销售量；保险公司希望了解购买保险的不同客户群所具有的一般特征；医生希望知道同种疾病在不同人群中的病理表现等。在电子商务中，聚类分析在电子商务中网站建设数据挖掘中也是很重要的一个方面，通过分组聚类出具有相似浏览行为的客户，并分析客户的共同特征，可以更好地帮助电子商务的用户了解自己的客户，向客户提供更合适的服务。

我国商业银行加速了信息化建设，保存了大量的客户历史交易数据。面对海量数据，传统分类方法已经不适合于现代商业银行客户分类的要求了，利用无监督学习对客户进行分类，能够保证分类的准确性，合理有效地提高信息的利用率。

另外，无监督学习在反欺诈方面也有广泛应用，主要方式有聚类和图形分析等。无监督学习无须任何训练数据和标签，通过发现用户的共性行为，以及用户和用户的关系来检测欺诈。例如，有一群用户注册事件，可以通过聚类发现其一些用户符合某些共性：注册时间集中、定位接近、使用同样的操作系统、使用同样的浏览器版本等。

将任何一个用户单独拿出来分析,看上去都是极其正常,而如果其符合某种超乎寻常的一致性就十分可疑了,因此可以通过无监督学习检测欺诈行为。

2. 生物领域

在生物领域,大量生物学实验积累了数以万计的生物信息数据。如何有效地进行数据采集、整理、检索、分析,从中提取规律,上升为理论,"读懂"基因组的遗传信息,以便指导研究工作。比如利用无监督学习对基因表达数据、蛋白质序列数据等进行分析,对蛋白质应用连续频繁模式挖掘算法找出频繁定长模式,然后对频繁模式进行裁减,利用剩余的模式建立新空间,把蛋白质序列数据在新空间上投影,计算序列间的相似矩阵,最后进行聚类分析。同时,无监督学习也广泛被用来进行动植物分类,获取对种群固有结构的认识。

自组织竞争型神经网络在基因组序列分析、单核苷酸多态性检测、基因表达数据分析以及蛋白质结构预测和分类等方面有广泛应用。在 DNA 中存在非转录的间隔区、假基因以及大量的重复序列,因此,基因的发现和鉴别首先要剔除无用信息,常见的与已知基因进行相似性比较的方法分析十分困难,而自组织竞争型神经网络能够通过自身的训练实现对输入模式的分类,与已知的非冗余基因组数据匹配,根据得到的匹配结果建立了基因模型。自组织竞争型神经网络在特征识别与分类实现方面表现出良好的特性,因此能够用来构建预报单核苷酸多态性模型。

3. 地学领域

伴随着空间数据挖掘技术的兴起,聚类分析在地学领域的应用引起了广泛的重视。尤其是传感器技术的发展与普及,时空聚类分析成为海量时空数据分析的一个重要手段,且已成为聚类分析领域最前沿的一个研究方向。依据时空数据的类型,时空聚类分析方法大致可以分为:时空事件聚类分析、时空地理参考变量聚类分析、地理参考时间序列聚类分析、移动目标聚类分析,以及时空轨迹聚类分析。

根据轨迹数据模型的不同,选择相应相似度衡量标准,进而选用合适的聚类方法。对于轨迹点模型,以距离函数作为相似度衡量标准,聚类思想与传统的聚类方法相同。轨迹段模型要以整条轨迹的时空相似性度量标准来进行聚类分析,具体的聚类方法要与传统的方法有所不同。基于道路网络空间的聚类,即道路约束下的聚类,属于障碍空间下的聚类。该类聚类方法适用于受限于道路网络的连续型轨迹数据,如车辆轨迹数据等。有学者结合移动对象的方向信息提出有向密度的快速聚类方法,来提取城市复杂路网的结构信息。实际上,该类聚类方法是基于几何空间聚类思想的扩展和细化,它更侧重于通过交通流及流密度来反映移动对象的特性。基于道路网络空间聚类,主要在于动态微观现象的发现,以及城市细粒度现象的发现。为了得到移动对象在某一聚集的时间段内高流量、强连续的运动轨迹,通常采用轨迹段模型。轨迹段模型聚类以时空相似性来衡量两条轨迹段是否相似,需要考虑移动对象的速度、方向和位置。轨迹段的聚类可以分为两类:移动对象的轨迹段聚类和道路路段划分聚类。因此,聚类用于识别用户感兴趣的地点和区域、发现异常事件、挖掘轨迹中的序列特征等。

6.8 案例分析

6.8.1 使用K-means算法对用户购物行为聚类和推荐

在互联网电商平台中,用户的购物行为(见表6-2)可以通过用户购买商品种类的数目反映。通过K-means算法将具有相似购物行为的用户聚类成簇,分组对各类别的用户做针对性的商品种类推荐。本案例使用模拟数据集,对用户购物行为聚类推荐进行演示。

表6-2 某用户的购物记录

项目	家电	数码	衣服	鞋子	母婴	书籍	运动	文具	食品	其他
数目	2	1	16	2	5	7	9	9	5	7

表6-2是用户购物行为的数据类型,也是某一用户的购物记录。其中第一行表示购物的类别,第二行表示购买该类别的数目。下面对30个用户进行聚类,根据他们的购物行为特征,将相似的用户自动分到同一个组(簇)中。部分用户购物行为表示如图6-17所示。

编号	用户用称	家电	数据	衣服	鞋子	母婴	书籍	运动	文具	食品	其他
1	陈思	2	1	16	2	5	7	9	9	5	7
2	吴金金	1	5	33	13	0	0	0	0	0	1
3	李季	0	8	2	4	15	6	0	0	0	24
4	谢文德	19	0	0	8	0	1	4	4	3	33

图6-17 用户购物行为表示

数据集由用户昵称names.txt和用户购买商品种类的数目testSetA.txt构成,两个文件的序列是一致的,如图6-18和图6-19所示。

本案例设置$k=6$,对用户购物行为K-means聚类,得到的簇的质心中最大值所对应的商品种类,作为该簇所有用户的推荐项目,购物聚类推荐结果如图6-20所示。

```
names.txt
1   陈思
2   吴金金
3   李季
4   谢文德
5   詹斯
6   魏东义
7   陈柯
8   刘岐安
9   李祎
10  陈依
11  张莉
12  岳琳琳
13  安子东
14  吴长宇
```

图 6－18　names. txt

```
testSetA.txt
1   2   1   16  2   5   7   9   9   5   7
2   1   5   33  13  0   0   0   0   0   1
3   0   8   2   4   15  6   0   0   0   24
4   19  0   0   8   0   1   4   4   3   33
5   10  8   3   16  9   0   3   15  1   12
6   0   7   8   7   0   1   0   29  2   0
7   5   7   15  25  0   2   0   12  15  2
8   3   8   13  6   1   0   0   0   22  12
9   2   1   5   13  0   3   0   22  2   5
10  0   6   5   15  21  2   30  2   23  3
11  5   3   25  11  0   0   1   12  1   12
12  7   3   27  9   5   12  2   3   0   35
13  12  3   19  12  0   15  6   4   0   12
14  3   4   29  3   55  0   15  6   0   0
15  0   7   6   20  23  5   33  0   21  7
```

图 6－19　testSetA. txt

```
result.txt
1          家电  数码  衣服  鞋子  母婴  书籍  运动  文具  食品  其他
2   质心1  4.7  6.2  21.4  12.3  1.6  2.4  2.2  5.6  8.7  8.8
3   陈思  2.0  1.0  16.0  2.0  5.0  7.0  9.0  9.0  5.0  7.0
4   吴金金  1.0  5.0  33.0  13.0  0.0  0.0  0.0  0.0  0.0  1.0
5   陈柯  5.0  7.0  15.0  25.0  0.0  2.0  0.0  12.0  15.0  2.0
6   刘岐安  3.0  8.0  13.0  6.0  1.0  0.0  0.0  0.0  22.0  12.0
7   张莉  5.0  3.0  25.0  11.0  0.0  0.0  1.0  12.0  1.0  12.0
8   安子东  12.0  3.0  19.0  12.0  0.0  15.0  6.0  4.0  0.0  12.0
9   吴易  2.0  8.0  12.0  9.0  0.0  1.0  0.0  2.0  6.0  17.0
10  曹思维  3.0  0.0  17.0  6.0  0.0  0.0  2.0  1.0  5.0  0.0
11  奔玉梦  6.0  17.0  23.0  12.0  13.0  0.0  1.0  0.0  14.0  12.0
12  郭子仪  8.0  12.0  34.0  11.0  0.0  2.0  0.0  14.0  13.0  3.0
13  孜苒冉  7.0  10.0  17.0  22.0  0.0  2.0  6.0  0.0  23.0  12.0
14  王格  2.0  0.0  33.0  19.0  0.0  0.0  1.0  13.0  0.0  15.0
15  推荐:衣服
16
17  质心2  0.0  6.5  5.5  17.5  22.0  3.5  31.5  1.0  22.0  5.0
18  陈依  0.0  6.0  5.0  15.0  21.0  2.0  30.0  2.0  23.0  3.0
19  刘宝  0.0  7.0  6.0  20.0  23.0  5.0  33.0  0.0  21.0  7.0
20  推荐:运动
```

图 6－20　购物聚类推荐结果

6.8.2　使用 DBSCAN 清洗 GPS 轨迹数据

城市交通运行中产生了大量的 GPS 数据，这些数据在采集过程时常出现位置偏差，导致 GPS 轨迹数据的高噪声特点。本案例利用 DBSCAN 聚类算法清洗 GPS 轨迹数据。

在 T－Drive Taxi Trajectories 数据集（该数据集来自微软 T－Drive 项目，包含 2008 年北京一万多辆出租车一周的轨迹数据）中截取经度 116.35～116.36，纬度 39.90～39.91 部分作为实验的原始数据，其原始数据（文件 coordinate. csv）在 Google Map 中的可视化如图 6－21 所示。

显然,GPS 数据的采集有许多离群值,即位置偏差。通过 DBSCAN 算法聚类(文件 dbscan. py),调节合适的参数,距离半径 ε 和点数阈值 MinPts(本案例中设置 $\varepsilon = 0.000\ 15$,MinPts = 8),聚类后得到最大密度相连的簇,即清洗去噪后的数据(文件 coordinate_dbscan. csv),可视化如图 6 - 22 所示。

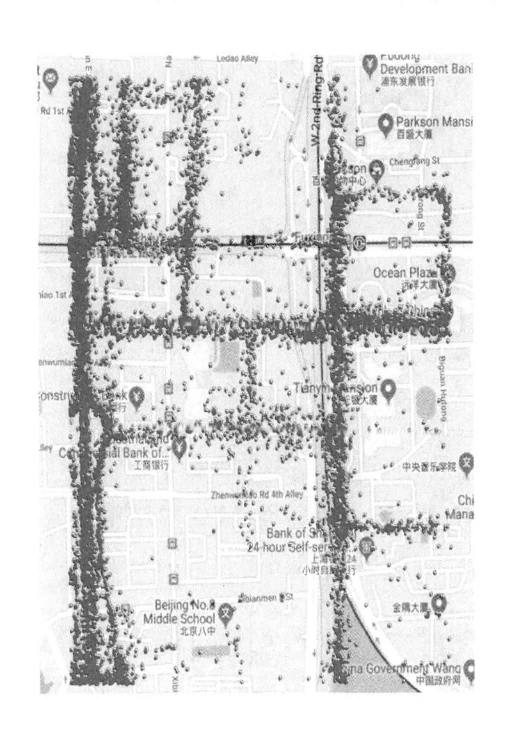

图 6 - 21　GPS 原始数据可视化

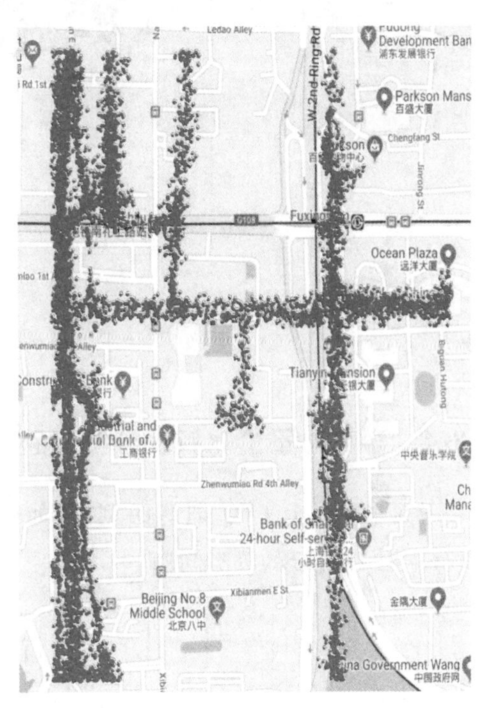

图 6 - 22　清洗去噪后的 GPS 轨迹数据可视化

6. 8. 3　高斯混合模型的 EM 聚类

高斯混合模型 EM 聚类的目的是确定各个高斯部件的参数,充分拟合给定数据,并得到一个模糊聚类,即每个样本以不同概率属于每个高斯分布,概率数值将由以上各个参数计算得到。

在本案例中,利用 numpy 的函数库(random. multivariate_normal),从多元高斯分布中随机取样,用四个高斯模型生成一个二维数据集。

实验过程,首先设定簇的个数 K,阈值 epsilon 以及最大迭代次数 maxstep,再采用 K - means 方法初始化混合模型参数,然后根据 EM 算法学习参数,由学习得到的参数,计算每个样本对各个分模型的相应度,样本归属于相应度最大的分模型对应的簇。

该实验案例的结果如图 6 - 23 所示。

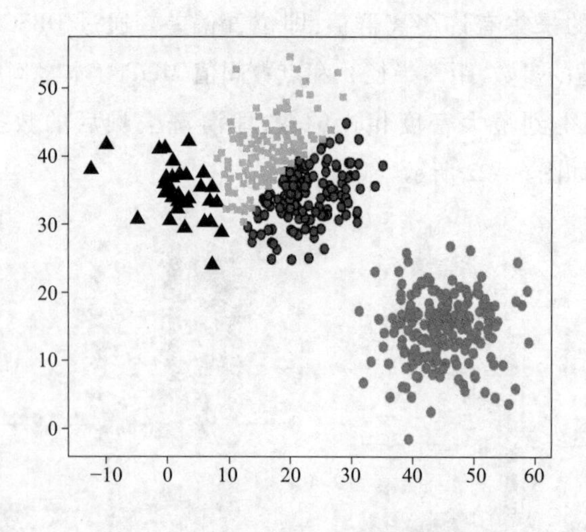

图 6-23　高斯混合模型的 EM 聚类

6.8.4　学习向量量化解决分类问题

下面来看一个 LVQ 训练的例子，如图 6-24 所示，训练一个 LVQ 网络解决式[式(6-45)]所示的分类问题。

$$\text{Class1}:\left\{\boldsymbol{p}_1=\begin{bmatrix}-1\\-1\end{bmatrix},\boldsymbol{p}_2=\begin{bmatrix}1\\1\end{bmatrix}\right\},\text{Class2}:\left\{\boldsymbol{p}_3=\begin{bmatrix}1\\-1\end{bmatrix},\boldsymbol{p}_4=\begin{bmatrix}-1\\1\end{bmatrix}\right\} \tag{6-45}$$

首先给每个输入指定一个目标向量，如式(6-46)所示。

$$\begin{gathered}\left\{\boldsymbol{p}_1=\begin{bmatrix}-1\\-1\end{bmatrix},\boldsymbol{t}_1=\begin{bmatrix}1\\0\end{bmatrix}\right\},\left\{\boldsymbol{p}_2=\begin{bmatrix}1\\1\end{bmatrix},\boldsymbol{t}_2=\begin{bmatrix}1\\0\end{bmatrix}\right\}\\\left\{\boldsymbol{p}_3=\begin{bmatrix}1\\-1\end{bmatrix},\boldsymbol{t}_3=\begin{bmatrix}0\\1\end{bmatrix}\right\},\left\{\boldsymbol{p}_4=\begin{bmatrix}-1\\1\end{bmatrix},\boldsymbol{t}_4=\begin{bmatrix}0\\1\end{bmatrix}\right\}\end{gathered} \tag{6-46}$$

下一步须决定这两个类的每个类由多少个子类组成。如果让每一个类由两个子类组成，则隐层有 4 个神经元。输出层的权值矩阵如式(6-47)所示。

$$\boldsymbol{W}^2=\begin{bmatrix}1&1&0&0\\0&0&1&1\end{bmatrix} \tag{6-47}$$

$\boldsymbol{W}^2$将隐层神经元 1 和 2 与输出神经元 1 相连，将隐层神经元 3 和 4 与输出神经元 2 相连。每个类将由两个凸区域组成。

$\boldsymbol{W}^1$的行向量被随机初始化。如图 6-25 所示，空心圆圈表示类 1 的两个神经元的权值向量，实心圆点则对应类 2。

权值如式(6-48)所示。

$${}_1\boldsymbol{w}^1=\begin{bmatrix}-0.543\\0.840\end{bmatrix},{}_2\boldsymbol{w}^1=\begin{bmatrix}-0.969\\-0.249\end{bmatrix},{}_3\boldsymbol{w}^1=\begin{bmatrix}0.997\\0.094\end{bmatrix},{}_4\boldsymbol{w}^1=\begin{bmatrix}0.456\\0.954\end{bmatrix} \tag{6-48}$$

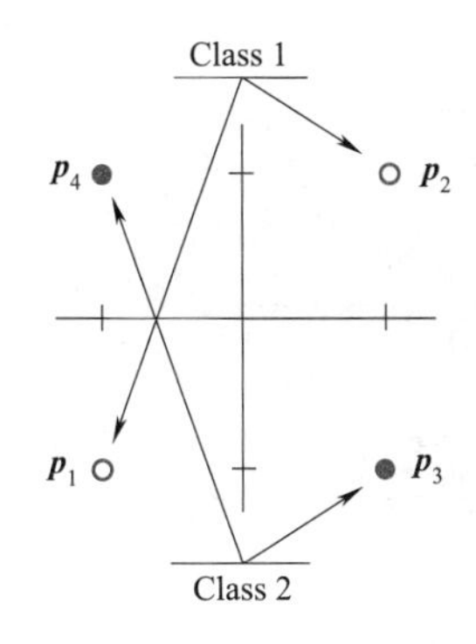

图6－24　LVQ训练的例子

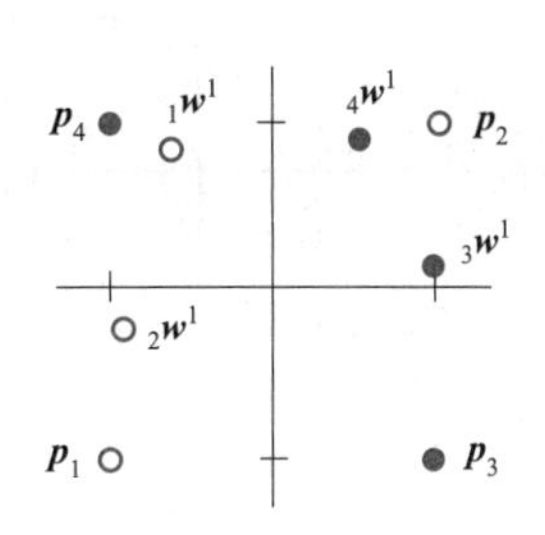

图6－25　随机初始化行向量

训练过程中的每次迭代均会输入一个输入向量，获得其响应并调整权值。在本例中，将 $\boldsymbol{P}_3$ 作为第一个输入，得到式(6－49)。

$$\boldsymbol{a}^1 = \text{compet}(\boldsymbol{n}^1) = \text{compet}\left\{\begin{bmatrix} -\|{}_1\boldsymbol{w}^1 - \boldsymbol{p}_3\| \\ -\|{}_2\boldsymbol{w}^1 - \boldsymbol{p}_3\| \\ -\|{}_3\boldsymbol{w}^1 - \boldsymbol{p}_3\| \\ -\|{}_4\boldsymbol{w}^1 - \boldsymbol{p}_3\| \end{bmatrix}\right\}$$

$$= \text{compet}\left(\begin{bmatrix} -\|[-0.543 \quad 0.840]^{\mathrm{T}} - [1 \ -1]^{\mathrm{T}}\| \\ -\|[-0.969 \quad -0.249]^{\mathrm{T}} - [1 \ -1]^{\mathrm{T}}\| \\ -\|[0.997 \quad 0.094]^{\mathrm{T}} - [1 \ -1]^{\mathrm{T}}\| \\ -\|[0.456 \quad 0.954]^{\mathrm{T}} - [1 \ -1]^{\mathrm{T}}\| \end{bmatrix}\right) = \text{compet}\left(\begin{bmatrix} -2.40 \\ -2.11 \\ -1.09 \\ -2.03 \end{bmatrix}\right) = \begin{bmatrix} 0 \\ 0 \\ 1 \\ 0 \end{bmatrix} \tag{6-49}$$

从式(6－49)可知，隐层的第3个神经元的权值向量与 $\boldsymbol{P}_3$ 最接近。为了确定该神经元属于哪个类，将 $\boldsymbol{a}^1$ 与 $\boldsymbol{W}^2$ 相乘得式(6－50)。

$$\boldsymbol{a}^2 = \boldsymbol{W}^2\boldsymbol{a}^1 = \begin{bmatrix} 1 & 1 & 0 & 0 \\ 0 & 0 & 1 & 1 \end{bmatrix}\begin{bmatrix} 0 \\ 0 \\ 1 \\ 0 \end{bmatrix} = \begin{bmatrix} 0 \\ 1 \end{bmatrix} \tag{6-50}$$

该结果表明向量 $\boldsymbol{P}^3$ 属于类2，这是正确的，于是更新 ${}_3\boldsymbol{w}^1$ 使其向 $\boldsymbol{P}_3$ 移动，如式(6－51)所示。

$${}_3\boldsymbol{w}^1(1) = {}_3\boldsymbol{w}^1(0) + \alpha(\boldsymbol{p}_3 - {}_3\boldsymbol{w}^1(0))$$

$$= \begin{bmatrix} 0.997 \\ 0.094 \end{bmatrix} + 0.5\left(\begin{bmatrix} 1 \\ -1 \end{bmatrix} - \begin{bmatrix} 0.997 \\ 0.094 \end{bmatrix}\right) = \begin{bmatrix} 0.998 \\ -0.453 \end{bmatrix} \tag{6-51}$$

图6－26(a)显示了权值 $\boldsymbol{w}^1$ 在第一次迭代之后的更新结果，图6－26(b)则是权值在整个算法收敛之后的结果。

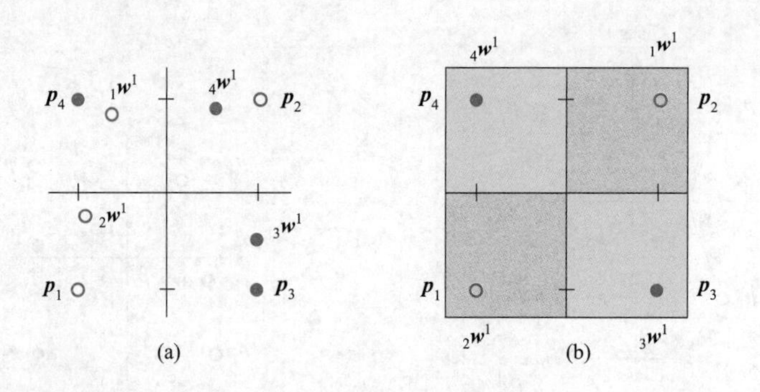

图 6-26 第一次和多次迭代之后

图 6-26(b)还说明了输入空间区域是如何被分类的,含空心点区域代表类 1,含实心点区域则对应类 2。

小 结

无监督学习的主要任务包含聚类等,一直也是机器学习、数据挖掘、模式识别等领域的重要组成内容。本章主要介绍了基于划分的 K-means 算法、基于密度的 DBSCAN 算法、基于统计学模型的 EM 算法、关联分析和自组织竞争型神经网络。

K-means 算法在许多学科领域内得到了大量的研究和应用,具体的如数据压缩、数据分类、密度估计等诸多方面。其算法思想简洁易懂,对于处理大数据集,该算法是相对可伸缩的和高效的,而且对于很多聚类问题都可以花费较小的计算代价而得到不错的聚类结果。DBSCAN 算法是一种基于高密度连接区域的密度聚类算法,该算法将具有足够高密度的区域划分成簇,并可以在带有"噪声"的空间数据库中发现任意形状的聚类,与 K-means 算法比较起来,不需要输入要划分的聚类个数,但算法聚类效果依赖于距离公式选取,实际应用中常用欧式距离,对于高维数据,存在"维数灾难"。EM 算法是一种基于模型的聚类算法,该算法比 K-means 算法计算复杂,收敛较慢,但比 K-means 算法计算结果稳定、准确。关联分析是在交易数据、关系数据或其他信息载体中查找存在于项目集合或对象集合之间的频繁模式、关联、相关性成因果结构。自组织竞争型神经网络的特点是能识别环境的特征,并自动聚类。它们在特征抽取和大规模数据处理中已有极为成功的应用。

习 题

1. 简述聚类算法的主要分类。
2. 简述 K-means 算法的过程。

3. 简述 DBSCAN 算法的过程。

4. 简述高斯混合模型的 EM 算法的过程。

5. K-means 算法中选取不同的 k 值和初始中心点对实验结果有何影响？根据第 6.8.1 节的案例，尝试设置多组不同的 k 值和初始中心点，进行实验比较，并讨论什么样的初始中心有利于取得好结果。

6. 基于 DBSCAN 的概念定义，若 x 为核心对象，由 x 密度可达的所有样本构成的集合 X。试证明：X 满足连接性和最大性。

7. 根据第 6.8 节的案例分析，结合本章所讲的三种算法的特点，思考 K-means、DBSCAN、EM 算法分别适用于哪些场景？

8. SOFM 中邻居函数的目的是什么？它如何改变学习？

第7章 概率图模型

概率图模型(Probabilistic Graphical Model,PGM),简称图模型(Graphical Model),主要使用图论及其所有的底层计算和数学理论来解释概率模型。它以图为表示工具,最常见的是用一个结点表示一个或一组随机变量,结点之间的边表示变量间的概率相关关系。根据边的性质不同,概率图模型可大致分为两类:第一类是使用有向无环图表示变量间的依赖关系,称为有向图(Directed Graph)模型或贝叶斯网络(Bayesian Network,BN);第二类是使用无向图表示变量间的相关关系,称为无向图(Undirected Graph)模型或马尔可夫网络(Markov Network)。马尔可夫随机场是典型的马尔可夫网络。隐马尔可夫模型是一种著名的有向图模型,也是结构最简单的动态贝叶斯网络。隐含狄利克雷分布(Latent Directed Allocation,LDA)模型是一种文档主题提取模型,又称为一个三层贝叶斯概率模型。本章主要介绍贝叶斯网络、马尔可夫随机场、隐马尔可夫模型、LDA 主题提取模型以及马尔科夫链蒙特卡罗方法。

7.1 贝叶斯网络

贝叶斯网络又称信念网络(Belief Network),是 Bayes 方法的扩展,是不确定知识表达和推理领域最有效的理论模型之一。从 1988 年由 Pearl 提出后,已经成为研究的热点。一个贝叶斯网络是一个有向无环图(Directed Acyclic Graph,DAG)。

对于一个随机变量 $X=[X_1,X_2,\cdots,X_k]^{\mathrm{T}}$ 和一个有 K 个结点的有向非循环图 G,G 中的每个结点都对应一个随机变量,可以是观测的变量、因变量或是未知参数。G 中的每个连接 e_{ij} 表示两个随机变量 X_i 和 X_j 之间具有非独立的因果关系。$X_{\pi k}$ 表示变量 X_k 的所有父结点变量集合,每个随机变量的局部条件概率分布为 $\mathrm{P}(X_k \mid X_{\pi k})$。如果 X 的联合概率分布可以分解为每个随机变量 X_k 的局部条件概率的连乘形式,如式(7-1)所示。

$$p(x)=\prod_{k=1}^{K}p(X_k \mid X_{\pi k}) \tag{7-1}$$

那么，(G,X) 构成一个贝叶斯网络。

7.1.1　贝叶斯基本公式

贝叶斯网络是一种概率网络，是基于概率推理的图形化网络，而贝叶斯公式则是这个概率网络的基础。贝叶斯基本公式如式(7－2)～式(7－7)所示。

1）条件概率

设 A、B 是两个事件，且 $P(A)>0$，称

$$P(B|A)=\frac{P(AB)}{P(A)} \tag{7-2}$$

为在事件 A 发生的条件下事件 B 发生的条件概率。

2）联合概率

设 A、B 是两个事件，且 $P(A)>0$，则它们的联合概率为：

$$P(AB)=P(B|A)P(A) \tag{7-3}$$

3）全概率公式

设试验 E 的样本空间为 S，A 为 E 的事件，$B_1,B_2,\cdots,B_n$ 为 E 的一组事件，满足：

(1) $\sum_{i=1}^{n} B_i = S$。

(2) $B_1,B_2,\cdots,B_n$ 互不相容。

(3) $P(B_i)>0, i=1,2,\cdots,n$。

则有全概率公式：

$$P(A) = \sum_{i=1}^{n} P(B_i)P(A|B_i) \tag{7-4}$$

4）贝叶斯公式

根据前三个公式，很容易推得众所周知的贝叶斯公式：

$$P(B_i|A) = \frac{P(A|B_i)P(B)}{\sum_{j=1}^{n} P(A|B_i)P(B_i)} \quad i=1,2,\cdots,n \tag{7-5}$$

5）极大后验假设(Maximum a Posteriori, MAP)

MAP 是指具有最大可能性的假设，也就是说在候选假设空间(H)中，当给定事件 A 时，最有可能发生的假设 $B(B\in H)$。确定 MAP 假设主要采用贝叶斯公式计算每个候选假设的后验概率，即当以下公式成立时，称 B_{MAP} 为“MAP 假设”。

$$B_{\mathrm{MAP}} = \arg\max_{B\in H} P(B|A) = \arg\max_{B\in H}\frac{P(A|B)P(B)}{P(A)} = \arg\max_{B\in H} P(A|B)P(B) \tag{7-6}$$

6）极大似然(Maximum Likehood, ML)假设

当假定 H 中每个 B 有相同的先验概率(即对 H 中任意 B_1 和 B_2，$P(B_1)=P(B_2)$)，

上述公式可进一步简化，只考虑 $P(A \mid B)$ 来寻找极大可能假设，通常 $P(A \mid B)$ 被称为给定事件 B 时假设 A 的似然度（Likelihood），而使 $P(A \mid B)$ 最大的假设被称为极大似然假设 B_{ML}。

$$B_{\mathrm{ML}} = \arg\max_{B \in H} P(A \mid B) \tag{7-7}$$

7.1.2 朴素贝叶斯分类器

基于贝叶斯公式来估计后验概率 $P(B_i \mid A)$ 的主要困难在于：类条件概率 $P(A \mid B_i)$ 是所有属性上的联合概率，当属性数量较大时，难以从有限的训练样本估计其值。为了避开这个障碍，朴素贝叶斯分类器（Naive Bayes Classifier）采用了"属性条件独立性假设"（Attribute Condition Independence Assumption）：对于已知类别，假设所有属性相互独立。换言之，假设每个属性独立地对分类结果产生影响。

基于属性条件独立性假设，贝叶斯公式可重写为式（7-8）。

$$P(B_i \mid A) = \frac{P(A \mid B_i)P(B_i)}{P(A)} = \frac{P(B_i)}{P(A)}\prod_{j=1}^{d} P(A_j \mid B_i) \tag{7-8}$$

式中，B_i 是某一特定的类别标记，A 是属性，d 为属性数目，A_j 为属性 A 在第 j 个属性上的取值。若用 c 表示类别标记 B_i，x 表示属性 A，则式（7-8）可写为式（7-9）。

$$P(c \mid x) = \frac{P(c)P(x \mid c)}{P(x)} = \frac{P(c)}{P(x)}\prod_{j=1}^{d} P(x_j \mid c) \tag{7-9}$$

由于对于所有类别来说 $P(x)$ 相同，因此分类准则如式（7-10）所示。

$$h_{nb}(x) = \arg\max_{c \in y} P(c)\prod_{i=1}^{d} P(x_i \mid c) \tag{7-10}$$

h_{nb} 代表一个由朴素贝叶斯（Naive Bayesian，NB）算法训练出来的假设（Hypothesis），它的值就是贝叶斯分类器对于给定 x 的因素下，最可能出现的情况 c。y 是 c 的取值集合。

显然，朴素贝叶斯分类器的训练过程就是基于训练集 D 来估计类先验概率 $P(c)$，并为每个属性估计条件概率 $P(x_i \mid c)$。

令 D_c 表示训练集 D 中第 c 类样本组成的集合，若有充足的独立同分布样本，则可容易地估计出类先验概率如式（7-11）所示。

$$P(c) = \frac{|D_c|}{|D|} \tag{7-11}$$

对离散属性而言，令 D_{c,x_i} 表示在 D_c 中第 i 个属性上取值为 x_i 的样本组成的集合，则条件概率 $P(x_i \mid c)$ 可估计为式（7-12）。

$$P(x_i \mid c) = \frac{|D_{c,x_i}|}{|D_c|} \tag{7-12}$$

对连续属性可考虑概率密度函数，假定 $P(x_i \mid c) \sim N(\mu_{c,i}, \sigma_{c,i}^2)$，其中$\mu_{c,i}$和$\sigma_{c,i}^2$分别为第 c 类样本在第 i 个属性上取值的均值和方差，则有式(7－13)。

$$P(x_i \mid c) = \frac{1}{\sqrt{2\pi}\sigma_{c,i}} exp\left(-\frac{(x_i - \mu_{c,i})^2}{2\sigma_{c,i}^2}\right) \tag{7-13}$$

可见，只要所需要的条件独立性能够被满足，朴素贝叶斯分类属于 MAP。朴素贝叶斯学习方法中，假设的形成不需要搜索，只是简单地计算训练样本中不同数据组合出现的概率。

7.1.3　贝叶斯网络的拓扑结构

贝叶斯网络是一个具有概率分布的有向无环图。图 7－1 所示为一个简单的贝叶斯网络模型，它由 5 个结点A_i($i = 1,2,\cdots,5$)和 5 条边L_i($i = 1,2,\cdots,5$)组成。图中没有输入的A_1结点为根结点，一条边的起始结点称为其末结点的母结点，而后者称为前者的子结点。

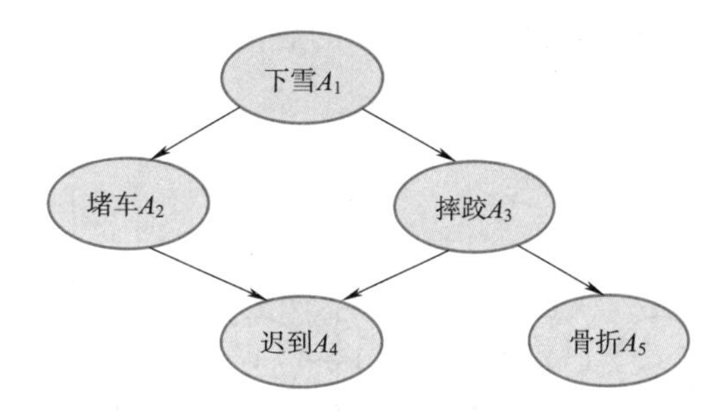

图 7－1　简单的贝叶斯网络模型

贝叶斯网络能够利用简单的图定性地表示事件之间复杂的因果关系或概率关系，在给定某些先验信息后，还可以定量地表示这些关系。网络的拓扑结构通常是根据具体的研究对象和问题来确定的。

7.1.4　条件独立性假设

条件独立性假设是贝叶斯网络进行定量推理的理论基础。有了这个假设，就可以减少先验概率的数目，简化计算和推理过程。

贝叶斯网络条件独立假设成立的一个重要判据是分割定理(d-separation)。在看这个定理之前，先看一下贝叶斯网络的三种局部结构。

(1)顺连(Serial Connection)结构，又称为顺序结构，如图 7－2(a)所示。

(2)分连(Diverging Connection)结构，又称为同父结构，如图 7－2(b)所示。

(3)汇连(Converging Connection)结构，又称为 V 结构，如图 7－2(c)所示。

根据上述三种局部结构，可以定义阻塞：

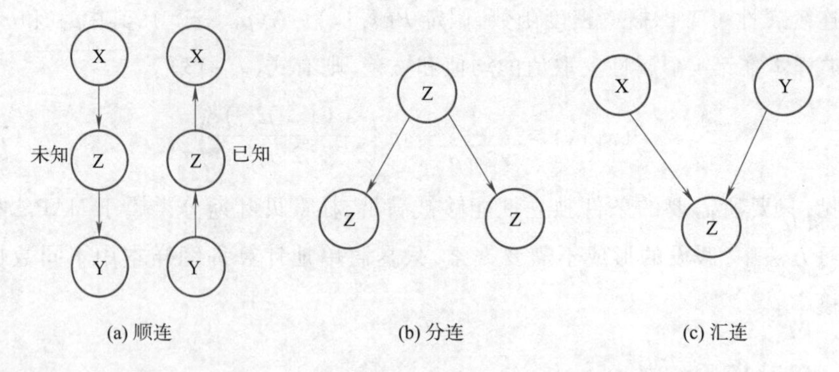

图 7-2　贝叶斯网络的三种局部结构

设 E 为结点集合，X 和 Y 是不在 E 中的两个结点。X 和 Y 之间的通路 α 如果满足下面条件之一，则称 α 被 E 所阻塞，即 E 分离 X 和 Y。

(1) α 上存在一个顺连结点 Z，且 Z 在 E 中。

(2) α 上存在一个分连结点 Z，且 Z 在 E 中。

(3) α 上存在一个汇连结点 Z，且 Z 和 Z 的后代结点均不在 E 中。

以上三种情况如图 7-3 所示。

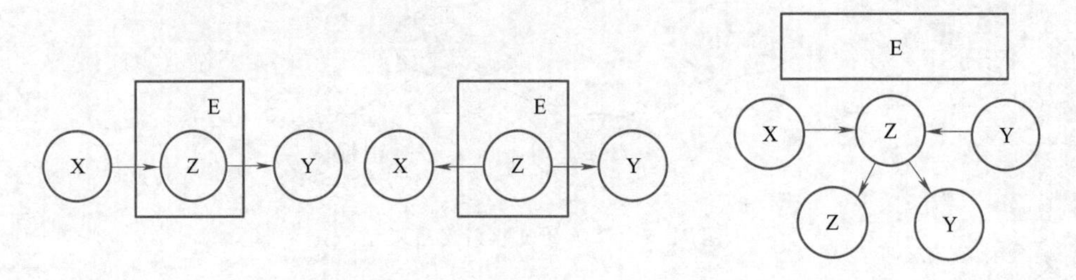

图 7-3　X 和 Y 被 E 阻塞的三种情况

在贝叶斯网络中，如果 B 阻塞了 A 和 C，那么可以认为 A 与 C 是关于 B 条件独立的，如式(7-14)所示。

$$P(A \mid C,B) = P(A \mid B) \tag{7-14}$$

7.1.5　先验概率的确定和网络推理算法

有了条件独立性假设就可以大大简化网络推理计算。但是，与其他形式的不确定性推理方法一样，贝叶斯网络推理仍然需要给出许多先验概率，它们是根结点的概率值和所有子结点在其母结点给定下的条件概率值。

这些先验概率，可以是由大量的历史样本数据统计分析得到的，也可由领域专家长期的知识或经验总结主观给出的，或者根据具体情况事先假设给定。

与其他算法一样，贝叶斯网络推理算法也可分为精确算法和近似算法两大类。

理论上，所有类型的贝叶斯网络都可以用精确算法来进行概率推理。但 Cooper 指出，贝叶斯网络中的精确概率推理是一个 NP 难问题。对于一个特定拓扑结构的网络，其复杂性取决于结点数。因此，精确算法一般用于结构较为简单的单联网络(Single Connected)。对于解决一般性的问题，不希望它是多项式复杂。因而，许多情况下都采用近似算法。它可以大大简化计算和推理过程，虽然它不能提供每个结点的精确概率值。

下面通过案例讲解贝叶斯网络的计算过程：

图 7-4 所示为一个简单贝叶斯网络示例，有盗贼闯入或地震发生都会触发警报，警报触发之后，John 或者 Mary 会给你打电话，每个事件之间的概率关系均已给出，已知一个事件 e = {JohnCalls = true, and MaryCalls = true}，试问出现盗贼的概率是多少？

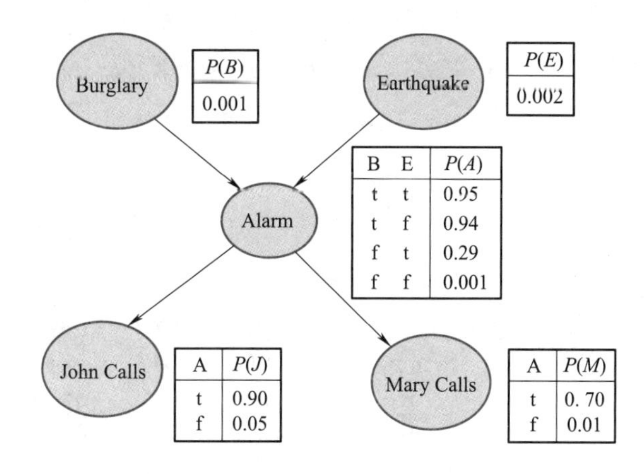

图 7-4　简单贝叶斯网络示例

解： $P(X|e)=\alpha P(X,e)=\alpha\sum_y P(X,e,y)$。

而 $P(X,e,y)$ 可写成条件概率乘积的形式，因此在贝叶斯网络中可通过计算条件概率的乘积求和来回答查询。

$P(\text{Burglary}|\text{JohnCalls}=\text{true},\text{MaryCalls}=\textit{true})$ 可简写为：

$$P(B|j,m)=\alpha P(B,j,m)=\alpha\sum_e\sum_a P(B,e,a,j,m)$$
$$=\alpha\sum_e\sum_a P(b)P(e)P(a|b,e)P(j|a)P(m|a)$$
$$=\alpha P(b)\sum_e e\sum_a P(a|b,e)P(j|a)P(m|a)$$

计算过程如图 7-5 所示。

$$P(b|j,m)=\alpha P(B,j,m)=\alpha\sum_e\sum_a P(B,e,a,j,m)$$
$$=\alpha\sum_e\sum_a P(b)P(e)P(a|b,e)P(j|a)P(m|a)$$
$$=\alpha P(b)\sum_e P(e)\sum_a P(a|b,e)P(j|a)P(m|a)$$
$$=\alpha\times 0.001\times\{[0.002\times(0.95\times 0.9\times 0.7+0.05\times 0.005\times 0.01)]+$$
$$[0.998\times(0.94\times 0.9\times 0.7+0.06\times 0.05\times 0.01)]\}=\alpha\times 0.00059224$$

计算过程如图 7-6 所示。

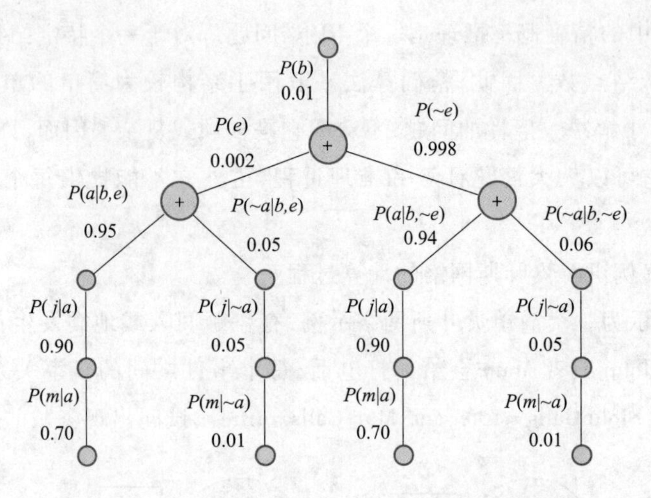

图 7－5 $P(B \mid j,m)$的自顶向下的计算过程

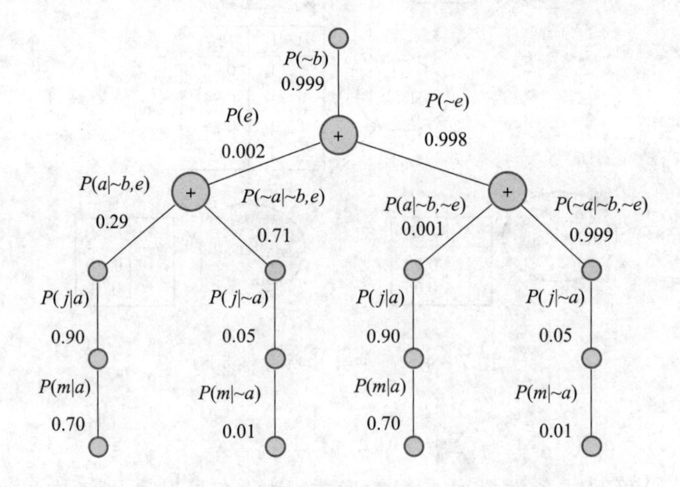

图 7－6 $P(\sim b \mid j,m)$的自顶向下计算过程

$$
\begin{aligned}
P(\sim B \mid j,m) &= \alpha P(\sim B,j,m) = \alpha \sum_e \sum_a P(\sim B,e,a,j,m) \\
&= \alpha \sum_e \sum_a P(\sim b)P(e)P(a \mid \sim b,e)P(j \mid a)P(m \mid a) \\
&= \alpha P(\sim b) \sum_e P(e) \sum_a P(a \mid \sim b,e)P(j \mid a)P(m \mid a) \\
&= \alpha \times 0.999 \times \{[0.002 \times (0.29 \times 0.9 \times 0.7 + 0.71 \times 0.05 \times 0.01)] + \\
&\quad [0.998 \times (0.001 \times 0.9 \times 0.7 + 0.999 \times 0.05 \times 0.01)]\} = \alpha \times 0.0014919
\end{aligned}
$$

因此，$P(B \mid j,m) = \alpha < 0.00059224, 0.0014919 > \approx < 0.284, 0.716 >$，即在 John 和 Mary 都打电话的条件下，出现盗贼的概率约为 28%。

7.2 马尔可夫随机场

马尔可夫随机场（Markov Random Field，MRF）是典型的马尔可夫网络，这是一种著名的无向图(Undirected Graph)模型。与“马尔可夫”有关的随机过程或概率图模型一般都是基于马尔可夫假设的,即下一个时间点的状态只与当前的状态有关系。

7.2.1　马尔可夫随机场概念

当给定每一个位置中按照某种分布随机赋予“相空间”的一个值之后,其全体就称为随机场。其中,两个重要的概念是“位置”和“相空间”。“位置”好比是一亩亩农田;“相空间”好比是种的各种庄稼。我们可以给不同的地种上不同的庄稼,这就好比给随机场的每个“位置”赋予“相空间”里不同的值。因此,通俗来说,随机场就是在哪块地里种什么庄稼的事情。

马尔可夫随机场是具有马尔可夫特性的随机场。拿种地打比方,如果任何一块地里种的庄稼种类仅仅与它邻近的地里种的庄稼的种类有关,与其他地方的庄稼的种类都无关,那么这些地里种的庄稼的集合,就是一个马尔可夫随机场。

通常可以用概率图表示概率分布。图是由结点及连接结点的边组成的集合,结点和边的集合分别记作 V 和 E,图记作 $G=(V,E)$。其中一个结点表示一个随机变量,如果两个随机变量之间有依赖关系,就用一条边将它们连接起来。

假设有联合概率分布 $P(X)$,$X=\{X_1,X_2,\cdots,X_k\}$ 是一组随机变量,由无向图 $G=(V,E)$ 表示概率分布 $P(X)$,即在图 G 中,结点 $v\in V$ 表示一个随机变量 X_v,边 $e\in E$ 表示随机变量之间的概率依赖关系。

马尔可夫特性具有如下三层含义:

(1) 成对马尔可夫性:假设 u 和 v 分别是无向图 G 中任意两个没有边连接的结点,结点 u 和 v 对应的随机变量分别是 X_u 和 X_v,其他所有结点集合为 O,对应的随机变量集合为 X_O,据此定义,成对马尔可夫性是指给定 X_O 的条件下,X_u 和 X_v 是条件独立的,如式(7-15)所示。

$$P(X_u,X_v \mid X_O)=P(X_u \mid X_O)P(X_v \mid X_O) \tag{7-15}$$

(2) 局部马尔可夫性:假设 $v\in V$ 是无向图 G 中任意一个结点,W 是与 v 有边连接的所有结点的集合,O 是除 v 和 W 以外的所有结点的集合,据此定义,局部马尔可夫性是指在给定 X_W 的条件下,X_v 和 X_O 是条件独立的,如式(7-16)所示。

$$P(X_v,X_O \mid X_W)=P(X_v \mid X_W)P(X_O \mid X_W) \tag{7-16}$$

由于 $P(X_v,X_O \mid X_W)=P(X_v \mid X_O,X_W)P(X_O \mid X_W)$,因此 $P(X_O \mid X_W)>0$ 时,如式(7-17)所示。

$$P(X_v \mid X_O,X_W)=P(X_v \mid X_W) \tag{7-17}$$

局部马尔可夫性如图(7-7)所示。

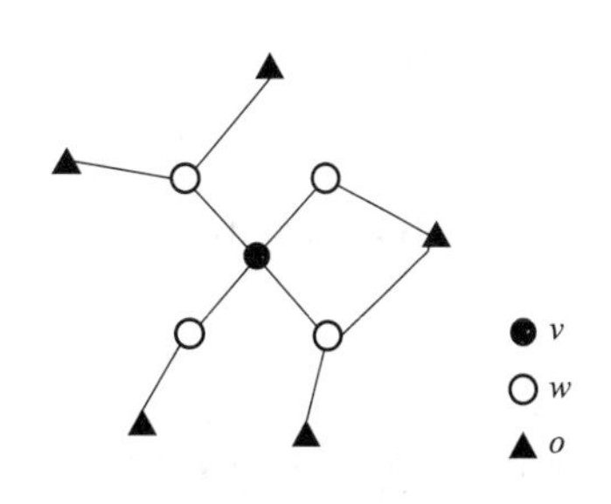

图 7-7　局部马尔可夫性

(3) 全局马尔可夫性:假设结点集合 A 和 B 是无向图 G 中被结点集合 C 分开的任意结点集合,如图(7-8)所示。

据此定义，全局马尔可夫性是指在给定X_C的条件下，X_A和X_B是条件独立的，如式(7－18)所示。

$$P(X_A,X_B \mid X_C)=P(X_A \mid X_C)P(X_B \mid X_C) \tag{7-18}$$

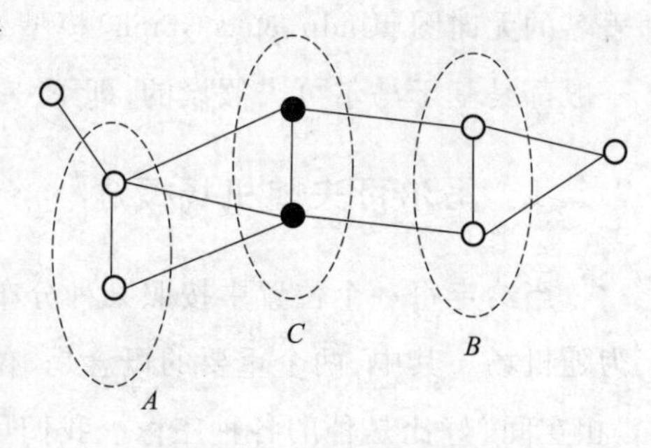

图7－8　全局马尔可夫性

上述成对的、局部的、全局的马尔可夫性定义是等价的。有了上面的基础，就可以定义概率无向图模型：设有联合概率分布 $P(X)$，由无向图 $G=(V,E)$表示，在图 G 中，结点表示随机变量，边表示随机变量之间的依赖关系，如果联合概率分布 $P(X)$满足成对的、局部的或全局的马尔可夫性，就称此联合概率分布为概率无向图模型或马尔可夫随机场。

马尔可夫随机场可用于表示变量之间的依赖关系，与贝叶斯网络不同的是，它可以表示贝叶斯网络无法表示的一些依赖关系，比如循环依赖；另一方面，它不能表示贝叶斯网络能够表示的某些关系，比如推导关系。两者模型可以某种形式结合，如一个马尔可夫随机场可以作为一个更大的贝叶斯网络的结点，或者一个贝叶斯网络可以通过马尔可夫随机场联系起来，这种混合模型提供了更丰富的表达结构。

7.2.2　马尔可夫随机场的因式分解

在 MRF 中，多个变量之间的联合概率分布能基于团分解为多个因子的乘积，每个因子仅与一个团相关，称为 MRF 的因式分解。

首先学习团、极大团和最大团的概念：无向图 G 中任意两个结点均有边连接的结点子集称为团；若 C 是无向图 G 的一个团，并且不能再加进任何一个 G 的结点使其成为一个更大的团，则称 C 为极大团；在所有极大团中，结点最多的称为最大团。三个概念之间是层层递进关系，构成一个团的条件是集合中所有结点必须两两之间有边连接，因此 N 个点的团有$\frac{N(N-1)}{2}$条边，就好比一个团队中所有人必须互相认识；极大团首先是团，然后其所有结点不能被更大的团所包含；最大团首先是极大团，然后所含结点数量最多。

对于 n 个变量 $X=\{x_1,x_2,\cdots,x_n\}$，所有团构成的集合为 C，与团 $Q \in C$ 对应的变量集合记为X_Q，则 MRF 的联合概率 $P(X)$定义如式(7－19)所示。

$$P(X)=\frac{1}{z}\prod_{Q \in C}\varphi_Q(X_Q) \tag{7-19}$$

式中，φ_Q为与团 Q 对应的势函数，用于对团 Q 中的变量关系进行建模，$Z=\sum_X \prod_{Q \in C}\varphi_Q(X_Q)$为规范因子，就是把所有可能的 n 个随机变量的取值分别带入求归一化。规范因

子 Z 可以确保 $P(X)$ 是被正确定义的概率。在实际应用中，精确计算 Z 通常很困难，但许多任务往往并不需要获得 Z 的精确值。

显然，若变量个数较多，则团的数目将会很多，这会给计算带来很大的负担。我们注意到，若团 Q 不是极大团，则它必被一个极大团 Q^* 所包含，即 $X_Q \in X_{Q^*}$，这意味着变量 X_Q 之间的关系不仅体现在势函数 φ_Q 中，还体现在 φ_{Q^*} 中。于是，联合概率 $P(X)$ 可基于极大团来定义。假定所有极大团构成的集合为 C^*，则有式(7－20)。

$$P(X) = \frac{1}{Z^*}\prod_{Q \in C^*} \varphi_Q(X_Q) \tag{7-20}$$

式中，$Z^* = \sum_X \prod_{Q \in C^*} \varphi_Q(X_Q)$ 为规范因子。接下来介绍势函数 φ_Q，为了保证 φ_Q 的非负性，通常将其定义为指数函数[式(7－21)]：

$$\varphi_Q(X_Q) - \exp\{-E(X_Q)\} \tag{7-21}$$

式中，$E(X_Q)$ 称为 X_Q 的能量函数，是一个定义在变量 X_Q 上的实值函数，常见的形式如式(7－22)所示。

$$E(X_Q) = \sum_{u,v \in Q, u \neq v} \alpha_{uv} v_u v_v + \sum_{v \in Q} \beta_v v_v \tag{7-22}$$

其中，α_{uv} 和 α_v 均为参数，式(7－22)中第二项仅考虑单结点，第一项则考虑每一对结点的关系。

最后，用一个例子直观理解一下 MRF。图 7－9 所示是一个简单的马尔可夫随机场，直接找出它的团、极大团和最大团，并写出联合概率分布的表达式。

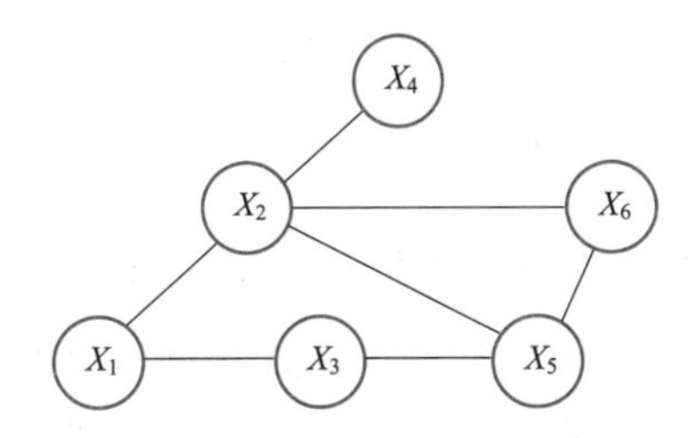

图 7－9 一个简单的马尔可夫随机场

解：团：$\{x_1,x_2\}$，$\{x_1,x_3\}$，$\{x_2,x_4\}$，$\{x_2,x_5\}$，$\{x_2,x_6\}$，$\{x_3,x_5\}$，$\{x_5,x_6\}$，$\{x_2,x_5,x_6\}$；

极大团：$\{x_1,x_2\}$，$\{x_1,x_3\}$，$\{x_2,x_4\}$，$\{x_3,x_5\}$，$\{x_2,x_5,x_6\}$；

最大团：$\{x_2,x_5,x_6\}$。

联合概率分布表达式如下：

$$P(X) = \frac{1}{Z}\varphi_{12}(x_1,x_2)\varphi_{13}(x_1,x_3)\varphi_{24}(x_2,x_4)\varphi_{35}(x_3,x_5)\varphi_{256}(x_2,x_5,x_6)$$

一般来说，贝叶斯网络中每一个结点都对应于一个先验概率分布或者条件概率分布，因此整体的联合分布可以直接分解为所有单个结点所对应的分布的乘积。而对于马尔可夫随机场，由于变量之间没有明确的因果关系，它的联合概率分布通常表达为一系列势函数的乘积。通常情况下,这些乘积的积分并不等于1,因此,还要对其进行归一化才能形成一个有效的概率分布,这一点往往在实际应用中给参数估计造成非常大的困难。

7.3 隐马尔可夫模型

隐马尔可夫模型(Hidden Markov Model, HMM)是结构最简单的动态贝叶斯网(Dynamic Bayesian Network),是一种著名的有向图模型,主要用于时序数据建模,在语音识别、自然语言处理等领域有广泛应用。

图7-10所示的隐马尔可夫模型中的变量可分为两组。第一组是状态变量$\{y_1, y_2, \cdots, y_n\}$,其中$y_i \in Y$表示第$i$时刻的系统状态。通常假定状态变量是隐藏的、不可被观测的,因此状态变量亦称隐变量(Hidden Variable)。第二组是观测变量$\{x_1, x_2, \cdots, x_n\}$,其中$x_i \in X$,表示第$i$时刻的观测值。在隐马尔可夫模型中,系统通常在多个状态$\{s_1, s_2, \cdots, s_N\}$之间转换,因此状态变量$y_i$的取值范围$Y$(称为状态空间)通常是有$N$个可能取值的离散空间。观测变量$x_i$可以是离散型也可以是连续型,为便于讨论,仅考虑离散型观测变量,并假定其取值范围X为$\{o_1, o_2, \cdots, o_M\}$。

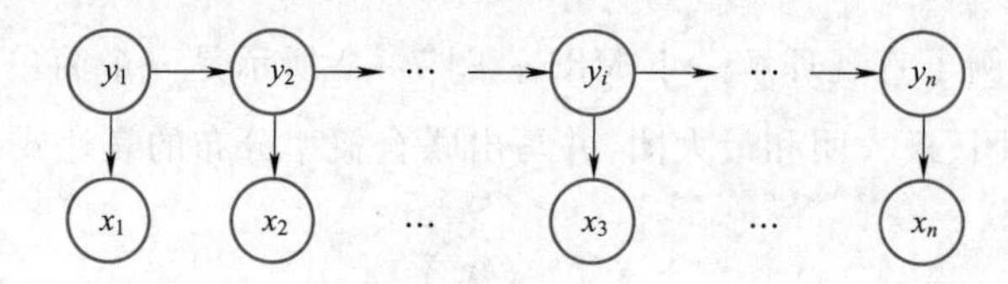

图7-10 隐马尔可夫模型的图结构

图7-10中的箭头表示了变量间的依赖关系。在任意时刻,观测变量的取值仅依赖于状态变量,即x_t由y_t确定,与其他状态变量及观测变量的取值无关。同时,t时刻的状态y_t仅依赖于$t-1$时刻的状态y_{t-1},与此前$t-2$个状态无关。这就是所谓的"马尔可夫链"(Markov Chain),即:系统下一时刻的状态仅由当前状态决定,不依赖于以往的任何状态。基于这种依赖关系,所有变量的联合概率如式(7-23)所示。

$$P(x_1, y_1, \cdots, x_n, y_n) = P(y_1)P(x_1 \mid y_1)\prod_{i=2}^{n} P(y_i \mid y_{i-1})P(x_i \mid y_i). \quad (7-23)$$

除了结构信息,欲确定一个隐马尔可夫模型还需以下三组参数:

(1)状态转移概率:模型在各个状态之间转换的概率,通常记为矩阵$\boldsymbol{A} = [a_{ij}]_{N \times N}$,其中$a_{ij}$如式(7-24)所示。

$$a_{ij} = P(y_{t+1} = s_j \mid y_t = s_i), 1 \leqslant i, j \leqslant N \quad (7-24)$$

式(7-24)表示在任意时刻t,若状态为s_i,则在下一时刻状态为s_j的概率。

(2)输出观测概率:模型根据当前状态获得各个观测值的概率,通常记为矩阵$\boldsymbol{B} =$

$[b_{ij}]_{N\times M}$，其中b_{ij}如式(7－25)所示。

$$b_{ij}=P(x_t=o_j\mid y_t=s_i),1\leqslant i\leqslant N,1\leqslant j\leqslant M \tag{7-25}$$

式(7－25)表示在任意时刻t，若状态为s_i，则观测值为o_j被获取的概率。

(3)初始状态概率：模型在初始时刻各状态出现的概率，通常记为$\pi=(\pi_1,\pi_2,\cdots,\pi_N)$，其中$\pi_i$如式(7－26)所示。

$$\pi_i=P(y_1=s_i),1\leqslant i\leqslant N \tag{7-26}$$

式(7－26)表示模型的初始状态为s_i的概率。

通过指定状态空间Y、观测空间X和上述三组参数，就能确定一个隐马尔可夫模型，通常用其参数$\lambda=[A,B,\pi]$来指代。给定隐马尔可夫模型λ，它按如下过程产生观测序列$\{x_1,x_2,\cdots,x_n\}$：

(1)设置$t=1$，并根据初始状态概率π选择初始状态y_1。

(2)根据状态y_t和输出观测概率$\boldsymbol{B}$选择观测变量取值x_t。

(3)根据状态y_t和状态转移矩阵$\boldsymbol{A}$转移模型状态，即确定y_{t+1}。

(4)若$t<n$，设置$t=t+1$，并转到第(2)步，否则停止。

其中，$y_t\in\{s_1,s_2,\cdots,s_N\}$和$x_t\in\{o_1,o_2,\cdots,o_M\}$分别为第$t$时刻的状态和观测值。

在实际应用中，人们常关注隐马尔可夫模型的三个基本问题：

(1)给定模型$\lambda=[\boldsymbol{A},\boldsymbol{B},\pi]$，如何有效计算其产生观测序列$x=\{x_1,x_2,\cdots,x_n\}$的概率$P(x\mid\lambda)$？换言之，如何评估模型与观测序列之间的匹配程度？

(2)给定模型$\lambda=[\boldsymbol{A},\boldsymbol{B},\pi]$和观测序列$x=\{x_1,x_2,\cdots,x_n\}$，如何找到与此观测序列最匹配的状态序列$y=\{y_1,y_2,\cdots,y_n\}$？换言之，如何根据观测序列推断出隐藏的模型状态？

(3)给定观测序列$x=\{x_1,x_2,\cdots,x_n\}$，如何调整模型参数$\lambda=[\boldsymbol{A},\boldsymbol{B},\pi]$使得该序列出现的概率$P(x\mid\lambda)$最大？换言之，如何训练模型使其能最好地描述观测数据？

上述问题在现实应用中非常重要。例如许多任务需要根据以往的观测序列$\{x_1,x_2,\cdots,x_{n-1}\}$来推测当前时刻最有可能的观测值$x_n$，这显然可以转化为求取概率$P(x\mid\lambda)$，即上述第一个问题；在语音识别等任务中，观测值为语音信号，隐藏状态为文字，目标就是根据观测信号来推断最有可能的状态序列(即对应的文字)，即上述第二个问题；在大多数现实应用中，人工指定模型参数已变得越来越不可行，如何根据训练样本学得最优的模型参数，恰是上述第三个问题。值得庆幸的是，基于条件独立性，隐马尔可夫模型的这三个问题均能被高效求解。

下面用一个例子来加深理解隐马尔可夫模型：

假设某个赌徒赌博时经常会用自己制作的两个“作弊骰子”来替换赌场中的正常骰子，赌徒在赌博时切换骰子的概率可描述为矩阵$\boldsymbol{A}$。即若当前骰子为正常骰子，则有15%的概率继续使用正常骰子，45%的概率切换为“作弊骰子1”，40%的概率切换为“作弊骰子 2”;当前为“作弊骰子 1”时,则有 25% 的概率选择正常骰子,35% 的概率选择“作弊骰子 1”,40% 的概率选择“作弊骰子 2”;当前为“作弊骰子 2”时,则有 10% 的概率选择正常骰子,55% 的概率选择“作弊骰子 1”,35% 的概率选择“作弊骰子 2”。可用矩阵 $\boldsymbol{A}$ 表示:

$$\boldsymbol{A}=\begin{bmatrix}0.15 & 0.45 & 0.40\\ 0.25 & 0.35 & 0.40\\ 0.10 & 0.55 & 0.35\end{bmatrix}$$

我们都知道正常骰子出现 1,2,3,4,5,6 各点的概率相同,假设正常骰子与“作弊骰子”出现各点数可用矩阵 $\boldsymbol{B}$ 来表示:

$$\boldsymbol{B}=\begin{bmatrix}0.16 & 0.16 & 0.16 & 0.16 & 0.16 & 0.16\\ 0.02 & 0.02 & 0.02 & 0.02 & 0.02 & 0.90\\ 0.4 & 0.2 & 0.25 & 0.05 & 0.05 & 0.05\end{bmatrix}$$

由上述信息可以画出状态转移概率和输出观测概率,如图 7-11 和图 7-12 所示。

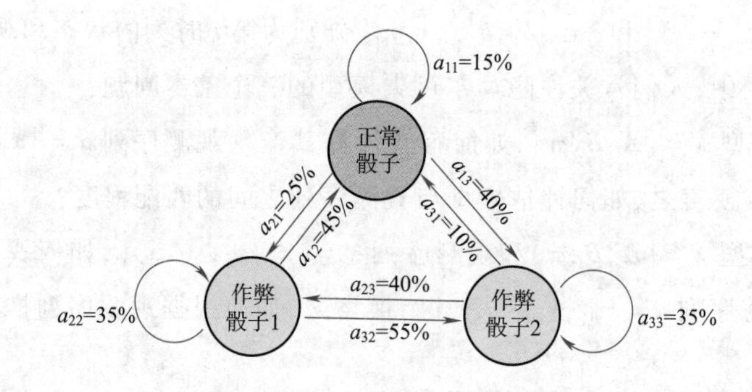

图 7-11　状态转移概率

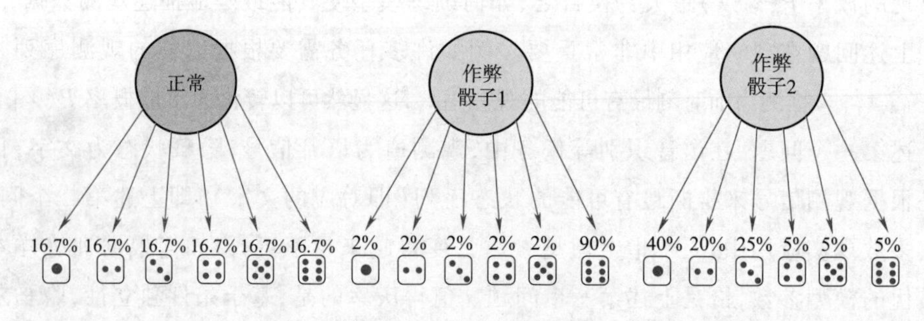

图 7-12　输出观测概率

假设赌场的骰子都是正常骰子,则状态初始概率 $\pi=(1,0,0)$。

联合上述$[\boldsymbol{A},\boldsymbol{B},\pi]$,即可得到 HMM 模型 λ,且 $\lambda=[\boldsymbol{A},\boldsymbol{B},\pi]$。

假设该赌徒两次点数分别为 5 和 6,计算该观测序列的概率。

解:由上述信息可知,隐马尔可夫模型 $\lambda=[\boldsymbol{A},\boldsymbol{B},\pi]$已知,则观测序列[5,6]计算

过程如下：

$$P = 0.16 \times (0.15 \times 0.16 + 0.45 \times 0.9 + 0.40 \times 0.05) = 0.07184$$

我们得到第一次投了 5 点，第二次投了 6 点的概率为 7.184%。

HMM 模型总结如下：

(1) HMM 模型可以看作一种特定的贝叶斯网络。

(2) HMM 模型等价于概率正规语法或概率有限状态自动机。

(3) HMM 模型可以用一种特定的神经网络模型来模拟。

7.4　马尔可夫链蒙特卡罗

马尔可夫链蒙特卡罗方法(Markov Chain Monte Carlo, MCMC)产生于 19 世纪 50 年代早期，是在贝叶斯理论框架下，通过计算机进行模拟的蒙特卡罗(Monte Carlo, MC)方法。蒙特卡罗方法又称为计算机随机模拟法，是一种基于“随机数”的逼近计算方法，属于非确定性算法。这类 MC 方法的特点是，可以在随机采样上计算得到近似结果，随着采样的增多，得到的结果是正确结果的概率逐渐加大，但在获得真正的结果(放弃随机采样，而采用类似全采样这样的确定性方法)之前，无法知道当前得到的结果是不是真正的结果。MCMC 方法是一种通用的计算方法，通过迭代地对生成的样本进行求和代替复杂的数学推理，主要解决两个基本问题：计算目标函数的最优解和计算统计学习问题的后验分布。这两种情况下的状态空间都可能非常大，MCMC 方法处理复杂高维问题比较有用。本章首先了解两种主要思想：蒙特卡罗积分(Monte Carlo Integration)和马尔可夫链(Markov Chains)；然后，讨论三种形式 MCMC 采样方法 Metropolis Sampling、Metropolis-Hastings Sampling 和 Gibbs Sampling。

7.4.1　蒙特卡罗积分

概率推理中的很多问题需要复杂的积分计算或者对非常大的空间中的数据求和。例如，一个常见的问题是计算对于随机变量 x 的函数 $g(x)$ 的期望值(简单起见，设 x 是单随机变量)。如果 x 是连续的，函数期望定义如式(7-27)所示。

$$E[g(x)] = \int g(x)p(x)dx \tag{7-27}$$

如果 x 是离散变量，则积分被求和取代，如式(7-28)所示。

$$E[g(x)] = \sum g(x)p(x) \tag{7-28}$$

很多情况下，我们想要计算统计量的均值和方差。例如，对 $g(x) = x$，要计算分布的均值，使用积分或求和的分析技术对于某些特定分布具有很大的挑战性。例如，密度 $p(x)$ 的函数可能不能进行积分。对于离散分布，可能由于结果空间太大而不能进行显式的求和。

蒙特卡罗积分方法一般的想法是使用样本近似估计复杂分布的期望。具体地,我们获得一系列样本 $x(t)(t=1,\cdots,N)$,这些样本从 $p(x)$ 中独立获得。在这种情况下,可以使用有限样本的累加近似估计期望如式(7-29)所示。

$$E[g(x)] = \frac{1}{n}\sum_{t=1}^{n} g(x^{(t)}) \tag{7-29}$$

在上述过程中,用适当样本的求和来代替积分。一般来说,近似计算的精确度可以通过增加 n 来提高。另外需要注意的是,近似计算的精确度取决于样本之间的独立性。当样本相互关联时,有效样本的数量减少了,这是 MCMC 方法存在的一个潜在的问题。

7.4.2 马尔可夫链

马尔可夫链(Markov Chains)是一个随机过程,我们利用顺序过程从一个状态过渡到另一个状态。我们在状态$x^{(1)}$开始马尔可夫链,使用转移函数 $p(x^{(t)} \mid x^{(t-1)})$作为状态的转移矩阵,确定下一个状态$x^{(2)}$。然后以$x^{(2)}$作为开始状态使用同样的转移函数继续确定下一个状态,如此重复,得到一系列状态如下:

$$x^{(1)} \to x^{(2)} \to \cdots \to x^{(t)} \to \cdots$$

这样一个状态序列就被称为马尔可夫链(Markov Chain)。生成一个包含 T 个状态的马尔可夫链的过程如下:

(1)设 $t = 1$。

(2)生成一个初始值 u,并设$x^{(t)} = u$。

(3)重复下列过程直到 $t = T$。

①$t = t + 1$。

②从转移函数 $p(x^{(t)} \mid x^{(t-1)})$中采样一个新的值。

③设$x^{(t)} = u$。

在上述迭代过程中,马尔可夫链的状态 $t+1$ 仅仅是根据上一个状态 t 产生的,图 7-13 所示为马尔可夫链的简单表示。图 7-13 中可以明确看出,马尔可夫链中当前时刻的状态分布只与上一个时刻的状态分布有关,与过往时刻的状态分布无关。马尔可夫链的一个重要的性质是,链的起始状态经过足够次数的转换后最终的状态不会受初始状态的影响。

7.4.3 马尔可夫链蒙特卡罗

前面两个小节讨论了 MCMC 理论背后的主要思想,蒙特卡罗采样和马尔可夫链。蒙特卡罗采样提供估计分布的各种特征,如均值、方差、峰值或者其他的研究人员感兴趣的统计特征。马尔可夫链包含一个随机的顺序过程,并从平稳分布中采样状态。

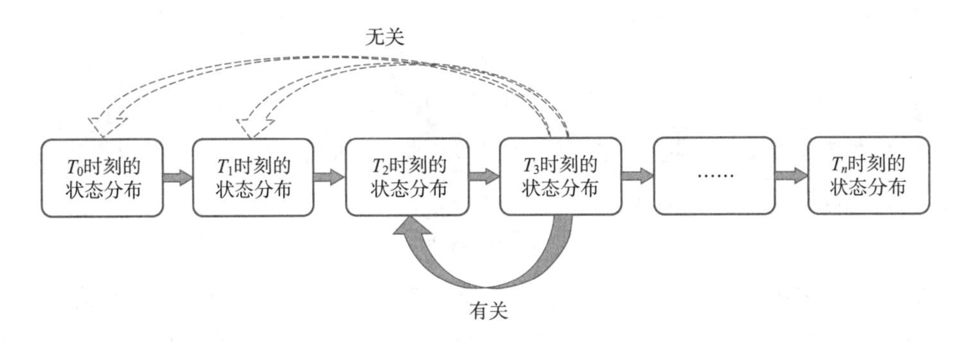

图 7-13　马尔可夫链的简单表示

MCMC 的目标是设计一个马尔可夫链,该马尔可夫链的平稳分布就是我们要采样的分布,这就是所谓的目标分布。换句话说,我们希望从马尔可夫链的状态中采样等同于从目标分布中取样。这个想法是用一些方法设置转移函数,使无论马尔可夫链的初始状态是什么最终都能够收敛到目标分布。

MCMC 方法概括起来分为以下三个步骤:

(1)在马尔可夫链上选择一个“合适”的马氏链,使其转移矩阵为 P,“合适”是指 $\pi(x)$ 是其相应的平稳分布,如式(7-30)所示。

$$\pi(i)P_{ij}=\pi(j)P_{ji}\quad \text{for all } i,j \tag{7-30}$$

(2)由马尔可夫链的某一点$x^{(1)}$出发,用第(1)步中的马氏链产生点序列$x^{(2)}\rightarrow\cdots\rightarrow x^{(t)}\rightarrow\cdots$。

(3)对某个 m 和足够大的 n,任一函数 $f(x)$ 的期望估计如下:$\widehat{E_\pi f}=\frac{1}{n-m}\sum_{t=m+1}^{n}f(x^{(t)})$。

可以看出采用 MCMC 方法时,构造转移核(转移矩阵)是至关重要的,往往不同的 MCMC 方法(也就是转移核)的构造方法也不同,在这里只讨论 Metropolis 采样、Metropolis-Hastings 采样和 Gibbs 采样。

1. Metropolis 采样

Metropolis 采样是最简单的 MCMC 方法,是 Metropolis-Hastings 采样的一个特例,假设我们的目标是从目标密度函数 $p(\theta)$ 中采样,其中 $-\infty<\theta<\infty$。Metropolis 采样器创建一个马尔可夫链并且产生一系列值如下:

$$\theta^{(1)}\rightarrow\theta^{(2)}\rightarrow\cdots\rightarrow\theta^{(t)}\rightarrow\cdots$$

其中,$\theta^{(t)}$表示马尔可夫链在第 t 次迭代的状态。当达到平稳分布之后,从马尔可夫链中采样的样本反映了从目标分布 $p(\theta)$ 中的采样样本。

在 Metropolis 过程中,给第一个状态$\theta^{(1)}$初始化一些值。这里使用建议分布 $q(\theta\mid$

$\theta^{(t-1)}$)生成一个候选结点θ^*,该结点是在上一个状态的基础上生成的。下一步就是接受或拒绝该建议,接受建议的概率公式是式(7－31)。

$$\alpha = \min\left(1, \frac{p(\theta^*)}{p(\theta^{t-1})}\right) \tag{7－31}$$

为了决定是否接受该建议,定义一个偏差变量 u,如果 $u \leqslant \alpha$,则接受这个建议,并将下一个状态设置为该建议,如式(7－32)所示。

$$\theta^{(t+1)} = \theta^* \tag{7－32}$$

如果拒接该建议,下一个状态就设置为前一个状态$\theta^{(t-1)}$。根据当前的状态继续提出新的建议状态,然后接受或者拒绝该状态,直到采样器达到收敛。收敛结点$\theta^{(t)}$处的样本反映了从目标分布 $p(\theta)$ 中采样的样本。Metropolis 采样器的步骤如下:

(1)设 $t=1$。

(2)生成一个初始值,并设$\theta^{(t)}=u$。

(3)重复下列过程直至 $t=T$。

①$t=t+1$。

②从 $q(\theta \mid \theta^{(t-1)})$中生成一个建议$\theta^*$。

③计算接受该建议的概率 α。

④从均匀分布 Uniform(0,1)生成一个值 u。如果 $u \leqslant \alpha$,则接受该建议,否则设置$\theta^{(t)}=\theta^{(t-1)}$。

Metropolis 采样器一个关键的要求是:建议分布是必须对称的,即:

$$q(\theta=\theta^{(t)} \mid \theta^{(t-1)}) = q(\theta=\theta^{(t-1)} \mid \theta)$$

因此,基于旧状态到新状态的建议概率,与从新状态返回到旧状态的建议概率是相同的,这样才能满足平稳细致方程。对称的建议分布有:正态分布(Normal)、柯西分布(Cauchy)、学生 t 分布(Student-t),以及均匀分布(Uniform Distributions)。

如果非周期马氏链的转移矩阵 $\boldsymbol{P}$ 和分布 $\pi(x)$ 满足式(7－30),则 $\pi(x)$ 是马氏链的平稳分布,式(7－30)被称为细致平稳条件(Detailed Balance Condition)。

2. Metropolis-Hasting 采样

Metropolis-Hasting (MH)采样器是 Metropolis 采样器的广义版本,既可以用对称的分布也可以用不对称的分布作为建议分布。MH 采样器的工作方式与 Metropolis 采样器完全相同,但是使用式(7－33)计算接受概率。

$$\alpha = \min\left(1, \frac{p(\theta^*)}{p(\theta^{(t-1)})}\frac{q(\theta^{(t-1)} \mid \theta^*)}{q(\theta^* \mid \theta^{(t-1)})}\right) \tag{7－33}$$

式(7－33)中,MH 采样器增加了一个额外的比例公式,如式(7－34)所示。

$$\frac{q(\theta^{(t-1)} \mid \theta^*)}{q(\theta^* \mid \theta^{(t-1)})} \tag{7－34}$$

这个增加项可以纠正不对称的建议分布,这样建议分布就可以多种多样了。例如,假设我们有一个以当前状态中心为均值的建议分布,但是该分布是倾斜的。如果该建议分布向左或者向右倾斜,比例公式将会修正这种不对称。

MH 采样器的过程如下:

(1)设 $t=1$。

(2)生成一个初始值 u,并设 $\theta^{(t)}=u$。

(3)重复下列过程直至 $t=T$。

①$t=t+1$。

②从 $q(\theta \mid \theta^{(t-1)})$ 中生成一个建议 θ^*,并计算该建议的概率 $\alpha=\min\left(1,\frac{p(\theta^*)}{p(\theta^{(t-1)})}\frac{q(\theta^{(t-1)} \mid \theta^*)}{q(\theta^* \mid \theta^{(t-1)})}\right)$。

③从均匀分布 Uniform(0,1)中生成一个值 u。如果 $u\leqslant\alpha$,则接受该建议且设置 $\theta^{(t)}=\theta^*$,否则设置 $\theta^{(t)}=\theta^{(t-1)}$。

实际上,不对称建议分布可以在 Metropolis Hastings 过程中使用,用以从目标分布中采样,这种采样方法也是有限制的。对于一个有界变量,应该在构造合适的建议分布时加以考虑。一般来说,好的方法是针对目标分布选择具有良好密度函数的建议分布。例如,如果目标分布满足 $0\leqslant\theta\leqslant\infty$,建议分布也应该满足此条件。

3. Gibbs 采样

Metropolis-Hastings 和拒绝采样器的最大的缺点是其很难对于不同的建议分布调参(如何选取最好的建议分布)。Gibbs 采样器不同的是:方法采样得到所有的样本都被接受,从而提高了计算效率。另外,该方法有两个优点:一个是被拒绝的样本没有用于近似计算中;另一个是研究人员不需要指定一个建议分布,这在 MCMC 过程中留下一些猜想。

然而,Gibbs 采样器只能用于我们熟知的情况下,其特点是需要知道所有变量的联合概率分布,比如在多元分布中,我们必须知道每一个变量的联合条件分布,在某些情况下,这些条件分布是未知的,这时就不能使用 Gibbs 采样。然而在很多贝叶斯模型中,都可以用 Gibbs 采样对多元分布进行采样。

为了解释 Gibbs 采样器,以二元分布的情况为例,其联合分布是 $f(\theta_1,\theta_2)$。Gibbs 采样器所需要的关键条件是两个条件分布 $f(\theta_1 \mid \theta_2=\theta_2^{(t)})$ 和 $f(\theta_2 \mid \theta_1=\theta_1^{(t)})$。这两个条件分布表示分布的每个变量都依赖于另一个变量的特定的值实现。同时 Gibbs 采样器也要求我们可以从这些分布中采样。首先用合适的值初始化采样器的 $\theta_1^{(1)}$ 和 $\theta_2^{(1)}$。在第 t 次迭代中,要执行的过程与 MH 采样器非常相似。第一步,在 $\theta_2^{(t-1)}$ 的条件下采样一个新的值 $\theta_1^{(t)}$,即从条件概率 $f(\theta_1 \mid \theta_2=\theta_2^{(t-1)})$ 中采样一个建议值。与 Metropolis-Hastings 方法相反,我们总是接受当前的建议使新的状态能立即更新。第二步,在 $\theta_1^{(t)}$ 的条件(表示其他部分变量的前一个状态)下采样一个新的值 $\theta_2^{(t)}$,进行的这一步是基于变量$\theta_1^{(t)}$的条件概率分布$f(\theta_2 \mid \theta_1 = \theta_1^{(t)})$。因此，该采样过程涉及迭代条件（Iterative Conditional）采样，循环地以当前值以外的其他部分变量为条件采样新的状态，对当前值进行调节。Gibbs 采样的过程如下：

（1）设$t=1$。

（2）生成一个初始值$u=(u_1,u_2)$，并设$\theta^{(t)}=u$。

（3）重复下列过程直至$t=T$。

①$t=t+1$。

②从条件分布$f(\theta_1 \mid \theta_2 = \theta_2^{(t-1)})$中采样$\theta_1^{(t)}$。

③从条件分布$f(\theta_2 \mid \theta_1 = \theta_1^{(t)})$中采样$\theta_2^{(t)}$。

7.5 LDA 主题提取模型

隐含狄利克雷分布模型（Latent Dirichlet Allocation, LDA）是一种文档主题提取模型，又称为一个三层贝叶斯概率模型，包含词、主题和文档三层结构。所谓生成模型，就是说，我们认为一篇文档的每个词都是通过"以一定概率选择了某个主题，并从这个主题中以一定概率选择某个词语"这样一个过程得到。文档到主题服从多项式分布，主题到词服从多项式分布。

LDA 是一种非监督机器学习技术，可以用来识别大规模文档集（Document Collection）或语料库（Corpus）中潜藏的主题信息。它采用了词袋（Bag of Words）的方法，这种方法将每一篇文档视为一个词频向量，从而将文本信息转化为易于建模的数字信息。但是词袋方法没有考虑词与词之间的顺序，这简化了问题的复杂性，同时也为模型的改进提供了契机。每一篇文档代表一些主题所构成的一个概率分布，而每一个主题又代表很多单词所构成的一个概率分布。

假设一篇文档由若干个词语构成，可以不考虑顺序，如"就你像看这句话时也没现发它序顺乱了"，因此不妨就把一篇文章看作是一些词的集合。那么最简单的文本生成模型就是，确定文本的长度为N，然后选出N个词来。选词的过程与扔骰子一模一样，无非就是这个骰子的面比较多，但其仍然服从多项分布。这个简单的文本生成模型就称为 Unigram Model。当然少不了贝叶斯估计，每一个面朝上的概率也会有一个先验分布为 Dirichlet 分布，表示为$\mathrm{Dir}(\vec{p} \mid \vec{\alpha})$，而我们也可以根据样本信息$\vec{n}$来估计后验分布$\mathrm{Dir}(\vec{p} \mid \vec{\alpha}+\vec{n})$，其概率图模型表示如图 7－14 所示。

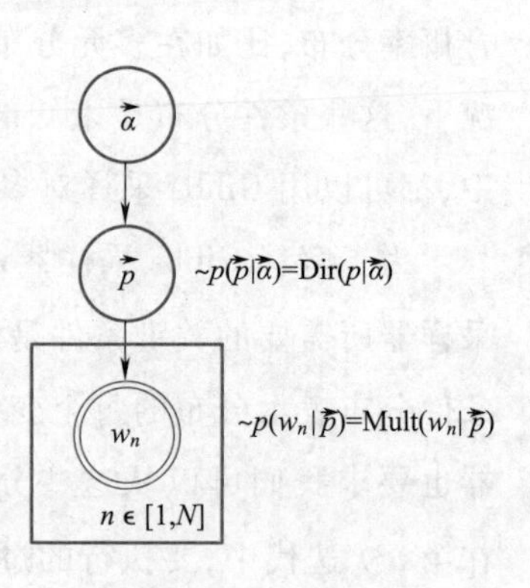

图 7－14　Unigram Model 概率图模型

此时文本的生成概率就等于：

$$p(\vec{W} \mid \vec{\alpha}) = \int p(\vec{W} \mid \vec{\alpha}) \cdot p(\vec{p} \mid \vec{\alpha}) d\vec{p} \tag{7-35}$$

推导计算可以得到式(7-36)。

$$p(\vec{W} \mid \vec{\alpha}) = \frac{\Delta(\vec{n} + \vec{\alpha})}{(\Delta\vec{\alpha})} \tag{7-36}$$

上文介绍的文本生成模型足够简单，但是对文本的表达能力还是不够，且不太符合人们日常的写作习惯。试想，我们写一篇文章时，肯定会事先拟定一个主题，然后再从这个主题中去寻找相应的词汇，因此这么来看，只扔一个有 N 面的骰子似乎还不够，似乎应该再提前准备 m 个不同类型的骰子，作为我们的主题，当确定了主题以后，再选中那个骰子，来决定词汇。由此，便引申出了主题模型，在此之前先介绍一个简单的 PLSA(Probabilistic Latent Semantic Analysis) Model。

简单来说，PLSA 是用一个生成模型来建模文章的生成过程。它有几个前提假设如下：

(1)一篇文章可以由多个主题构成。

(2)每一个主题由一组词的概率分布来表示。

(3)一篇文章中的每一个具体的词都来自于一个固定的主题。

其概率图模型表示如图 7-15 所示。

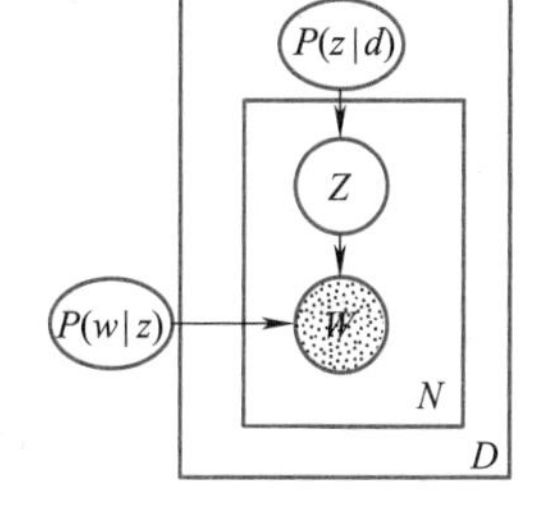

图 7-15　PLSA Model 概率图模型

上述过程总结如下：

(1)按照概率 $P(d_i)$ 选中一篇文档 d_i。

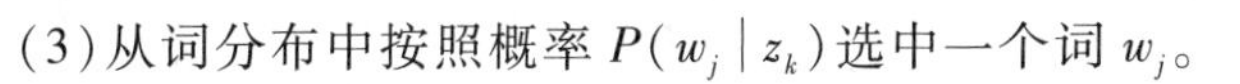

(2)从主题分布中按照概率 $P(z_k \mid d_i)$ 选中一个主题 z_k。

(3)从词分布中按照概率 $P(w_j \mid z_k)$ 选中一个词 w_j。

则整个语料库中的文本生成概率可以用似然函数表示为式(7-37)。

$$L = \prod_{m}^{M} \prod_{n}^{N} p(d_m, w_n)^{c(d_w, w_n)} \tag{7-37}$$

其中，$c(d_w, w_n)$ 表示单词 w_n 在文档 d_m 中出现的次数。

其对数似然函数可以写成式(7-38)。

$$l = \sum_{m}^{M} \sum_{n}^{N} c(d_w, w_n) \log \sum_{k}^{k} p(d_m) p(z_k \mid d_m) p(w_n \mid z_k) \tag{7-38}$$

式中，主题分布 $p(z_k \mid d_m)$ 和定义在主题上的词分布 $p(w_n \mid z_k)$ 就是待估计的参数，一般会用 EM 算法来求解。

如果给主题分布加一个 Dirichlet 分布 α，给主题上的词分布再加一个 Dirichlet 分布 β，那就是 LDA。因此，LDA 就是 PLSA 的贝叶斯版本，其模型如图 7-16 所示。

上述过程总结如下：

(1)按照概率 $P(d_i)$ 选中一篇文档 d_i。

(2)从 Dirichlet 分布 α 中抽样生成文档 d_i 的主题分布 θ_m。

(3)从主题分布 θ_m 中抽取文档 d_i 第 j 个词的主题 $z_{m,n}$。

(4)从 Dirichlet 分布 β 中抽样生成主题 $z_{m,n}$ 对应的词分布 φ_k。

(5)从词分布 φ_k 中抽样生成词 $w_{m,n}$。

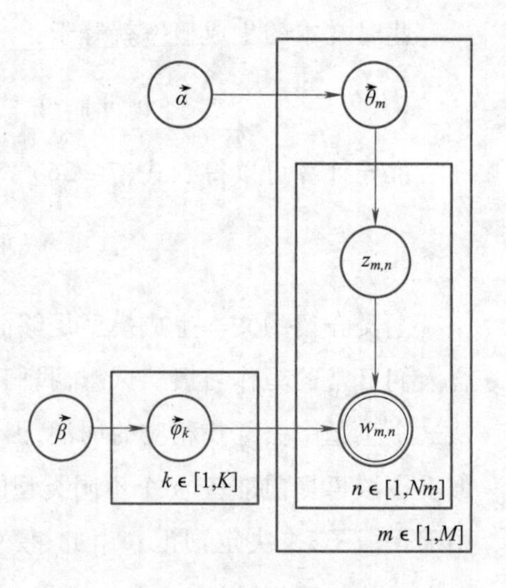

图 7-16　LDA 模型

为了方便求解，通常会将上述过程顺序交换一下，即先生成全部的主题，再由这些主题去生成每一个词。这样，过程(1)、(2)的推导就可以用到 Unigram Model 的结论，即整个语料库下所有词的主题编号的生成概率如式(7-39)所示。

$$p(\vec{z} \mid \vec{\alpha}) = \prod_{m}^{M} \frac{\Delta(\vec{n} + \vec{\alpha})}{\Delta \vec{\alpha}} \tag{7-39}$$

对于词的生成过程(主题编号的选择并不会改变 K 个主题下的词分布)，即可表示为式(7-40)。

$$p(\vec{w} \mid \vec{z}, \vec{\beta}) = p(\vec{w} \mid \vec{\beta}) = \prod_{k}^{K} \frac{\Delta(\vec{v}_k + \vec{\beta})}{\Delta \vec{\beta}} \tag{7-40}$$

因此，LDA 模型的语料库的生成概率可以表述为式(7-41)。

$$p(\vec{w}, \vec{z} \mid \vec{\alpha}, \vec{\beta}) = \prod_{k}^{K} \frac{\Delta(\vec{v}_k + \vec{\beta})}{\Delta \vec{\beta}} \prod_{m}^{M} \frac{\Delta(\vec{n}_m + \vec{\alpha})}{\Delta \vec{\alpha}} \tag{7-41}$$

至此，整个 LDA 主题提取模型的文档生成过程介绍完了，而在实际中运用求解时，我们的任务也就是去估计隐含变量主题分布和词分布的值。实际求解时，一般会采用 Gibbs Sampling。

7.6　概率图模型应用概述

概率图模型能够简洁地表示复杂的概率分布，有效地(近似)计算边缘分布和条件分布，方便地学习概率模型中的参数和超参数。因此，它作为一种处理不确定性推理的形式化方法，被广泛应用于需要进行自动概率推理及学习等场景，如计算机视觉及语音识别、自然语言处理、风险控制(反欺诈)、社交网络挖掘等领域。

1. 计算机视觉及语音识别

由于视觉及语音信息处理中存在大量的不确定性，概率图模型在计算机视觉领域有着广泛的应用,备受广大学者的关注。近年来计算机视觉发展最鲜明的特征就是机器学习与概率模型的广泛应用。视觉中常用的概率图模型有三类:贝叶斯网络、马尔可夫随机场和因子图。这三种概率图模型在视觉信息处理领域具有各自不同的应用范围。其中,贝叶斯网络最适合于表达因果关系或前一时刻对后一时刻的影响,所以广泛地应用于识别理解、目标跟踪等方面。马尔可夫随机场可表达相邻像素之间的关系,由此构成结点数量巨大的马尔可夫随机场,其求解依赖于图像分割(Graph Cut,GC)算法和置信传播(Belief Propagation,BP)算法。因子图是三者中表达能力最强的,许多视觉问题都可以转化为因子图来求解,但由于引入了局部函数结点,因子图的求解比较困难。值得一提的是,近年来,基于马尔可夫随机场的视觉信息处理受到了很大的关注,在图像分割、图像还原以及目标跟踪、目标检测、立体视觉等方面提出了很多有效的算法,得到广泛的应用。另外,隐马尔可夫模型是语音识别的支柱模型。

2. 自然语言处理

图模型把图论和统计方法结合起来,把基于图的推理应用到概率统计框架中,为描述自然语言中各种复杂的约束关系提出了一种可行的思路。图模型定义在一组与问题相关的随机变量上,每个变量对应于图中的一个结点,结点之间的约束关系用边表示,通过因子图的定义把图的结构和指数概率分布族联系起来,以特征的方式把语言知识或现象采用统一的方式整合到概率分布中,用于解决各种自然语言处理任务。

在文本分类中,LDA 作为一种无监督文本表示模型,其本身并不能直接判断文本类别,必须集成到合适的分类模型中协同工作。在最初利用 LDA 模型的分类过程中,对给定训练集中所有文档进行特征降维,将文本训练集表示成主题的概率分布,在得到的“主题 - 文本”矩阵上选择一种分类算法进行训练,构造出文本分类器。假设同一类别的文档共享同一类主题,不同类别的主题之间是独立的,因此每个类别的文档都将对应一个 LDA 子模型。在判断新文本类别时,将训练得到的每一个 LDA 子模型对新文本进行主题推断,计算出此文档的主题概率分布,之后根据分类算法判别新文本属于哪一个类别。

在文本聚类中,由于传统的聚类方法完全依靠词频等基本特征作为聚类分析依据,忽略了文本语义信息,聚类效果并不明显。人们开始考虑引入主题模型对文本建模,按照语义关系对文本进行聚类分析,每一聚簇内文本共享同一主题,使聚类更符合文本语义特征,提高了文本聚类的准确性。

在摘要抽取中,LDA 模型可建立多文档之间的语义联系,排除文档间的冗余成分,提高了多文档摘要抽取的准确性。韩冰等人在 LDA 模型基础上提出了一种融合显著信息的 LDA 方法(LDA with Saliency Information,SI-LDA),利用极光图像的谱残差(Spectral Residual,SR)显著信息生成视觉字典,加强极光图像的语义信息,并将其用于极光图像的特征表示。

3. 风险控制(反欺诈)

概率图模型能够评估未知量取值的可能性,对不同取值的概率给出量化的估计,这在涉及风险的决策系统中非常重要。

在综合考虑数据有缺失、数据相关性、因果分析等方面的问题时,可基于贝叶斯理论将针对连续数据的概率主成分分析(Probabilistic Principle Componets Analysis,PPCA)和针对离散数据的贝叶斯网络方法结合为概率图模型,打造统一的风险控制模型,在模型解释性、模型预测能力上以求达到最佳的平衡。

在针对反欺诈类型的问题时,依旧可以选择概率图模型,蚂蚁金服在 SIGKDD 2018 上的一篇投稿将无监督模型应用在信用卡欺诈检测中,在国际信用卡欺诈检测场景下,使用 autoencoder 模型对比规则,实现召回率提升约 3 倍,准确率提升约 40%,模型效果优于规则,且维护成本比规则低。

4. 社交网络挖掘

在社交网络用户相似性预测中,为了有效描述社交网络用户间复杂的相关性及不确定性,并提高海量社交网络用户相似性发现的准确度,利用基于贝叶斯网络的概率图模型,结合网络拓扑结构和用户之间的依赖程度,发现用户相似度。

另外,随着网络购物的发展,Web 上产生了大量的商品评论文本数据,其中蕴含着丰富的评价知识。如何从这些海量评论文本中有效地提取商品特征和情感词,进而获取特征级别的情感倾向,是进行商品评论细粒度情感分析的关键。彭云等人提出语义关系约束的主题模型 SRC-LDA(Semantic Relation Constrained-LDA),用来实现语义指导下 LDA 的细粒度主题词提取。由于 SRC-LDA 改善了标准 LDA 对于主题词的语义理解和识别能力,从而提高了相同主题下主题词分配的关联度和不同主题下主题词分配的区分度,可以更多地发现细粒度特征词、情感词及其之间的语义关联性。实验结果表明,SRC-LDA 对于细粒度特征和情感词的发现和提取具有较好的效果。

5. 医学

在医学上,即使子女的基因和母亲的基因已经确定,父亲的基因也可以有多种可能。要解决这类不确定性推理的问题,就必须借助概率论的方法。

2017 年 10 月 26 日,科学期刊 *Science* 上刊发了 Vicarious 公司的一项新研究,该研究通过提出一种新型生成式组成模型(Generative Compositional Model):Recursive Cortical Network(RCN),使用小样本学习,在 CAPTCHA(Completely Automated Public Turing Test to Tell Computers and Humans Apart)上获得突破性的成果。RCN 的成功表明,在推动人工智能发展的道路上,生成式组成模型,特别是上下文相关概率语法图模型和自底向上/自顶向下联合推理算法,取得了一个重要的阶段性成果。

而另一项概率图模型——贝叶斯网络,早期的应用之一是奥尔堡大学开发的 MUNIN 专家系统,用于肌电图的辅助诊断,通过对人类神经肌肉系统建模,能够处理

1 000 多个变量之间的关系学习。同期开发的 Hugin 专家系统则通过比较直观和易于使用的界面利用 BN 进行医疗诊断,MUNIN 和 Hugin 系统极大地推动了概率图模型的发展, 是 BN 在很多其他领域成功应用的基础。马尔可夫网络在基因网络建模中也十分热门。Wei 和 Li 利用离散马尔科夫随机场为基因网络建模, 而 Wei 和 Pan 把基因网络表达为高斯马尔科夫随机场。Wei 和 Pan 等人对马尔可夫网络在基因表达中的不同应用进行了比较。

7.7　案例分析

7.7.1　朴素贝叶斯进行垃圾邮件过滤

当使用朴素贝叶斯解决一些现实生活中的问题时,需要先从文本内容得到字符串列表,然后生成词条向量。本节的例子中,将了解朴素贝叶斯的一个著名的应用:电子邮件垃圾过滤,并输出给定文件分类错误率。

使用朴素贝叶斯对电子邮件进行分类的步骤如下:

(1)收集数据:提供文本文件。

(2)准备数据:将文本文件解析成词条向量。

(3)分析数据:检查词条确保解析的正确性。

(4)训练算法:使用之前建立的 trainNB0()函数。

(5)测试算法:使用 classifyNB()函数,并构建一个新的测试函数来计算文档集的错误率。

(6)使用算法:构建一个完整的程序对一组文档进行分类,将错分的文档输出到屏幕上。

对于一个文本字符串,可以使用 Python 的 string. split()方法将其切分,如图 7 - 17 所示。如果某些文件包含一些 URL(http://docs. google. com/support/bin/answer. py hl = en & answer = 66343),如 ham 下的 6. txt,那么切分文本时就会出现很多单词,如 py、hl,很显然这些都是没用的,因此在程序最后一行只输出长度大于 2 的词条。

测试朴素贝叶斯分类器,并进行交叉验证。随机选择 10 封电子邮件,并计算其上的分类错误率。因为是随机的,所以每次输出结果可能有些差别。在本例中,运行结果为“错误率:10. 00%”。如果想要更好地估计错误率,就需要多次重复求平均值。

这里一直出现的错误是将垃圾邮件误判为正常邮件。相比之下,将垃圾邮件误判为正常邮件比将正常邮件误判为垃圾邮件好。为避免错误可以使用 AdaBoost 算法修正分类器,从而提高分类性能。有兴趣的同学可以自学此部分。

```
['codeine', '15mg', 'for', '203', 'visa', 'only', 'codeine',
'methylmorphine', 'narcotic', 'opioid', 'pain', 'reliever',
'have', '15mg', '30mg', 'pills', '15mg', 'for', '203',
'15mg', 'for', '385', '15mg', 'for', '562', 'visa', 'only']
['peter', 'with', 'jose', 'out', 'town', 'you', 'want',
'meet', 'once', 'while', 'keep', 'things', 'going', 'and',
'some', 'interesting', 'stuff', 'let', 'know', 'eugene']
['hydrocodone', 'vicodin', 'brand', 'watson', 'vicodin',
'750', '195', '120', '570', 'brand', 'watson', '750', '195',
'120', '570', 'brand', 'watson', '325', '199', '120', '588',
'noprescription', 'required', 'free', 'express', 'fedex',
'days', 'delivery', 'for', 'over', '200', 'order', 'major',
'credit', 'cards', 'check']
['yay', 'you', 'both', 'doing', 'fine', 'working', 'mba',
'design', 'strategy', 'cca', 'top', 'art', 'school', 'new',
'program', 'focusing', 'more', 'right', 'brained',
'creative', 'and', 'strategic', 'approach', 'management',
'the', 'way', 'done', 'today']
['you', 'have', 'everything', 'gain', 'incredib1e', 'gains',
'length', 'inches', 'yourpenis', 'permanantly', 'amazing',
```

图 7-17 切分后的单词

7.7.2 前向后向算法求观测序列概率

盒子与球模型:假设有 4 个盒子,每个盒子内都装有红色和白色两种球若干个,盒子内的红白球数如下:

盒　子	1	2	3	4
红球数	5	3	6	8
白球数	5	7	4	2

从 4 个盒子中等概率地选取一个盒子,从这个盒子中随机抽取一个球,记录颜色后放回,然后转移到下一个盒子。规则是:当前盒子为盒子 1 时,那么下一个盒子一定是盒子 2;当前盒子为 2 或 3 时,分别以 0.4 和 0.6 的概率转移到左边或右边的盒子;当前盒子为盒子 4 时,则以 0.5 的概率留在盒子 4 或转移到盒子 3。

前向后向算法是前向算法和后向算法的统称,这两个算法都可以用来求 HMM 观测序列的概率。

算法 7-1　前向算法

输入:HMM 模型 λ,观测序列 X

输出:观测序列概率 $P(X|\lambda)$

(1)初始化:$\alpha_1(i)=\pi_i b_i(x_i), i=1,2,\cdots,N$

(2)递推:t from 1 to $n-1$

$$\alpha_{t+1}(i)=\left[\sum_{j=1}^{N}\alpha_t(j)a_{ji}\right]b_i(x_{t+1}), i=1,2,\cdots,N$$

(3)终止:$P(X|\lambda)=\sum_{i=1}^{N}\alpha_n(i)$

算法分析：

$\alpha_t(j)$是到时刻 t 为止，观测序列为$\{x_1,x_2,\cdots,x_t\}$，且时刻 t 的隐藏状态$y_t=q_j$的前向概率，那么$\alpha_t(j)a_{ji}$是到时刻 t，观测序列为$\{x_1,x_2,\cdots,x_t\}$，时刻 t 的隐藏状态$y_t=q_j$而在时刻 $t+1$ 到达状态q_i的概率。对于这个乘积在时刻 t 的所有可能的 N 个状态q_j求和，其结果就是到时刻 t，观测序列为$\{x_1,x_2,\cdots,x_t\}$，且在时刻 $t+1$ 隐含状态为q_i的联合概率。$\alpha_{t+1}(i)=[\sum_{j=1}^{N}\alpha_t(j)a_{ji}]b_i(x_{t+1})$ 是到时刻 $t+1$，观测序列为$\{x_1,x_2,\cdots,x_t,x_{t+1}\}$，并在时刻 $t+1$ 处于隐含状态q_i的前向概率。

算法 7－2　后向算法

输入：HMM 模型 λ，观测序列 X

输出：观测序列概率 $P(X|\lambda)$

（1）初始化：$\beta_n(i)=1,i=1,2,\cdots,N$

（2）递推：t from $n-1$ to 1

$$\beta_t(i)=\sum_{j=1}^{N}a_{ij}b_j(x_{t+1})\beta_{t+1}(j),i=1,2,\cdots,N$$

（3）终止：$P(X|\lambda)=\sum_{i=1}^{N}\pi_i b_i(x_1)\beta_1(i)$

算法分析：

为了计算在时刻 t 隐含状态为q_i条件下时刻 $t+1$ 之后的观测序列为$\{x_{t+1},x_{t+2},\cdots,x_n\}$的后向概率$\beta_t(i)$，只需要考虑在时刻 $t+1$ 所有可能的 N 个状态q_j的转移概率(a_{ij})，以及在此状态下的观测x_{t+1}的观测概率$(b_j(x_{t+1}))$，然后考虑状态q_j。

由上述问题可知：

隐含状态集合为：$Q=[\text{box1},\text{box2},\text{box3},\text{box4}]$

观测值集合为：$V=[\text{red},\text{white}]$

状态转移矩阵为：$\boldsymbol{A}=\begin{bmatrix}0 & 1 & 0 & 0\\0.4 & 0 & 0.6 & 0\\0 & 0.4 & 0 & 0.6\\0 & 0 & 0.5 & 0.5\end{bmatrix}$

输出观测矩阵为：$\boldsymbol{B}=\begin{bmatrix}0.5 & 0.6\\0.3 & 0.7\\0.6 & 0.4\\0.8 & 0.2\end{bmatrix}$

初始状态概率分布矩阵为：$\pi = [0.25, 0.25, 0.25, 0.25]^T$

7.7.3 马尔可夫链蒙特卡罗方法预测睡眠质量

图 7－18 所示为 Garmin Vivosmart 手表根据心率和运动情况追踪的睡眠和起床状况。借助该睡眠数据创建一个模型，通过把睡眠看作时间函数，而确定睡眠的后验概率。

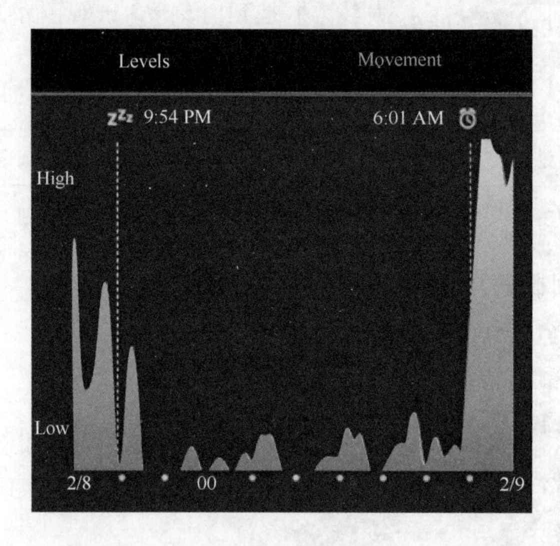

图 7－18 睡眠数据

首先需要确定一个合适的函数来对睡眠的后验概率分布进行建模。一个简单的方法是直观检查这些数据。对于睡眠的时间函数的观察如图 7－19 所示。

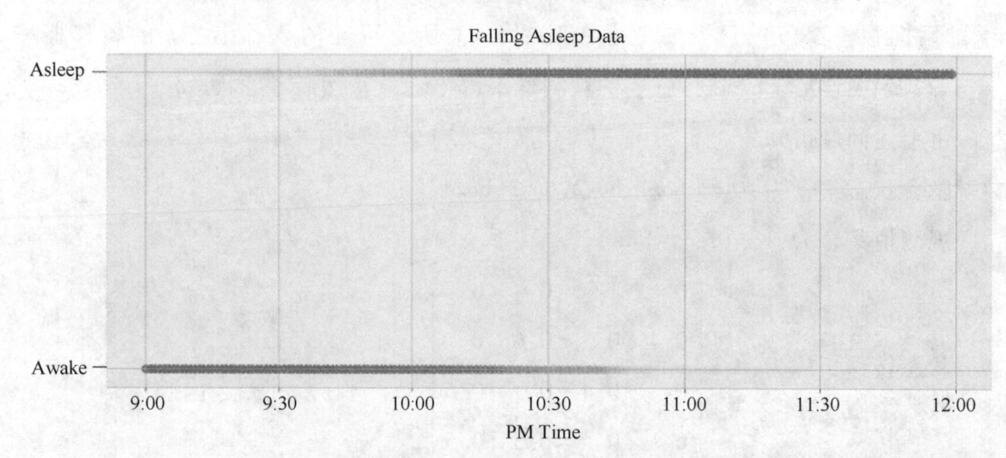

图 7－19 睡眠数据的时间函数的观察

图 7－19 中，每个数据点都用点表示，点的强度显示在特定时间的观测数量。手表只能记录入睡的那一分钟，因此，为了扩大数据量，在精确时间的两边增加 1 分钟为单位的数据点。举例而言，如果手表显示在晚上 10:05 入睡，那么 10:05 之前的每一

分钟都被表示为 0(清醒),10:05 之后的每一分钟都被表示为 1(睡着)。这将大约 60 个夜晚的观测数据扩展到了 11 340 个数据点。

可以发现,入睡时间一般在晚上 10 点之后。如果想创建一个模型,以概率的形式捕捉从清醒到入睡的过渡过程,可以在模型中使用一个简单的阶跃函数,它在一个精确的时间从唤醒(0)过渡成入睡(1),但是这无法表现数据的不确定性。因为人们不可能在每天晚上的同一时间睡觉,因此需要一个能模拟过渡过程的函数对这一渐进过程进行建模,显示变化特性。给定上述数据的情况下,最佳选择是在 0 和 1 的边界之间平滑过渡的 logistic 函数。以下是睡眠概率作为时间函数的 logistic 方程:

$$P(\text{sleep} \mid \text{time}) = \frac{1}{1 + e^{\beta t + \alpha}}$$

其中,β 和 α 是在 MCMC 过程中必须学习的模型参数。具有不同参数的 logsitic 函数图像如图 7－20 所示。

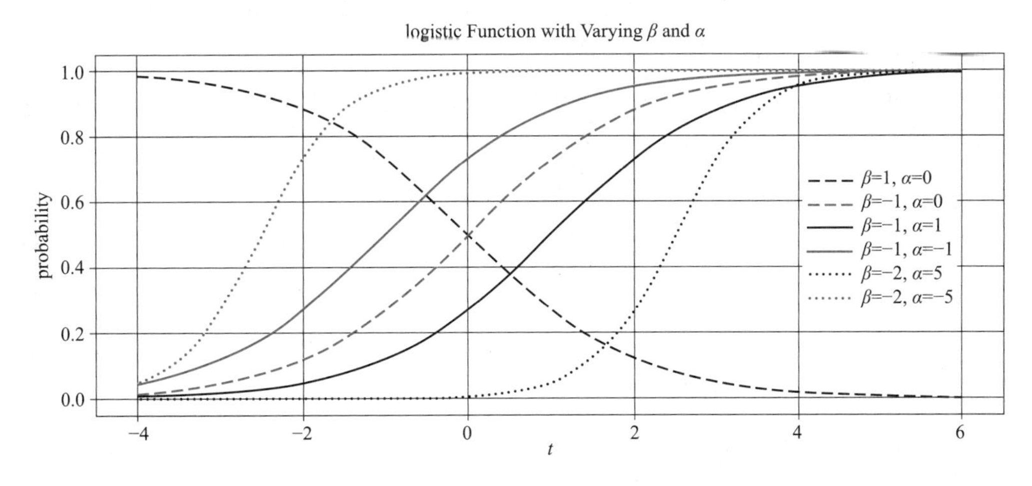

图 7－20　具有不同 β 和 α 值的 logsitic 函数

logsitic 函数很适合本案例中的数据,因为入睡的可能性会逐渐转变,此函数能捕捉睡眠模式之中的变化情况。我们希望能够在函数中插入时间 t,获得睡眠概率(其值在 0 和 1 之间)。最终得到的不是在晚上 10:00 入睡与否的直接答案,而是一个概率。为了建立这个模型,使用这些数据,通过 MCMC 寻找最佳的 α 和 β 参数。

因为不能直接构建 logistic 分布,所以,与之相反,我们为函数的参数(α 和 β)生成了上千个值——被称为样本——从而创造分布的近似值。MCMC 隐含的思想是,当生成更多的样本时,近似值越来越接近实际的真实分布。

马尔可夫链蒙特卡罗方法分为两部分。蒙特卡罗指的是使用重复随机样本获得数值解的一般性技术。蒙特卡罗可以被视为进行了若干次实验,其中每次都对模型中的变量进行改变并观察其响应。通过选择随机数,可以探索大部分参数空间,即变量可能值的范围。图 7－21 显示了我们的问题,使用正常先验后的参数空间。

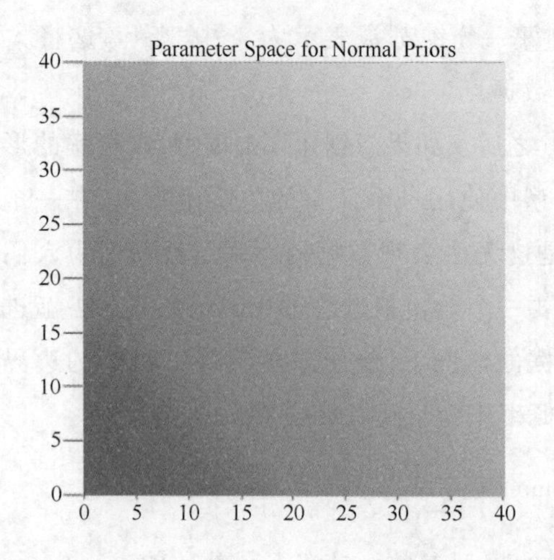

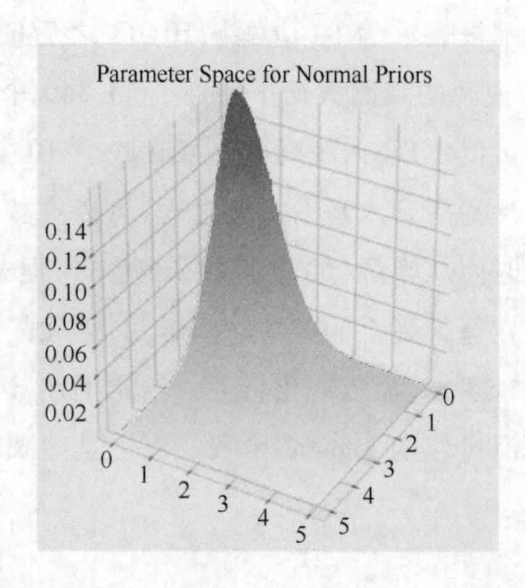

图 7-21 正常先验后的参数空间

显然,无法一一尝试图像中的每一个点。但是通过对较高概率区域(咖啡色区域)进行随机抽样,可以为问题建立最可能的模型。

马尔可夫链是一个随机过程,其中次态仅依赖于当前状态(在此语境中,一个状态指的是参数的一次赋值)。马尔可夫链没有记忆性,因为只有当前状态对下一状态起作用,而与到达当前状态的方式无关。如果这种说法还是有些难以理解,可以用日常现象中的天气来举例。如果要预测明日天气,可以仅通过今日天气来得到一个合理的估计。如果今天下雪了,可以查看下雪次日天气分布的历史数据,估算明天天气的概率。马尔可夫链的概念在于,无须了解整个历史过程就能预测下一状态,这个近似在许多现实情况中就能很好地工作。

为了绘制 α 和 β 的随机值,需要假设这些值的先验分布。由于对参数没有任何提前的假设,可以使用正态分布。正态分布又称高斯分布,它由均值和方差定义,分别显示数据的位置以及扩散情况。图 7-22 所示是具有不同均值和方差的几种正态分布。

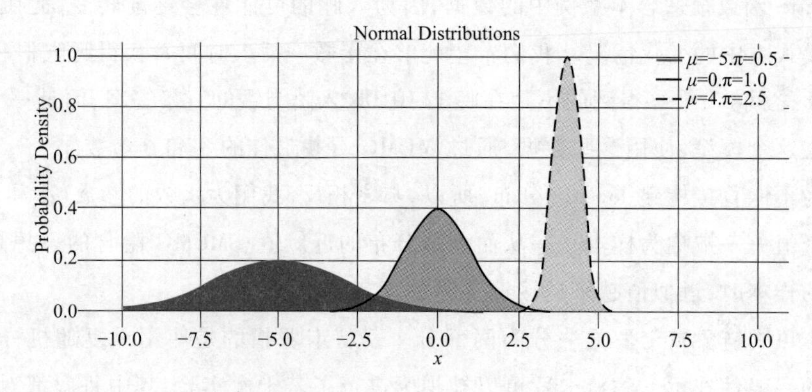

图 7-22 不同均值和方差的正态分布

为了将案例中观察的数据与模型联系起来,每绘制一组随机值,算法会根据数据对其进行评估。如果随机值与数据不一致（这里稍微进行了一些简化），这些值将被拒绝，模型保持当前状态。反之，如果随机值与数据一致，这些值将会分配给参数并成为当前状态。该过程将持续进行指定的步骤数目，模型的准确率也随着步骤数量的增加而改善。

马尔可夫链蒙特卡罗在我们的问题当中的基本步骤如下：

（1）为 logistic 函数选择一组初始参数 α 和 β。

（2）根据当前状态，把新的随机值分配给 α 和 β。

（3）检查新的随机值是否与观察结果一致：

①如果一致，则接受这些值，将其作为新的当前状态。

②如果不一致，拒绝这些随机值并返回前一个状态。

（4）对指定的迭代次数重复执行步骤（2）和（3）。

该算法将返回它为 α 和 β 生成的所有值。然后，可以使用这些值的平均值作为 logistic 函数中 α 和 β 的最终可能值。MCMC 无法返回真实值，它给出的是分布的近似值。给定数据的情况下，最终输出的睡眠概率模型将是具有 α 和 β 均值的 logistic 函数。

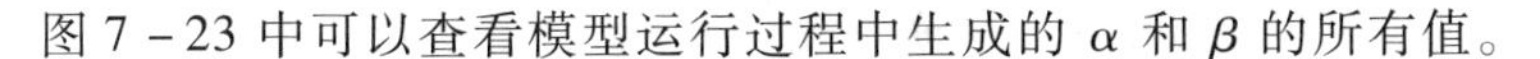

图 7－23 中可以查看模型运行过程中生成的 α 和 β 的所有值。

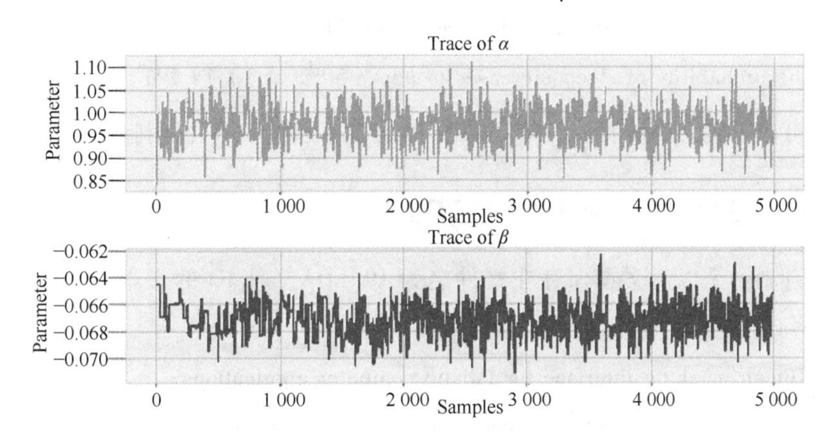

图 7－23　模型运行过程中 α 和 β 的所有值

它们被称为轨迹图。可以看到，每个状态都与之前的状态有关（马尔可夫链），但是这些值波动显著（蒙特卡罗采样）。

在 MCMC 中，通常高达 90% 的轨迹会被抛弃。该算法无法立即收敛到真正的分布，且初始值往往并不准确。后期的参数值通常更好，这意味着它们是适用于建立模型的参数。使用了 10 000 个样本并丢弃了前 50%，但是一个行业的应用可能会使用数十万甚至上百万个样本。

给定足够多的迭代次数，MCMC 将收敛于真实值。但是，对收敛进行评估可能比较困难。如果想要结果最准确，这是一个重要的考虑因素。

最终建立并运行模型之后,将最后 5 000 个 α 和 β 样本的平均值作为参数最可能的值,这就能够创建一条曲线,建模睡眠后验概率,如图 7-24 所示。

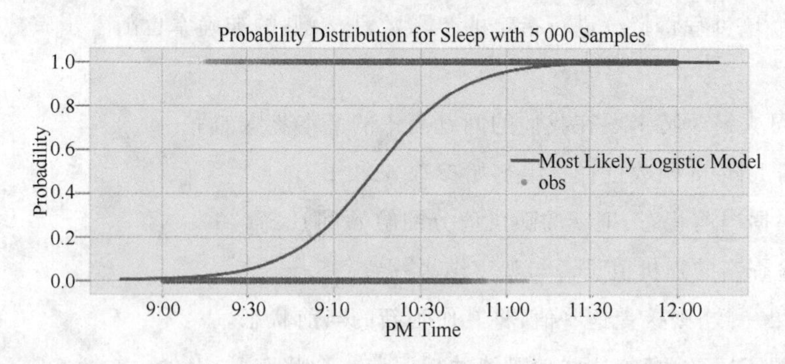

图 7-24　睡眠后验概率

该模型能很好地反映数据的结果。此外,它捕捉了睡眠模式当中的固有变化。该模型给出的不是一个简单的是非答案,而是一个概率。例如,可以通过该模型找到在给定时间人们睡着的概率,并能找到睡眠概率经过 50% 的时间:

(1)9:30 PM probability of being asleep: 4.80%。

(2)10:00 PM probability of being asleep: 27.44%。

(3)10:30 PM probability of being asleep: 73.91%。

(4)The probability of sleep increases to above 50% at 10:14 PM。

由此可以看到,入睡时间在 10:14 PM 时的概率超过 50%,说明睡眠质量不错。

7.7.4　利用 LDA 对文本进行主题提取

可以自制一个以下文本保存在文件名为 19. LDA_test. txt 的文本文件中。一共有 9 篇文档,每篇文档为 1 行。

(1)Human machine interface for lababc computer applications。

(2)A survey of user opinion of computer system response time。

(3)The EPS user interface management system。

(4)System and human system engineering testing of EPS。

(5)Relation of user perceived response time to error measurement。

(6)The generation of random binary unordered trees。

(7)The intersection graph of paths in trees。

(8)Graph minors IV Widths of trees and well quasi ordering。

(9)Graph minors A survey。

首先,将这个文件读进来并对每行的文档进行分词,去掉停用词。

然后,构建字典,计算每个文档中的 TF-IDF 值。根据字典,将每行文档都转换为索引的形式。转换后还是每行一篇文章，只是原来的文字变成了(索引,1)的形式，这个索引根据的是字典中的(索引,词)。打印结果如下：

[(0, 1), (1, 1), (2, 1), (3, 1), (4, 1), (5, 1), (6, 1)]

[(4, 1), (7, 1), (8, 1), (9, 1), (10, 1), (11, 1), (12, 1)]

[(6, 1), (7, 1), (9, 1), (13, 1), (14, 1)]

[(5, 1), (7, 2), (14, 1), (15, 1), (16, 1)]

[(9, 1), (10, 1), (12, 1), (17, 1), (18, 1), (19, 1), (20, 1)]

[(21, 1), (22, 1), (23, 1), (24, 1), (25, 1)]

[(25, 1), (26, 1), (27, 1), (28, 1)]

[(25, 1), (26, 1), (29, 1), (30, 1), (31, 1), (32, 1), (33, 1), (34, 1)]

[(8, 1), (26, 1), (29, 1)]

接着，对每篇文档中的每个词都计算 TF-IDF 值，此时仍然是每一行一篇文档，只是上面一步中的 1 的位置，变成每个词索引所对应的 TF-IDF 值。

最后，使用每篇文章的 TF-IDF 值来作为特征输入 LDA 模型，得到各文档的主题，结果如下：

[[(0, 0.25865201763870671), (1, 0.7413479823612934)],

[(0, 0.6704214035190138), (1, 0.32957859648098625)],

[(0, 0.34722886288787302), (1, 0.65277113711212698)],

[(0, 0.64268836524831052), (1, 0.35731163475168948)],

[(0, 0.67316053818546506), (1, 0.32683946181453505)],

[(0, 0.37897103968594514), (1, 0.62102896031405486)],

[(0, 0.6244681672561716), (1, 0.37553183274382845)],

[(0, 0.74840501728867792), (1, 0.25159498271132213)],

[(0, 0.65364678163446832), (1, 0.34635321836553179)]]

小　结

概率图模型提供了一个用图来描述概率模型的框架，通过这种可视化方法可以更加容易地理解复杂模型的内在性质。本章主要讨论了贝叶斯网络、马尔可夫随机场、隐马尔可夫模型、马尔可夫链蒙特卡罗方法和 LDA 主题提取模型等概率图模型。

贝叶斯网络和马尔可夫随机场的主要区别在于，贝叶斯网络采用有向无环图来表达因果关系，马尔可夫随机场则采用无向图来表达变量间的相互作用。隐马尔可夫是用于语音识别的重要模型。马尔可夫链蒙特卡罗方法被称为史上最有影响力的方法，其核心思想是找到某个状态空间的马尔可夫链，使得该马尔可夫链的稳定分布就是我们的目标分布。马尔可夫链蒙特卡罗方法解决了不能通过简单抽样算法进行抽样的问题,是一种重要的实用性很强的抽样算法。LDA主题模型在自然语言处理、多媒体数据处理、数据挖掘等方面有广泛应用。

概率图模型及其应用是一个比较前沿的研究领域,对解决不确定性问题具有非常好的应用前景。

习 题

1. 图7-25是一个简单的贝叶斯网络,求$P(a,b,c)$。

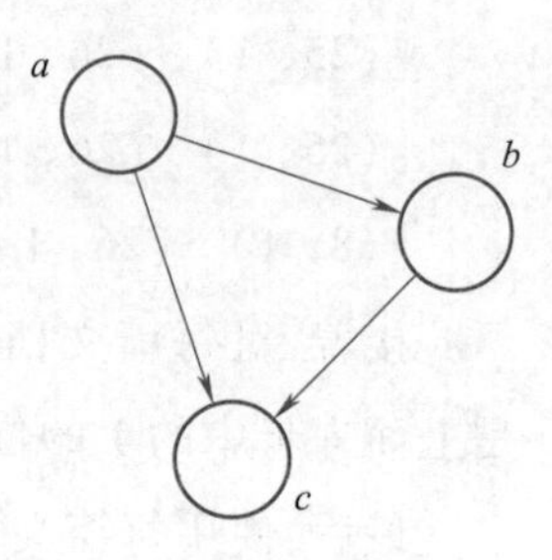

图7-25 一个简单的贝叶斯网络

2. 简述隐马尔可夫过程,并说明如何评估模型与观测序列之间的匹配程度。

3. 试证明图模型中的局部马尔可夫性:给定某变量的邻接变量,则该变量条件独立于其他变量。

4. 试证明图模型中的成对马尔可夫性:给定其他所有变量,则两个非邻接变量条件独立。

5. 赌场的欺诈。某赌场在掷骰子根据点数决定胜负时,暗中采取了如下作弊手段:在连续多次掷骰子的过程中,通常使用公平骰子A,偶尔混入一个灌铅骰子B。公平骰子A与灌铅骰子B区别如下:

点　数	骰子A	骰子B
1点	1/6	0
2点	1/6	1/8
3点	1/6	1/8
4点	1/6	3/16
5点	1/6	3/16
6点	1/6	3/8

给定一个股子掷出的点数记录:

124552646214613613666166466163661636616361651561511514612356234

请问:出现这个点数记录的概率有多大?点数序列中的哪些点数是用股子B掷出的?

6. 试通过分析希拉里邮件简单熟悉使用LDA模型提取语料库主题。

第8章 强化学习

强化学习是机器学习的一个分支，与传统的机器学习方法不同，需要对情景及恰当的决策之间进行搜索，根据反馈对这种搜索策略进行奖罚，是一种序列多步决策问题。强化学习是介于监督学习（即利用目标数据给出的正确答案来训练）和非监督学习（即算法只能探索相似的数据来逼近）之间的弱监督学习方法。

8.1 强化学习过程

1954年，Minsky首次提出“强化”和“强化学习”的概念和术语。1965年在控制理论中，Waltz和傅京孙也提出这一概念，描述通过奖惩的手段进行学习的基本思想。他们都明确了“试错”是强化学习的核心机制。Bellman在1957年通过离散随机最优控制模型首次提出了离散时间马尔可夫决策过程，而该方法的求解采用了类似强化学习试错迭代求解的机制，尽管他只是采用了强化学习的思想求解马尔可夫决策过程，但却使得马尔可夫决策过程（Markov Decision Process）成为定义强化学习问题的最普遍形式。

1960年和1962年，Howard和Blackwell提出并完善了求解马尔可夫决策过程模型的动态规划方法。强化学习的理论基础和试错的策略迭代才到此时才基本确定下来。到1989年，Watkins提出的Q－Learning进一步拓展了强化学习的应用和完备了强化学习。Q－Learning使得在缺乏立即回报函数（仍然需要知道最终回报或者目标状态）和状态转换函数知识下依然可以求出最优行动策略，换句话说，Q－Learning使得强化学习不再依赖于问题模型。此外，Watkins还证明了当系统是确定性的马尔可夫决策过程，并且回报是有限的情况下，强化学习是收敛的，也即一定可以求出最优解。至今，Q－Learning已经成为最广泛使用的强化学习方法。

著名的心理学家巴甫洛夫用狗做了这样一个实验：每次给狗送食物前对着狗摇铃铛，这样经过一段时间以后，每次对着狗摇铃铛，狗就会不由自主地流口水，并期待食物的到来。在“巴甫洛夫的狗”实验中，可以得到一个具有很高抽象度的强化学习框

架,主要有下面几个关键要素:

◆ 狗:实验的主角。

◆ 实验者:负责操控和运转实验。

◆ 铃铛:给狗的一个刺激。

◆ 口水:狗对刺激的反应。

◆ 食物:给狗的奖励,也是改变狗行为的关键。

接下来给上面的每个要素赋予一个抽象的名字。

◆ 实验的主角:智能体(Agent)。

◆ 实验的操控者:系统环境(System Environment)。

◆ 给 Agent 的刺激(是否摇铃铛):状态(State)。

◆ Agent 的反应(是否流口水):行动(Action)。

◆ Agent 的奖励(是否奖励食物):回报或者反馈(Reward)。

在经典的强化学习中,智能体要和环境完成一系列的交互。

(1)在每一个时刻,环境都将处于一种状态。

(2)智能体将设法得到环境当前状态,如狗能知道实验者是否摇铃铛。

(3)智能体根据当前状态,结合策略(Policy)做出行动,如实验者对着狗摇铃铛,狗就开始流口水。

(4)这个行动会影响环境的状态,使环境发生一定的改变。智能体将从改变后的环境中得到两部分信息:新的状态和行为的回报。这个回报可以是正向的,也可以是负向的。这样智能体就可以根据新的观测值做出新的行动,这个过程如图 8-1 所示。如在实验的早期,当实验者对着狗摇铃铛时,狗并不会有任何准备进食的反应;随着实验的进行,铃铛和食物不断地刺激狗,使狗最终提高了准备进食这个行动的可能性。

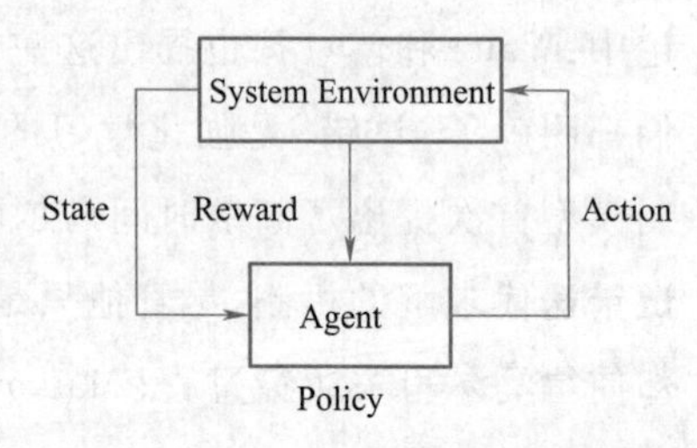

图 8-1 强化学习过程示意图

在给定情境下,得到奖励的行为会被“强化”,而受到惩罚的行为会被“弱化”,这样一种生物智能模式使得动物可以从不同行为尝试获得的奖励或惩罚学会在该情境下选择训练者最期望的行为。这就是强化学习的核心机制:用试错(trail - and - error)来学会在给定的情境下选择最恰当的行为。

8.2 马尔可夫决策过程

强化学习任务通常用马尔可夫决策过程来描述。马尔可夫决策过程是在环境中模拟智能体的随机性策略与回报的数学模型,且环境的状态具有马尔可夫性质。马尔可夫决策过程被用于机器学习中强化学习问题的建模。通过使用动态规划、随机采样等方法，马尔可夫决策过程可以求解使回报最大化的智能体策略，并在自动控制、推荐系统等主题中得到应用。

马尔可夫决策过程包含 5 个模型要素，给定一个马尔可夫决策过程模型 $\mathcal{M}=<\mathcal{S},\mathcal{A},\mathcal{P},\mathcal{R},\gamma>$。

◆ $\mathcal{S}$ 是所有可能的状态（State）的有限集合。

◆ $\mathcal{A}$ 是所有可能的行动（Action）的有限集合。

◆ $\mathcal{P}$ 是一个状态的转移概率矩阵，$\mathcal{P}_{ss'}^{a}=\mathbb{P}[S_{t+1}=s' \mid S_t=s,A_t=a]$。

◆ $\mathcal{R}$ 是奖励（Reward）函数，$\mathcal{R}_{s}^{a}=\mathbb{E}[R_{t+1} \mid S_t=s,A_t=a]$。

◆ γ 是奖励衰减因子，$\gamma\in[0,1]$，该因素会在后面的长期回报中涉及。

将图 8－2 所示的学习任务抽象为一个解决如何获得最大奖励问题的马尔可夫决策过程模型，来对马尔可夫决策过程进行形象化的解释。在这个学习任务中有以下 5 种解释：

◆每个圆圈表示一个状态，$\mathcal{S}=\{s_1,s_2,s_3,s_4,s_5\}$。

◆有 5 种可能的行动，$\mathcal{A}=\{a_1,a_2,a_3,a_4,a_5\}$，分别对应学习、思考、刷微博、停止刷微博、睡觉。

◆用策略（policy）$\pi(a \mid s)$ 表示状态 s 时采取行动 a 的概率，即 $\pi(a \mid s)=P(A_t=a \mid S_t=s)$。简单起见，设学习任务中任意状态 s 的 $\pi(a \mid s)=0.5$。

◆对于任意策略 $\pi(a \mid s)$ 对应的延时奖励已在图中标出，如 $S_t=b_2,A_t=a_3$ 时，$R_{t+1}=-1$。

◆简单起见，设学习任务中奖励衰减因子 $\gamma=1$。

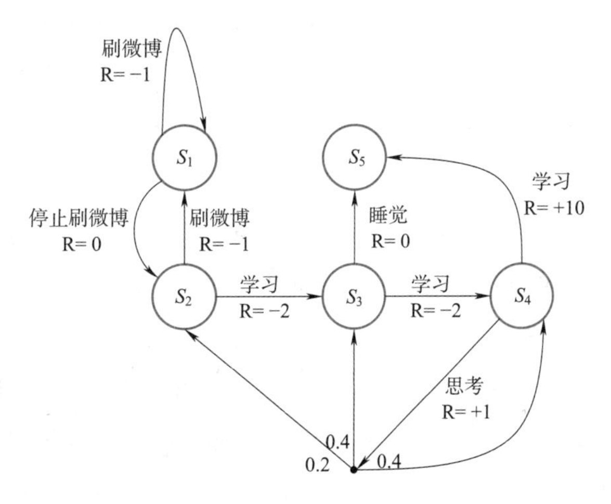

图 8－2　学习任务示意图

假设我们是该学习任务中的学生，那么我们要做的就是通过在环境中不断地尝试

而学得一个策略 $\pi(a|s)$,根据这个策略,在状态 s 下就能得知要执行的行动 a。通常策略的优劣不仅仅靠当前的延时奖励决定,还要计算执行这一策略后得到的长期累计奖励 $G_t = R_{t+1} + R_{t+2} + R_{t+3} + \cdots$,称为长期回报(Return)。比如在下象棋时,某个行动可以吃掉对方的车,但是接着输棋了,此时吃车的延时奖励 R_{t+1} 很高但是长期回报 G_t 并不高,因此大多数情况下使用长期回报评价策略的优劣更符合实际情况。在马尔可夫决策过程或者强化学习中,学习的目的就是要找到能使长期回报最大化的策略。通常还会使用一个衰减因子 $\gamma \in [0,1]$ 来降低未来回报对当前的影响,使得长期回报更有意义。所以修正后的长期回报变为式(8-1)。

$$G_t = R_{t+1} + \gamma R_{t+2} + \gamma^2 R_{t+3} + \cdots = \sum_{k=0}^{\infty} \gamma^k R_{t+k+1} \tag{8-1}$$

特别地,若 $\gamma = 0$,则长期回报只由当前延时奖励决定,若 $\gamma = 1$,则所有的后续奖励和当前延时奖励具有相同的权重。大多数时候,会取一个 0~1 的数字,即当前延时奖励的权重比后续奖励的权重大。

解决策略的优劣问题,接下来来看另一个定义:策略的价值。在学习任务中,由于状态 s_5 没有下一个行动和状态,因此将其设置为本模型的终止状态。由于环境的原因,假设起始状态为 s_1,根据策略 π 能得到多条状态序列如 $s_1 \to s_2 \to s_3 \to s_5$,$s_1 \to s_2 \to s_3 \to s_4 \to s_5$ 以及多条状态—行动序列如 $s_1 \to a_4 \to s_2 \to a_1 \to s_3 \to a_5 \to s_5$,$s_1 \to a_4 \to s_2 \to a_1 \to s_3 \to a_1 \to s_4 \to a_5 \to s_5$。这时需要考虑每一种情况的影响,这就需要求解不同情况下长期回报的期望。根据马尔可夫决策过程的模型形式,策略的价值函数可以分为两种类型:

(1)状态价值函数 $v_\pi(s)$:也就是已知当前状态 s,按照策略 π 行动产生的回报期望如式(8-2)所示。

$$v_\pi(s) = \mathbb{E}_\pi(G_t | S_t = s) = \mathbb{E}_\pi(R_{t+1} + \gamma R_{t+2} + \gamma^2 R_{t+3} + \cdots | S_t = s) \tag{8-2}$$

(2)状态—行动价值函数 $q_\pi(s,a)$:也就是已知当前状态 s 和行动 a,按照策略 π 行动产生的回报期望如式(8-3)所示。

$$\begin{aligned} q_\pi(s,a) &= \mathbb{E}_\pi(G_t | S_t = s, A_t = a) \\ &= \mathbb{E}_\pi(R_{t+1} + \gamma R_{t+2} + \gamma^2 R_{t+3} + \cdots | S_t = s, A_t = a) \end{aligned} \tag{8-3}$$

实际上,使用上述的价值函数计算策略的价值仍然是个非常困难的事情。如果要计算从某个状态出发的价值函数,相当于依从某个策略把从这个状态出发的所有可能路径走一遍,将这些路径的长期回报以概率求期望,这就算对于学习任务这个小模型来说也是相当让人头疼的,读者可以对学习任务进行尝试。因此,需要价值函数进行变换,以状态价值函数 $v_\pi(s)$ 为例,如式(8-4)所示。

$$\begin{aligned} v_\pi(s) &= \mathbb{E}_\pi(R_{t+1} + \gamma R_{t+2} + \gamma^2 R_{t+3} + \cdots | S_t = s) \\ &= \mathbb{E}_\pi(R_{t+1} + \gamma(R_{t+2} + \gamma R_{t+3} + \cdots) | S_t = s) \end{aligned}$$

$$= \mathbb{E}_\pi(R_{t+1} + \gamma G_{t+1} \mid S_t = s) = \mathbb{E}_\pi(R_{t+1} + \gamma v_\pi(S_{t+1}) \mid S_t = s) \qquad (8-4)$$

通过这样的计算,发现状态价值函数可以递归的形式表示。假设价值函数已经稳定,任意一个状态的价值可以由其他状态的价值表示,这个公式就被称为贝尔曼公式(Bellman Equation,以下简称 Bellman 公式)。类似的,可以得到状态—行动价值函数 $q_\pi(s,a)$ 的 Bellman 公式如式(8-5)所示。

$$q_\pi(s,a) = \mathbb{E}_\pi(R_{t+1} + \gamma q_\pi(S_{t+1}, A_{t+1}) \mid S_t = s, A_t = a) \qquad (8-5)$$

根据状态价值函数 $v_\pi(s)$ 与状态—行动价值函数 $q_\pi(s,a)$ 的关系,如图 8-3 所示,可以得到它们之间的转换公式,如式(8-6)和式(8-7)所示。

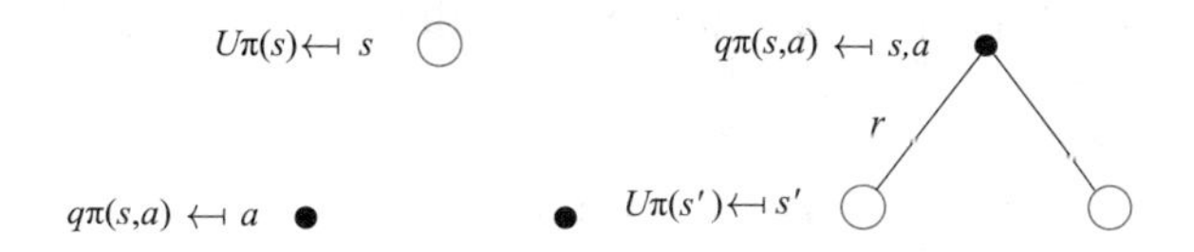

图 8-3　$v_\pi(s)$ 与 $q_\pi(s,a)$ 关系示意图

$$v_\pi(s) = \sum_{a \in \mathcal{A}} \pi(a \mid s)\, q_\pi(s,a) \qquad (8-6)$$

$$q_\pi(s,a) = \mathcal{R}_s^a + \gamma \sum_{s' \in \mathcal{S}} P_{ss'}^a\, v_\pi(s') \qquad (8-7)$$

$v_\pi(s)$ 可以理解为状态 s 下所有状态—行动价值乘以该行动出现的概率,最后求和,就是状态 s 的价值。$q_\pi(s,a)$ 可以理解为两部分相加组成:第一部分是在状态 s 时执行行动 a 获得的延时奖励;第二部分是状态 s 下所有可能出现的下一个状态 s' 的概率乘以该下一状态的状态价值,最后求和并乘以衰减因子。结合上述两式,可以得到式(8-8)和式(8-9)。

$$v_\pi(s) = \sum_{a \in \mathcal{A}} \pi(a \mid s)(\mathcal{R}_s^a + \gamma \sum_{s' \in \mathcal{S}} \mathcal{P}_{ss'}^a\, v_\pi(s')) \qquad (8-8)$$

$$q_\pi(s,a) = \mathcal{R}_s^a + \gamma \sum_{s' \in \mathcal{S}} \mathcal{P}_{ss'}^a \sum_{a' \in \mathcal{A}} \pi(a' \mid s')\, q_\pi(s',a') \qquad (8-9)$$

基于上述价值函数的公式,可以对学习任务中的状态和状态—行动价值函数进行列方程求解。设 v_1, v_2, v_3, v_4, v_5 分别对应状态 s_1, s_2, s_3, s_4, s_5 的价值,由于终止状态 s_5 没有下一个状态和行动,因此其价值 $v_5 = 0$。以 v_1 为例,由前面假设 $\pi(a \mid s) = 0.5$ 可以得到 $\pi(a_3 \mid s_1) = 0.5$,$\pi(a_4 \mid s_1) = 0.5$,也就是说状态 s_1 有 0.5 的概率执行行动 a_3,有 0.5 的概率执行行动 a_4。当执行行动 a_3 时,其延时奖励 $\mathcal{R}_{s_1}^{a_3} = -1$,然后以 $\mathcal{P}_{s_1 s_1}^{a_3} = 1$ 的概率进入下一个状态 s_1,即 $v_{\pi(a_3 \mid s_1)}(s_1) = v_1$;当执行行动 a_4 时,其延时奖励 $\mathcal{R}_{s_1}^{a_4} = 0$,然后以 $\mathcal{P}_{s_1 s_2}^{a_4} = 1$ 的概率进入下一个状态 s_2,即 $v_{\pi(a_4 \mid s_1)}(s_2) = v_2$。综上有 $v_1 = 0.5 \times (-1 + v_1) + 0.5 \times (0 + v_2)$。类似地可以得到一个状态价值方程组,如式(8-10)所示。

$$\begin{cases} v_1 = 0.5 \times (-1 + v_1) + 0.5 \times (0 + v_2) \\ v_2 = 0.5 \times (-1 + v_1) + 0.5 \times (-2 + v_3) \\ v_3 = 0.5 \times (0 + 0) + 0.5 \times (-2 + v_4) \\ v_4 = 0.5 \times (10 + 0) + 0.5 \times (1 + 0.2 \times v_2 + 0.4 \times v_3 + 0.4 \times v_4) \end{cases} \tag{8-10}$$

解出该方程组可以得到每个状态的价值$v_1 = -2.3, v_2 = -1.3, v_3 = 2.7, v_4 = 7.4$。

解决马尔可夫决策过程或者说强化学习问题意味着要找到最优的策略，使每一个状态的价值最大化。这相当于求解式(8-11)。

$$v_*(s) = \max_{\pi} v_{\pi}(s) \tag{8-11}$$

而对于每一个状态对应的行动，希望找到使其价值最大化的行动，如式(8-12)所示。

$$q_*(s,a) = \max_{\pi} q_{\pi}(s,a) \tag{8-12}$$

基于状态—行动价值函数，可以定义最优策略如式(8-13)所示。

$$\pi_*(a \mid s) = \begin{cases} 1 \text{ if } a = \arg\max\limits_{a \in \mathcal{A}} q_*(s,a) \\ 0 \text{ else} \end{cases} \tag{8-13}$$

只要找到了最优状态价值函数或者状态—行动价值函数，那么对应的最优策略π^*就是马尔可夫决策过程问题的解。

接下来以$q_*(s,a)$为例对学习任务进行求解，首先根据终止状态s_5可以得到式(8-14)。

$$q_*(s_3,a_5) = 0, q_*(s_4,a_1) = 10 \tag{8-14}$$

然后可以类似之前求状态价值的方法利用$q_*(s,a) = \max_{\pi} q_{\pi}(s,a)$列方程组求出所有$q_*(s,a)$，从而得到学习任务的最优策略。

虽然简单的马尔可夫决策过程问题可以直接用方程组来直接求解，但是更复杂的问题还需要寻找其他有效的方法，如动态规划法、蒙特卡罗法、时间差分法等。

8.3 Q-Learning

马尔可夫决策过程的一个特点是可以知道环境运转的细节，具体说就是知道状态转移概率。但在很多实际问题中，无法得到模型的全貌，也就是说，状态转移的信息P无法获得。一般来说，将知晓状态转移概率的问题称为“基于模型”的问题(Model-based Problem)，否则称为“无模型”问题(Model-free Problem)。

当模型已知时，可以根据状态转移直接计算得到收敛的值函数，但当模型未知时，只能通过与环境交互得到交互序列。这里就存在一个问题：交互序列可以真实反映状态转移概率吗？在一些极端条件下这是可能的。假设通过与环境交互，所有的状态和行动组合全部被 Agent 经历过，而且每种情况都经历了足够多次，那么通过统计计算这些序列的长期回报，可以得到接近状态转移概率已知时得到的值函数如表 8 - 1 所示。

表 8 - 1　值函数

Q - Table	a_1	a_2
s_1	$Q(s_1, a_1)$	$Q(s_1, a_2)$
s_2	$Q(s_2, a_1)$	$Q(s_2, a_2)$

但是对常见的问题来说，实现这个目标比较困难。主要原因在于可行的状态行动序列太多，想要对其进行一一尝试不太现实。本节要讲解的 Q - Learning 算法是一种经典的无模型求解强化学习问题的方法，它在进行价值函数估计时只需知道前一步的状态、行动、奖励值以及当前状态和将要执行的行动，避免了对完整模型的依赖性。这里的 Q 类似于马尔可夫决策过程中的状态—行动价值函数，$Q(s,a)$ 表示在状态 s 采取行动 a 获得奖励的期望，称为 Q 值。

Q - Learning 的算法要素包括：

◆状态集 $\mathcal{S}$。

◆行动集 $\mathcal{A}$。

◆奖励函数 $\mathcal{R}$，$\mathcal{R}_s^a = \mathbb{E}[R_{t+1} \mid S_t = s, A_t = a]$。

◆奖励衰减因子 γ，$\gamma \in [0,1]$。

◆探索率 ε。

主要思想就是将状态集 $\mathcal{S}$ 与行动集 $\mathcal{A}$ 构建成一个 Q - Table 来存储 Q 值，通过价值函数的更新，来更新表格，通过表格来产生新的状态和即时奖励，进而更新价值函数。一直进行下去，直到价值函数和 Q - Table 都收敛。Q - Learning 会使用两个策略：一个策略用于选择行动；另一个策略用于更新价值函数。

在一开始，表格中的 Q 值都初始化为一个很小的随机数或 0，会自然地想到随机选取一个行动。但随着迭代的进行，若一直随机选取，就相当于没有利用已经学习到的东西。为了解决这个问题，可能会想到除第一次外，均采取当前 Q 值最大的行动。但这样又可能陷入局部最优解，因为可能还有价值更高的行动没有被发现。这其实是如何平衡探索与利用的问题，解决的办法是采取一种称为 ε - *greedy* 的行动选取策略。ε - *greedy* 通过设置一个较小的 ε 值，使用 $1-\varepsilon$ 的概率贪婪地选择目前认为是最大行为价值的行为，而用 ε 的概率随机地从所有 m 个可选行为中选择行为。可以表示为式(8 - 15)。

$$\pi(a \mid s) = \begin{cases} \varepsilon/m + 1 - \varepsilon & \text{if} \quad a^* = \arg\max\limits_{a \in \mathcal{A}} Q(s,a) \\ \varepsilon/m & \text{else} \end{cases} \tag{8-15}$$

在实际问题中，为了使算法可以收敛，一般 ε 会随着算法的迭代过程逐渐减小，并趋于0。这样在迭代前期,鼓励探索,而在后期,由于有了足够的探索量,开始趋于保守,以贪婪为主,使算法可以稳定收敛。

在了解了行动的选择策略后,来看看 Q - Learning 的价值函数更新策略。如图 8 - 4 所示,首先基于状态 S,用 $\varepsilon - greedy$ 策略选择到行动 A,然后执行行动 A,得到奖励 R,并进入状态 S',接着使用贪婪法选择 A',也就是选择使 $Q(S',a)$ 最大的行动 a 作为 A' 来更新价值函数。可以表示为式(8 - 16)。表示此时选择的行动只会参与价值函数的更新,并不会真正执行。价值函数更新后,新的执行行动需要基于状态 S',用 ε - greedy 策略重新选择得到。

$$Q(S,A) = Q(S,A) + \alpha(R + \gamma \max_a Q(S',a) - Q(s,A)) \tag{8-16}$$

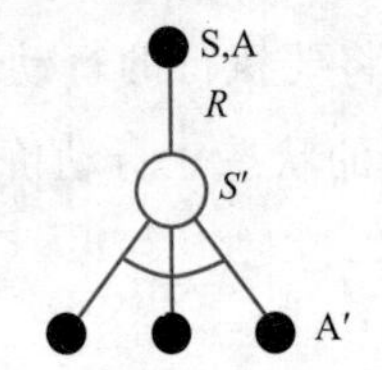

图 8 - 4　Q - Learning 算法示意图

总结 Q - Learning 算法的流程如下:

算法　Q - Learning 算法

输入:迭代轮数 T,状态集 $\mathcal{S}$,动作集 $\mathcal{A}$,步长 α,衰减因子 γ,探索率 ε

输出:表格 Q

(1)对于所有的 s 和 a,初始化 $Q(s,a)$ 为一个很小的随机数

(2)重复:

(3)初始化 s 为当前状态序列的第一个状态

(4)用目前的策略选择动作 a

(5)重复:

(6)采用 ε - greedy 策略选择动作 a'

(7)采取动作 a' 并得到奖励 r

(8)得到新的状态 s'

(9)更新 $Q(s,a) \leftarrow Q(s,a) + \alpha(r + \gamma \max_{a'} Q(a,a') - Q(s,a))$

(10)设置 $s \leftarrow s'$

(11)更新 Q

(12)若 s' 是终止状态,本轮迭代完毕,否则转到(6)

强化学习已成功地应用于许多问题,强化学习计算模型的结果使得心理学家和计算机科学家大感兴趣,因为这与生物学习很接近。然而,它最流行的领域是智能机器人,因为机器人可以在没有人工干预的情况下尝试独立完成任务。

例如:强化学习已经使得机器人能够通过把箱子推到墙边来学习清理房间。这并不是世界上最令人兴奋的任务,但是机器人可以利用强化学习来学习做任务这个事实令人印象深刻。强化学习也用于其他的机器人应用,包括机器人学习跟着对方朝着亮的地方走,甚至是导航。

这并不是说强化学习没有问题。它本质上是一个搜索策略,因此强化学习作为一个搜索算法会遇到一个问题:陷在局部最小值,并且如果当前的搜索区域很平,那么算法就不会找到任何较好的解决方案。有几份研究训练机器人的报告称,即使研究者给了机器人一个正确的方向作为开始,结果却是,机器人在学到任何东西前电量就耗光了。通常,强化学习很慢,因为它要通过探索和开发来建立所有的信息,从而找到较好的解决方案,并且也很依赖于小心地选择奖赏函数,如果出错,算法可能会做一些完全不能预料的事。

8.4　强化学习应用概述

DeepMind 和 OpenAI 等公司已将强化学习特别是深度强化学习技术应用到游戏、医疗、机器人等领域,对这些领域的发展起到重要的推动作用。随着科学技术水平的逐步提高,强化学习的相关研究势必对人们的生活产生越来越大的影响,为人类的进步做出更大的贡献。

1. 计算机博弈

计算机博弈是强化学习领域最具挑战性的研究方向之一,其相关研究带来很多重要的方法和理论。2016 年 3 月,DeepMind 公司研制出的围棋博弈系统 AlphaGo 在与世界围棋冠军李世石的对战当中,以 4:1 的大比分取胜;2017 年 1 月,AlphaGo 的升级版 Master 在与世界顶尖围棋大师的对战中全部取得了胜利。但是,破解完全信息博弈游戏对于完全破解计算机博弈而言是远远不够的。相比于完全信息博弈游戏,不完全信息博弈游戏具有更多的未知性,给研究者带来的挑战也更加巨大。尽管人们已对不完全信息博弈游戏(如德州扑克游戏)进行研究并取得了许多成果,但目前仍然不能使计算机在较为复杂的环境下战胜人类。对于强化学习的研究者来说,对不完全信息博弈游戏的研究仍是一个充满挑战性的方向。

2. 机器人控制

在机器人控制领域,智能体策略执行及策略评估涉及真实的物理场景,样本的采集非常烦琐和困难。一方面,从智能体执行策略到获取环境反馈需要消耗时间,策略优化的样本需求往往较大,导致样本采集过程非常烦琐。另一方面,在虚拟环境中环境反馈可以以反馈信号的形式直接传递给智能体,然而在真实场景中,为了让智能体实现完全的自监督训练,需要赋予智能体自主观察环境反馈并总结奖励的能力,对智能体的感知能力具有相当高的要求。因此,在机器人控制领域,强化学习的研究重点主要在于提高样本效率,即如何使用少量的样本训练出一个可使用的模型。

受限于强化学习应用的困难,当前的机器人控制任务都非常简单,并且广泛采用真实环境的仿真作为训练的辅助手段。Baier-Lowenstein 等将强化学习方法应用于机器人的抓取任务中,尝试让机器人抓取不同的物体。基本思想是在虚拟环境中训练抓策略,然后基于真实环境中的交互采集样本对策略进行微调。Rezzoug 等提出考虑动作约束的抓取方法,以障碍物的形式在空间上约束机械臂的动作,在抓取物体的同时实现拟人的姿态。Chebotar 等在抓取任务中使用触觉信息辅助训练,一方面引入抓握稳定性预测器,根据触觉特征预测抓取结果;另一方面最大化预测结果,采取最优的抓取策略,大幅提高抓握过程的成功率。Katyal 等在机器人任务中加入人类的影响,将机器人的抓取任务和避障任务相互结合,让机器人在实施抓取的同时学习如何避开人类手臂。Zhu 等提出了一种家用机器人的实现方法,将知识迁移技术与强化学习相结合,首先构建一个非常好的仿真环境,并在该环境中对机器人进行训练,训练完毕后,再将其移植到现实世界中。该方法在高质量虚拟环境中训练算法,再将训练好的模型迁移到现实应用中,为家用机器人提供了一个很好的框架。

强化学习在机器人控制的应用中面临的另一个挑战是模型的健壮性问题,不同的机器人实体对模型的适应性不同,在某个机器人上训练好的强化学习模型如何应用在其他机器人上是一个十分现实而艰巨的挑战。与此类似的是,很多研究工作都用到仿真环境辅助训练,算法从仿真环境向真实环境中的迁移也面临同样的困难。先训练再微调的思想不能从本质上解决问题,如何从算法层面提高模型的稳定性依然是当前应用中面临的一大挑战。

3. 游戏

在游戏任务中,采集样本较容易,各种高性能的强化学习算法都获得应用的空间,使得强化学习在各类游戏中的表现异常出色。从最简单的 OpenAI 平台 gym 中的倒立摆(CartPole)、过山车(Mountain Car)等简单游戏到 Atari 2600 中的太空侵略者(Space Invaders)、打砖块(Breakout),再到诸如 DOTA2、星际争霸等复杂游戏,强化学习训练的智能体的决策能力已经全面超越顶尖人类玩家。

2015 年,DeepMind 公司利用 Atari 平台上的 49 款游戏对 DQN 进行了测试,发现通过 DQN 的训练,计算机能够在其中的 29 款游戏中取得超过人类职业玩家 75% 的得分。除了 Atari 平台,人们也基于其他游戏对强化学习进行了研究。Lample, Kempk, Oh 等研究了深度强化学习在 Doom 和 Minecraft 游戏中的应用,而 DeepMind 则将它们的下一个挑战设定为 Starcraft 2 游戏。

此外,在 2018 年的 DOTA2 世界锦标赛中,OpenAI 基于深度强化学习开发的机器人程序尝试与人类玩家组成的队伍竞技,最终人类玩家以微弱优势取胜。2019 年 1 月,在 Google AI 程序 AlphaStar 与“星际争霸 2”职业选手的比赛中,AlphaStar 以两个 5:0 轻取两位人类职业选手,最后,人类只得通过限制 AlphaStar 的游戏视角,勉强扳回一局,将大比分定格于 10:1。值得一提的是,对于人类玩家来说,要胜任 DOTA2 和星际争霸 2 这样的复杂游戏,需要的不仅仅是简单的短期策略以支撑每一步的判断,同时还需要一些在以往游戏过程中得到的经验总结,用于判断长期游戏局势的发展。显然,智能体通过强化学习获得一定的经验总结能力,这种能力凌驾于策略之上,能够帮助智能体在未知环境中进行长期判断。

4. 其他方面

除了上述领域,强化学习在自然语言处理、自动驾驶、检索与推荐系统等领域也有相关应用。

人类驾驶机动车的过程本质上是一个根据路况进行决策的过程,这一决策过程完全可以使用强化学习算法实现。Kendall 等将强化学习中的 DDPG 模型应用于自动驾驶中,智能体直接接受路况图像作为模型输入,提取特征得到相应的状态,并在此基础上学习转向和加速策略,实现简单的自动驾驶。Sharifzadeh 等将反向强化学习应用于自动驾驶中,以 DQN 为模型拟合大状态空间中的奖励函数,教会智能体如何避免碰撞及一些类人的行为。在对话系统中,强化学习用于根据对话情景进行决策,选择相应的对话内容。Dhingra 等将强化学习应用于对话系统中,用于训练具有对话能力的个性化智能体。在传统的硬查询方式中,智能体需要查询知识库以决定下一轮对话的内容,这一过程阻断训练流程,作者使用强化学习中的策略网络替代知识库查询过程,实现端到端(End to End)的训练。蒙特利尔学习算法研究所(MAIL)为亚马逊 Alexa 竞赛开发的聊天机器人(MAILBOT)程序中也使用强化学习算法。

Derhami 等将强化学习应用于网站排序算法中,提出基于连通性(Connectivity)的网站排序算法。此外,强化学习中的 Bandit 算法已经广泛应用于各种推荐系统中,Google 公司还用强化学习方法来降低其数据中心的能耗。目前强化学习的应用场景还非常有限,主要还是受到探索 - 利用困境、稀疏奖励、样本效率较低、模型收敛性和稳定性较差等问题的限制。然而,决策与行动是人类与外界交互的基本形式,决策问题也是真实世界中广泛存在的问题,在这些问题上,强化学习还存在很大的应用空间。

8.5　案例分析

本节主要包括使用马尔可夫决策过程求解最优策略和基于 Q - Learning 算法的寻

宝游戏两个强化学习应用案例，通过对两个案例的分析实现，读者可以进一步加深对马尔可夫决策过程和 Q - Learning 算法的理解。

8.5.1 使用马尔可夫决策过程求解最优策略

本案例将图 8 - 5 所示的环境抽象为马尔可夫决策过程模型并求解最优策略。

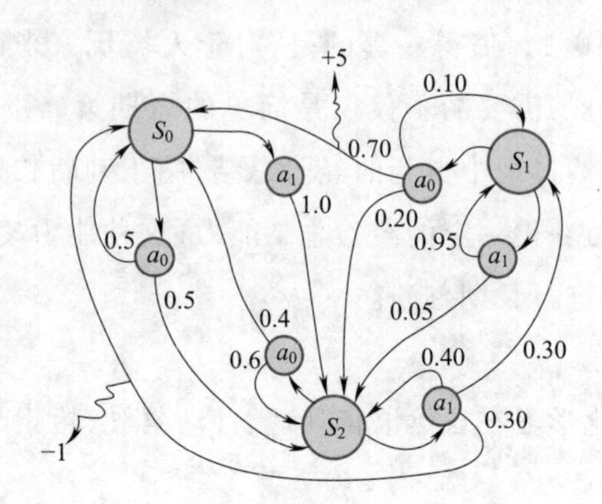

图 8 - 5 环境示意图

从图中可以得到状态集 $\mathcal{S}=\{s_0,s_1,s_2\}$，动作集 $\mathcal{A}=\{a_0,a_1\}$。假设 $\forall s\in S$，奖励函数 $\mathcal{R}_s^{a_0}=+5,\mathcal{R}_s^{a_1}=-1$，初始策略 $\pi(a_0\mid s)=0.5,\pi(a_1\mid s)=0.5$，奖励衰减因子 $\gamma=1$。

基于 8.2 节中的推导的价值函数公式：

$$v_\pi(s)=\sum_{a\in A}\pi(a\mid s)(R_s^a+\gamma\sum_{s'\in S}P_{ss'}^a v_\pi(s'))\tag{8-17}$$

可以计算案例中每个状态的价值。设状态 s_0,s_1,s_2 的价值分别为 v_0,v_1,v_2，以状态 s_0 为例，有两个策略可以选择 $\pi(a_0\mid s_0)=0.5,\pi(a_1\mid s_0)=0.5$。当执行行动 a_0 时，获得延时奖励 $\mathcal{R}_{s_0}^{a_0}=+5$，随后以 $\mathcal{P}_{s_0s_0}^{a_0}=0.5$ 的概率进入下一个状态 s_0，此时 $v_\pi(s')=v_0$；以 $\mathcal{P}_{s_0s_2}^{a_0}=0.5$ 的概率进入下一个状态 s_2，此时 $v_\pi(s')=v_2$。当执行行动 a_1 时，获得延时奖励 $\mathcal{R}_{s_0}^{a_1}=-1$，随后以 $\mathcal{P}_{s_0s_2}^{a_1}=1$ 的概率进入下一个状态 s_2，此时 $v_\pi(s')=v_2$。于是可以得到状态 s_0 的价值方程如式(8 - 18)所示。

$$v_0=0.5\times(5+0.5v_0+0.5v_2)+0.5\times(-1+v_2)\tag{8-18}$$

类似地可以得到一个状态价值方程组如下：

$$\begin{cases}v_0=0.5\times(5+0.5v_0+0.5v_2)+0.5\times(-1+v_2)\\v_1=0.5\times(5+0.7v_0+0.1v_1+0.2v_2)+0.5\times(-1+0.95v_1+0.05v_2)\\v_2=0.5\times(5+0.4v_0+0.6v_2)+0.5\times(-1+0.3v_0+0.3v_1+0.4v_2)\end{cases}$$

求解该方程组即可得到状态价值 v_0,v_1,v_2。

基于状态—行动价值函数如式(8 - 19)所示。

$$q_\pi(s,a)=\mathcal{R}_s^a+\gamma\sum_{s'\in\mathcal{S}}\mathcal{P}_{ss'}^a\sum_{a'\in\mathcal{A}}\pi(a'\mid s')q_\pi(s',a')\tag{8-19}$$

计算案例的状态—行动价值。设q_0,q_1,q_2,q_3,q_4,q_5分别表示$q_\pi(s_0,a_0),q_\pi(s_0,a_1),q_\pi(s_1,a_0),q_\pi(s_1,a_1),q_\pi(s_2,a_0),q_\pi(s_2,a_1)$。以$q_\pi(s_0,a_0)$为例，首先在状态$s_0$时执行行动$a_0$，可以获得延时奖励$\mathcal{R}_{s_0}^{a_0}=+5$，随后以$\mathcal{P}_{s_0s_0}^{a_0}=0.5$的概率进入下一个状态$s_0$，此时有两个策略可以选择$\pi(a_0\mid s_0)=0.5,\pi(a_1\mid s_0)=0.5$，执行行动$a_0$时，$q_\pi(s',a')=q_0$，执行行动$a_1$时，$q_\pi(s',a')=q_1$；以$P_{s_0s_0}^{a_0}=0.5$的概率进入下一个状态$s_2$，此时有两个策略可以选择$\pi(a_0\mid s_2)=0.5,\pi(a_1\mid s_2)=0.5$，执行行动$a_0$时，$q_\pi(s',a')=q_4$，执行行动$a_1$时，$q_\pi(s',a')=q_5$。于是可以得到$q_\pi(s_0,a_0)$的方程如下：

$$q_0=5+0.5\times(0.5q_0+0.5q_1)+0.5\times(0.5q_4+0.5q_5)$$

类似地可以得到一个状态—行动价值方程组如下：

$$\begin{cases}q_0=5+0.5\times(0.5q_0+0.5q_1)+0.5\times(0.5q_4+0.5q_5)\\ q_1=-1+1\times(0.5q_4+0.5q_5)\\ q_2=5+0.7\times(0.5q_0+0.5q_1)+0.1\times(0.5q_2+0.5q_3)+0.2\times(0.5q_4+0.5q_5)\\ q_3=-1+0.95\times(0.5q_2+0.5q_3)+0.05\times(0.5q_4+0.5q_5)\\ q_4=5+0.4\times(0.5q_0+0.5q_1)+0.6(0.5q_4+0.5q_5)\\ q_5=-1+0.3\times(0.5q_0+0.5q_1)+0.3\times(0.5q_2+0.5q_3)+0.4\times(0.5q_4+0.5q_5)\end{cases}$$

求解该方程组即可得到状态—行动价值q_0,q_1,q_2,q_3,q_4,q_5。最后利用$q_*(s,a)=\max_\pi q_\pi(s,a)$即可求出所有$q_*(s,a)$，从而得到学习任务的最优策略。

事实上，在实际问题中几乎不会遇到列方程就能求解的马尔可夫决策过程问题，而马尔可夫决策过程也只是强化学习的一个基础问题。本案例的主要目的是帮助读者理解马尔可夫决策过程中的公式。

8.5.2　寻宝游戏

本节将通过一个案例对 Q－Learning 算法进行讲解。这个案例是一个寻宝游戏，在这个游戏中将使用 Q－Learning 算法对探索者进行训练，帮助探索者避开迷宫中的陷阱并取得迷宫中的宝藏。迷宫地图如图 8－6 所示，地图中每个格子代表一个位置，浅色方块表示探索者的位置，深色方块表示迷宫中的陷阱，圆圈表示宝藏的位置。

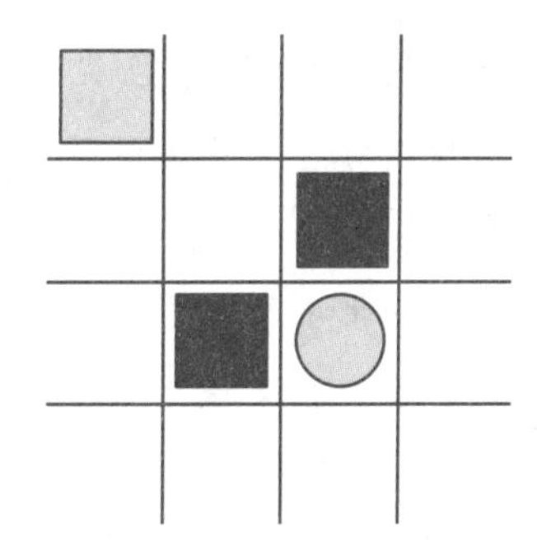

图 8－6　迷宫地图

寻宝游戏的规则如下：

（1）探索者每次可以上下左右行动一个方格。

（2）除陷阱和宝藏位置外，探索者每次行动获得的奖励为 0。

（3）陷阱位置固定不变，如果探索者走入陷阱，获得的奖励为－1 且本轮训练结束。

(4)宝藏位置固定不变,如果探索者获得宝藏,获得的奖励为1且本轮训练结束。

本案例中,状态集 $\mathcal{S}=\{s_1,s_2,\cdots,s_{16}\}$,动作集 $\mathcal{A}=\{\text{up},\text{dowm},\text{left},\text{right}\}$,设置奖励衰减因子 $\gamma=0.9$,探索率 $\varepsilon=0.9$,学习率 $\alpha=0.1$,最大训练轮数 epoch = 100。本案例可以分为3部分分别进行实现,第一部分负责构建迷宫地图也就是GUI文件,第二部分主要负责实现Q-Learning算法的策略,第三部分对每一轮训练过程中Q_Table和迷宫地图进行更新也就是的主程序。

首先初始化一个二维数组作为本案例的Q_Table,Q_Table的横坐标表示行动,纵坐标表示状态。Q_Table初始时为一个1×4的数组,探索者每探索一个新的状态,Q_Table就新添一行。整个算法就是不断更新Q_Table里的值,然后再根据新的值来判断要在某个状态采取哪个行动。

由于本案例的环境较为简单,通常在训练二十轮左右之后,探索者的路径就已经趋于稳定,即Q_Table的值趋于稳定,不再更新。读者可以通过修改代码调整地图大小和陷阱数量,尝试复杂环境下Q-Learning算法的学习过程。

小　结

本章首先通过"巴甫洛夫的狗"这一心理学上的实验介绍了强化学习的基本要素。随后介绍了强化学习领域的基本过程——马尔可夫决策过程以及被广泛应用的Q-Learning算法,主要过程都是一个试探与评价的过程,智能体在状态 s 下选择并执行一个动作 a,状态接受动作后变为 s',并把一个奖赏信号 r 反馈给智能体,智能体再根据奖赏信号选择后续动作。其基本思想都是使用函数对策略进行建模或拟合,在一定的约束条件下优化策略函数。然后介绍了强化学习技术在游戏、机器人等领域的应用及研究现状,在许多领域,强化学习都表现出了巨大的潜力,研究成果不断涌现,各种算法层出不穷。最后通过两个案例对马尔可夫决策过程和Q-Learning算法进行了实战分析。

强化学习的发展已经进入与深度学习相互融合的阶段。传统的强化学习方法受限于策略表征能力,只能处理一些简单的决策问题。2015年,Mnih等在*Nature*上发表论文,提出深度学习与强化学习相互结合的改进版深度Q网络(Deep Q Network,DQN)模型,打破了传统强化学习的限制,给强化学习理论和应用注入新的动力。

深度强化学习以一种通用的形式将深度学习的感知能力与强化学习的决策能力相结合,并能够通过端对端的学习方式实现从原始输入到输出的直接控制。自提出以来,在许多需要感知高维度原始输入数据和决策控制的任务中,深度强化学习方法已经取得实质性的突破。如今,基于改进DQN的深度强化学习模型已经较为完善,策略梯度方法得到了广泛应用,而机器学习领域的其他算法也被不断地应用到深度强化学习算法的相关模型中。但作为机器学习的一个新兴领域,深度强化学习现仍处于发展阶段,仍有很多问题值得进一步深入研究。

习　题

1. 强化学习的核心机制是什么?
2. 马尔可夫决策过程包含哪几个模型要素?分别是什么含义?
3. 试推导马尔可夫决策过程的两个价值函数。
4. 手算 Q – Learning 寻宝游戏的前几步,然后修改案例代码来验证手算结果。
5. 使用 Q – learning 算法来运行井字游戏(也就是 Tic – Tae – Toe)。
6. 一幢 10 层的大楼有 5 架电梯。每一层都有两个呼叫按钮表示有人要上下楼,除了顶层和底层只有一个呼叫按钮。当一架电梯到达并且有人进入电梯时,他们按动想要到达楼层对应的数字按钮。每一架电梯存储数字并且上升或下降,停在要求的每一层。计算系统的状态和动作空间,然后对这个系统描述一个合适的强化学习器。你需要决定一个你认为最合适的奖赏函数和描述学习的方法。

第9章

深度学习

深度学习是机器学习研究的一个新方向，源于对人工神经网络的进一步研究，通常采用包含多个隐含层的深层神经网络结构。第 3 章中的多层感知器(Multi Layer Perceptrone)可以视为一种简单的深度学习模型。

深度学习算法是一类基于生物学对人脑进一步认识，将神经—中枢—大脑的工作原理设计成一个不断迭代、不断抽象的过程，以便得到最优数据特征表示的机器学习算法；该算法从原始信号开始，先做低层抽象，然后逐渐向高层抽象迭代，由此组成深度学习算法的基本框架。

9.1 深度学习概述

许多人工智能任务都可以通过以下方式解决：先提取一个合适的特征集，然后将这些特征提供给简单的机器学习算法。例如，对于通过声音鉴别说话者的任务来说，一个有用的特征是对其声道大小的估计。这个特征为判断说话者是男性、女性或儿童提供了有力线索。

然而，对于许多任务来说，很难知道应该提取哪些特征。例如，假设我们想编写一个程序来检测照片中的车。我们知道，汽车有轮子，所以可能会想用车轮的存在与否作为特征。可是，难以准确地根据像素值来描述车轮看上去像什么。虽然车轮具有简单的几何形状，但它的图像可能会因场景而异，如落在车轮上的阴影、太阳照亮的车轮的金属零件、汽车的挡泥板或者遮挡的车轮一部分的前景物体等。

解决这个问题的途径之一是使用机器学习来发掘表示本身，而不仅仅把表示映射到输出。这种方法称为表示学习(Representation Learning)。学习到的表示往往比手动设计的表示表现得更好。并且它们只需最少的人工干预，就能让 AI 系统迅速适应新的任务。表示学习算法只需几分钟就可以为简单的任务发现一个很好的特征集，对于复杂任务则需要几小时到几个月。

表示学习算法的典型例子是自编码器(Autoencoder)。自编码器由一个编码器

(Encoder)函数和一个解码器(Decoder)函数组合而成。编码器函数将输入数据转换为一种不同的表示,而解码器函数则将这个新的表示转换到原来的形式。我们期望当输入数据经过编码器和解码器之后尽可能多地保留信息,同时希望新的表示有各种好的特性,这也是自编码器的训练目标。为了实现不同的特性,可以设计不同形式的自编码器。

当设计特征或设计用于学习特征的算法时,目标通常是分离出能解释观察数据的变差因素(Factors of Variation)。在此背景下,"因素"这个词仅指代影响的不同来源;因素通常不是乘性组合。这些因素通常是不能被直接观察到的量。相反,它们可能是现实世界中观察不到的物体或者不可观测的量,但会影响可观测的量。为了对观察到的数据提供有用的简化解释或推断其原因,它们还可能以概念的形式存在于人类的思维中。它们可以被看作数据的概念或者抽象,帮助我们了解这些数据的丰富多样性。当分析语音记录时,变差因素包括说话者的年龄、性别、口音和他们正在说的词语。当分析汽车的图像时,变差因素包括汽车的位置、它的颜色、太阳的角度和亮度。

在许多现实的人工智能应用中,困难主要源于多个变差因素同时影响着我们能够观察到的每一个数据。比如,在一张包含红色汽车的图片中,其单个像素在夜间可能会非常接近黑色。汽车轮廓的形状取决于视角。大多数应用需要理清变差因素并忽略不关心的因素。

显然,从原始数据中提取如此高层次、抽象的特征是非常困难的。许多诸如说话口音这样的变差因素,只能通过对数据进行复杂的、接近人类水平的理解来辨识。这几乎与获得原问题的表示一样困难,因此,乍一看,表示学习似乎并不能帮助我们。

深度学习(Deep Learning)通过其他较简单的表示来表达复杂表示,解决了表示学习中的核心问题。

深度学习让计算机通过较简单概念构建复杂的概念。深度学习模型的典型例子是多层感知器(Multilayer Perceptron, MLP)。多层感知器仅仅是一个将一组输入值映射到输出值的数学函数。该函数由许多较简单的函数复合而成。我们可以认为不同数学函数的每一次应用都为输入提供了新的表示。

学习数据的正确表示的想法是解释深度学习的一个视角。另一个视角是深度促使计算机学习一个多步骤的计算机程序。每一层表示都可以被认为是并行执行另一组指令之后计算机的存储器状态。更深的网络可以按顺序执行更多的指令。顺序指令提供了极大的能力,因为后面的指令可以参考早期指令的结果。从这个角度上看,在某层激活函数里,并非所有信息都蕴涵着解释输入的变差因素。表示还存储着状态信息,用于帮助程序理解输入。这里的状态信息类似于传统计算机程序中的计数器或指针。它与具体的输入内容无关,但有助于模型组织其处理过程。

主要有两种度量模型深度的方式。第一种方式是基于评估架构所需执行的顺序指令的数目。假设将模型表示为给定输入后，计算对应输出的流程图，则可以将这张流程图中的最长路径视为模型的深度。正如两个使用不同语言编写的等价程序将具有不同的长度；相同的函数可以被绘制为具有不同深度的流程图，其深度取决于可以用来作为一个步骤的函数。

另一种是在深度概率模型中使用的方法，它不是将计算图的深度视为模型深度，而是将描述概念彼此如何关联的图的深度视为模型深度。在这种情况下，计算每个概念表示的计算流程图的深度可能比概念本身的图更深。这是因为系统对较简单概念的理解在给出更复杂概念的信息后可以进一步精细化。例如，一个 AI 系统观察其中一只眼睛在阴影中的脸部图像时，它最初可能只看到一只眼睛。但当检测到脸部的存在后，系统可以推断第二只眼睛也可能是存在的。在这种情况下，概念的图仅包括两层（关于眼睛的层和关于脸的层），但如果细化每个概念的估计将需要额外的 n 次计算，即计算的图将包含 $2n$ 层。

由于并不总是清楚计算图的深度或概率模型图的深度哪一个是最有意义的，并且由于不同的人选择不同的最小元素集来构建相应的图，因此就像计算机程序的长度不存在单一的正确值一样，架构的深度也不存在单一的正确值。另外，也不存在模型多么深才能被修饰为“深”的共识。但相比传统机器学习，深度学习研究的模型涉及更多学到功能或学到概念的组合。

深度学习是一种特定类型的机器学习，具有强大的能力和灵活性，它将大千世界表示为嵌套的层次概念体系（由较简单概念间的联系定义复杂概念、从一般抽象概括到高级抽象表示）。

深度学习是一类基于神经网络的机器学习算法，网络结构包含两个以上非线性隐含层。目前，一些常用的网络结构包括深度信念网络（Deep Belief Networks，DBN）、深度玻尔兹曼机（Deep Boltzmann Machine，DBM）、自编码器（Auto Encoder，AE）、卷积神经网络（Convolutional Neural Network，CNN）、循环神经网络（Recurrent Neural Networks，RNN）等。

深度神经网络（Deep Neural Network，DNN）能够为复杂非线性系统提供建模，丰富的层级结构为模型提供了更高的抽象层次，因而提高了模型的能力。典型的，一个DNN 模型包括一个输入层、一个输出层及多个隐含层。隐含层通常被设计为非线性的，多个非线性隐含层的叠加可以有效组合出高度非线性的学习模型。借助如此良好的非线性建模能力与层级的结构设计，深度网络可以从大量数据中学习高阶的语义概念表示，从而在处理复杂的实际问题时，往往可以表现出卓越的性能。

一般来说，深度学习算法具有如下特点：

（1）使用多重非线性变换对数据进行多层抽象。该类算法采用级联模式的多层非线性处理单元来组织特征提取以及特征转换。在这种级联模型中，后继层的数据输入由其前一层的输出数据充当。按学习类型,该类算法又可归为有监督学习(如分类),无监督学习(如模式分析)。

(2)以寻求更适合的概念表示方法为目标。这类算法通过建立更好的模型来学习数据表示方法。对于学习所用的概念特征值或者说数据的表示,一般采用多层结构进行组织,这也是该类算法的一个特色。高层的特征值由低层特征值通过推演归纳得到,由此组成一个层次分明的数据特征或者抽象概念的表示结构;在这种特征值的层次结构中,每一层的特征数据对应着相关整体知识或者概念在不同程度或层次上的抽象。

(3)形成一类具有代表性的特征表示学习方法。在大规模无标识的数据背景下,一个观测值可以使用多种方式来表示,如一幅图像、人脸识别数据、面部表情数据等,而某些特定的表示方法可以让机器学习算法学习起来更加容易。因此,深度学习算法的研究也可以看作是在概念表示基础上,对更广泛的机器学习方法的研究。深度学习一个很突出的前景便是它使用无监督的或者半监督的特征学习方法,加上层次性的特征提取策略,来替代过去手工方式的特征提取。

9.2 卷积神经网络

卷积神经网络(CNN)在本质上是一种输入到输出的映射,它可以减少图像的位置变化带来的不确定性,所以它对图像识别非常强大。受视觉系统结构的启示,当具有相同参数的神经元应用前一层的不同位置时,就可以获取一种变换不变性特征。LeCun 等人根据这个思想,利用反向传播算法设计并训练了 CNN。CNN 是一种特殊的深层神经网络模型,其特殊性主要体现在两方面:一是它的神经元间的连接是非全连接的;二是同一层中神经元之间的连接采用权值共享的方式。

9.2.1 卷积层

输入图像通常维数很高,如 1 000 × 1 000 大小的彩色图像对应于三百万维特征。因此,继续沿用多层感知机中的全连接层会导致庞大的参数量。大参数量需要繁重的计算,而更重要的是,大参数量会有更高的过拟合风险。卷积是局部连接、共享参数的全连接层。这两个特性使参数量大大降低。卷积层中的权值通常被称为滤波器(Filter)或卷积核(Convolution Kernel),如图 9-1 所示。

卷积层设计原则及其注意事项如下:

(1)局部连接。在全连接层中,每个输出通过权值和所有输入相连。而在视觉识别中,关键性的图像特征、边缘、角点等只占据了整张图像的一小部分,图像中相距很远的两个像素之间有相互影响的可能性很小。因此,在卷积层中,每个输出神经元在通道方向保持全连接,而在空间方向上只和一小部分输入神经元相连。

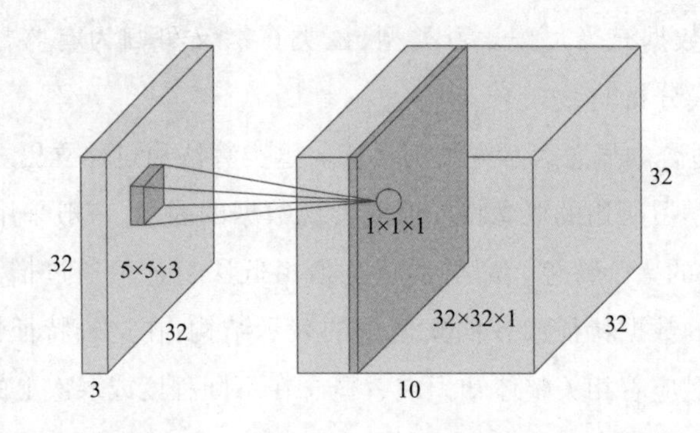

图 9-1 卷积层

(2)共享参数。如果一组权值可以在图像中某个区域提取出有效的表示,那么它们也能在图像的另外区域中提取出有效的表示。也就是说,如果一个模式出现在图像中的某个区域,那么它们也可以出现在图像中的其他任何区域。因此,卷积层不同空间位置的神经元共享权值,用于发现图像中不同空间位置的模式。共享参数是深度学习一个重要的思想,其在减少网络参数的同时仍然能保持很高的网络容量。

(3)卷积层的作用。通过卷积,可以捕获图像的局部信息。通过多层卷积层堆叠,各层提取到特征逐渐由边缘、纹理、方向等低层级特征过渡到文字、车轮、人脸等高层级特征。卷积层中的卷积实质是输入和权值的互相关函数。

(4)描述卷积的四个量。一个卷积层的配置由如下四个量确定:①滤波器个数。使用一个滤波器对输入进行卷积会得到一个二维的特征图(Feature Map)。用时可以使用多个滤波器对输入进行卷积,以得到多个特征图。②感受野(Receptive Field)F,即滤波器空间局部连接大小。③零填补(zero - padding)P。随着卷积的进行,图像大小将缩小,图像边缘的信息将逐渐丢失。因此,在卷积前,在图像上下左右填补一些0,使得可以控制输出特征图的大小。④步长(Stride)S。滤波器在输入每移动 S 个位置计算一个输出神经元。

(5)卷积输入输出的大小关系。假设输入高和宽为 H 和 W,输出高和宽为 H' 和 W',则 $H' = (H - F + 2P)/S + 1$, $W' = (W - F + 2P)/S + 1$。当 $S = 1$ 时,通过设定 $P = (F - 1)/2$,可以保证输入/输出空间大小相同。例如:3×3 的卷积需要填补一个像素使得输入/输出空间大小不变。

(6)应该使用多大的滤波器。尽量使用小的滤波器,如 3×3 卷积。通过堆叠多层 3×3 卷积,可以取得与大滤波器相同的感受野,如三层 3×3,卷积等效于一层 7×7 卷积的感受野。但使用小滤波器有以下两点好处:①更少的参数量。假设通道数为 D,三层 3×3 卷积的参数量为 $3 \times (D \times D \times 3 \times 3) = 27D^2$,而一层 7×7 卷积的参数量为 $D \times D \times 7 \times 7 = 49D^2$。②更多非线性。由于每层卷积层后都有非线性激活函数,三层 3×3 卷积一共经过三次非线性激活函数,而一层 7×7 卷积只经过一次。

(7)1×1 卷积。旨在对每个空间位置的 D 维向量做一个相同的线性变换。通常用于增加非线性或降维，这相当于在通道数方向上进行了压缩。1×1卷积是减少网络计算量和参数的重要方式。

(8)全连接层的卷积层等效。由于全连接层和卷积层都是做点乘，这两种操作可以相互等效。全连接层的卷积层等效只需要设定好卷积层的四个量：滤波器个数等于原全连接层输出神经元个数，感受野等于输入的空间大小，没有零填补，步长为1。

为什么要将全连接层等效为卷积层：全连接层只能处理固定大小的输入，而卷积层可以处理任意大小输入。假设训练图像大小是224×224，而当测试图像大小是256×256。如果不进行全连接层的卷积层等效，需要从测试图像中裁剪出多个224×224区域分别前馈网络。而进行卷积层等效后，只需要将256×256输入前馈网络一次，即可达到多次前馈224×224区域的效果。

(9)卷积结果的两种视角。卷积结果是一个D×H×W的三维张量。其可以被认为是有D个通道，每个通道是一个二维的特征图，从输入中捕获了某种特定的特征。也可以被认为是有H×W个空间位置，每个空间位置是一个D维的描述向量，描述了对应感受野的图像局部区域的语义特征。

(10)卷积结果的分布式表示。卷积结果的各通道之间不是独立的。卷积结果的各通道的神经元和语义概念之间是一个“多对多”的映射，即每个语义概念由多个通道神经元一起表示，而每个神经元又同时参与到多个语义概念中去。并且，神经元响应是稀疏的，即大部分的神经元输出为0。

(11)卷积操作的实现。有如下几种基本思路：①快速傅里叶变换(FFT)。通过变换到频域，卷积运算将变为普通矩阵乘法。实际上，当滤波器尺寸大时效果好，而对于通常使用的1×1和3×3卷积，加速不明显。②im2col(image to column)。im2col将与每个输出神经元相连的局部输入区域展成一个列向量，并将所有得到的向量拼接成一个矩阵。这样卷积运算可以用矩阵乘法实现。im2col的优点是可以利用矩阵乘法的高效实现，而弊端是会占用很大存储，因为输入元素会在生成的矩阵中多次出现。此外，Strassen矩阵乘法和Winograd也常被使用。现有的计算库如MKL和cuDNN，会根据滤波器大小选择合适的算法。

9.2.2　池化层

池化(Pooling)层根据特征图上的局部统计信息进行下采样，在保留有用信息的同时减少特征图的大小。和卷积层不同的是，池化层不包含需要学习的参数。最大池化(Max-Pooling)在一个局部区域选最大值作为输出，而平均池化(Average pooling)计算一个局部区域的均值作为输出。局部区域池化中最大池化使用更多，而全局平均池化(Global average pooling)是更常用的全局池化方法，如图9-2所示。

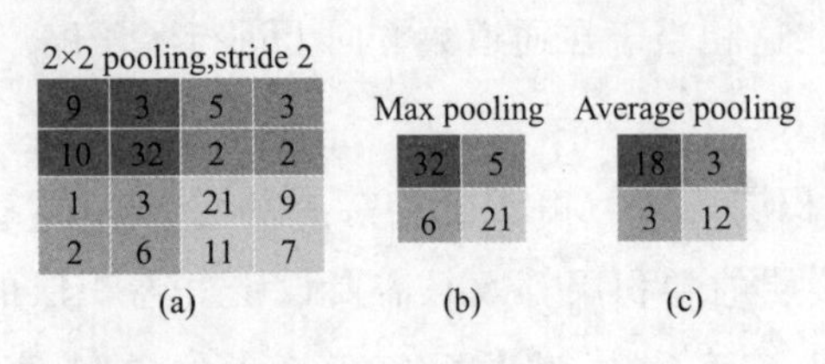

图 9-2 池化、最大池化与全局平均池化

池化层主要有以下三点作用;①增加特征平移不变性。池化可以提高网络对微小位移的容忍能力。②减小特征图大小。池化层对空间局部区域进行下采样,使下一层需要的参数量和计算量减少,并降低过拟合风险。③最大池化可以带来非线性。这是目前最大池化更常用的原因之一。近年来,有人使用步长为 2 的卷积层代替池化层。而在生成式模型中,有研究发现,不使用池化层会使网络更容易训练。

9.2.3 卷积神经网络结构

CNN 的基本结构包括两层,即特征提取层和特征映射层。在特征提取层中,每个神经元的输入与前一层的局部接受域相连,并提取该局部的特征。一旦该局部特征被提取后,它与其他特征间的位置关系也随之确定下来;每一个特征提取层后都紧跟着一个计算层,对局部特征求加权平均值与二次提取,这种特有的两次特征提取结构使网络对平移、比例缩放、倾斜或者其他形式的变形具有高度不变性。计算层由多个特征映射组成,每个特征映射是一个平面,平面上采用权值共享技术,大大减少了网络的训练参数,使神经网络的结构变得更简单,适应性更强。另外,图像可以直接作为网络的输入,因此它需要的预处理工作非常少,避免了传统识别算法中复杂的特征提取和数据重建过程。特征映射结构采用影响函数核小的 sigmoid 函数作为卷积网络的激活函数,使得特征映射具有位移不变性。

在很多情况下,有标签的数据是很稀少的,作为一种典型神经网络,CNN 也存在局部性、层次深等深度网络具有的特点。CNN 的结构使得其处理过的数据中有较强的局部性和位移不变性。Ranzato 等人将 CNN 和逐层贪婪无监督学习算法相结合,提出了一种无监督的层次特征提取方法。此方法用于图像特征提取时效果明显。基于此 CNN 被广泛应用于人脸检测、文献识别、手写字体识别、语音检测等领域。

9.3 循环神经网络

在前馈神经网络中,信息的传递是单向的,这种限制虽然使得网络变得更容易学习,但在一定程度上也减弱了神经网络模型的能力。在生物神经网络中,神经元之间的连接关系要复杂得多。前馈神经网络可以看作是一个复杂的函数,每次输入都是独立的，即网络的输出只依赖于当前的输入。但是在很多现实任务中，网络的输入不仅和当前时刻的输入相关，也和其过去一段时间的输出相关。如一个有限状态自动机，其下一个时刻的状态（输出）不仅仅和当前输入相关，也和当前状态（上一个时刻的输出）相关。此外，前馈网络难以处理时序数据，如视频、语音、文本等。时序数据的长度一般是不固定的，而前馈神经网络要求输入和输出的维数都是固定的，不能任意改变。因此，当处理这一类和时序相关的问题时，就需要一种能力更强的模型。

循环神经网络（RNN）是一类具有短期记忆能力的神经网络。在 RNN 中，神经元不但可以接受其他神经元的信息，也可以接受自身的信息，形成具有环路的网络结构。和前馈神经网络相比，RNN 更加符合生物神经网络的结构。RNN 已经被广泛应用在语音识别、语言模型以及自然语言生成等任务上。RNN 的参数学习可以通过随时间反向传播算法来学习。随时间反向传播算法即按照时间的逆序将错误信息一步步地往前传递。当输入序列比较长时，会存在梯度爆炸和消失问题，又称为长期依赖问题。为了解决这个问题，人们对 RNN 进行了很多的改进，其中最有效的改进方式是引入门控机制。

9.3.1　给网络增加记忆能力

为了处理这些时序数据并利用其历史信息，需要让网络具有短期记忆能力。而前馈网络是一个静态网络，不具备这种记忆能力。一般来讲，可以通过以下三种方法来给网络增加短期记忆能力。

（1）延时神经网络。一种简单的利用历史信息的方法是建立一个额外的延时单元，用来存储网络的历史信息（可以包括输入、输出、隐状态等）。比较有代表性的模型是延时神经网络（Time Delay Neural Network，TDNN）。

延时神经网络是在前馈网络中的非输出层都添加一个延时器，记录最近几次神经元的输出。在第 t 个时刻，第 $l+1$ 层神经元和第 l 层神经元的最近 p 次输出相关，如式（9－1）所示。

$$\boldsymbol{h}_t^{(l+1)}=f(\boldsymbol{h}_t^{(l)},\boldsymbol{h}_{t-1}^{(l)},\cdots\boldsymbol{h}_{t-p}^{(l)}) \tag{9-1}$$

通过延时器，前馈网络就具有了短期记忆的能力。

（2）有外部输入的非线性自回归模型。自回归模型（Autoregressive Model，AR）是统计学上常用的一类时间序列模型，用一个变量 $\boldsymbol{y}_t$ 的历史信息来预测自己，如式（9－2）所示。

$$\boldsymbol{y}_t = w_0 + \sum_{i=1}^{p} w_i\boldsymbol{y}_{t-i} + \varepsilon_t \tag{9-2}$$

式中，p 为超参数，$w_0,\cdots,w_p$ 为参数，$\varepsilon_t \sim N(0,\sigma^2)$ 为第 t 个时刻的噪声，方差 σ^2 和时间无关。

有外部输入的非线性自回归模型(Nonlinear Autoregressive with xogenous inputs model,NARX)是自回归模型的扩展,在每个时刻 t 都有一个外部输入 $\boldsymbol{x}_t$,产生一个输出 $\boldsymbol{y}_t$。NARX 通过一个延时器记录最近几次的外部输入和输出,第 t 个时刻的输出 $\boldsymbol{y}_t$ 如式(9-3)所示。

$$\boldsymbol{y}_t = f(\boldsymbol{x}_t, \boldsymbol{x}_{t-1}, \cdots, \boldsymbol{x}_{t-p}, \boldsymbol{y}_{t-1}, \boldsymbol{y}_{t-2}, \cdots, \boldsymbol{y}_{t-q}) \tag{9-3}$$

式中,$f(\cdot)$表示非线性函数,可以是一个前馈网络,p 和 q 为超参数。

(3)循环神经网络。RNN 通过使用带自反馈的神经元,能够处理任意长度的时序数据。给定一个输入序列 $\boldsymbol{x}_{1:T} = (\boldsymbol{x}_1, \boldsymbol{x}_2, \cdots, \boldsymbol{x}_t, \cdots, \boldsymbol{x}_T)$,RNN 通过式(9-4)更新带反馈边的隐藏层的活性值 $\boldsymbol{h}_t$:

$$\boldsymbol{h}_t = f_1(\boldsymbol{h}_{t-1}, \boldsymbol{x}_t), \tag{9-4}$$

式中,$\boldsymbol{h}_0 = 0$,$f(\cdot)$为一个非线性函数,也可以是一个前馈网络。

从数学上看,式(9-4)可以看成一个动力系统。动力系统是一个数学上的概念,指系统状态按照一定的规律随时间变化的系统。具体地说,动力系统是使用一个函数来描述一个给定空间(如某个物理系统的状态空间)中所有点随时间的变化情况。因此,隐藏层的活性值 $\boldsymbol{h}_t$ 在很多文献上又称为状态或隐状态。理论上,RNN 可以近似任意的非线性动力系统。

9.3.2 简单循环网络

(1)简单循环网络。简单循环网络(Simple Recurrent Network,SRN)是一个非常简单的 RNN,只有一个隐藏层的神经网络。在一个两层的前馈神经网络中,连接存在相邻的层与层之间,隐藏层的结点之间是无连接的。而简单循环网络增加了从隐藏层到隐层的反馈连接。假设在时刻 t 时,网络的输入为 $\boldsymbol{x}_t$,隐藏层状态(即隐藏层神经元活性值)为 $\boldsymbol{h}_t$,不仅和当前时刻的输入 $\boldsymbol{x}_t$ 相关,也和上一个时刻的隐藏层状态 $\boldsymbol{h}_{t-1}$ 相关,如式(9-5)和式(9-6)所示。

$$z_t = \boldsymbol{U}\boldsymbol{h}_{t-1} + \boldsymbol{W}\boldsymbol{x}_t + \boldsymbol{b} \tag{9-5}$$

$$\boldsymbol{h}_t = f(z_t) \tag{9-6}$$

式中,$\boldsymbol{z}_t$ 为隐藏层的净输入,$f(\cdot)$是非线性激活函数,通常为 logistic 函数或 tanh 函数,$\boldsymbol{U}$ 为状态-状态权重矩阵,$\boldsymbol{W}$ 为状态-输入权重矩阵,$\boldsymbol{b}$ 为偏置。式(9-5)和(9-6)也经常直接写为式(9-7)。

$$\boldsymbol{h}_t = f(\boldsymbol{U}\boldsymbol{h}_{t-1} + \boldsymbol{W}\boldsymbol{x}_t + \boldsymbol{b}) \tag{9-7}$$

如果把每个时刻的状态都看作是前馈神经网络的一层,RNN 可以看作是在时间维度上权值共享的神经网络。图 9-3 给出了按时间展开的 RNN。

(2)循环神经网络的计算能力。定义一个完全连接的 RNN,其输入为 $\boldsymbol{x}_t$,输出为 $\boldsymbol{y}_t$,如式(9-8)和式(9-9)所示。

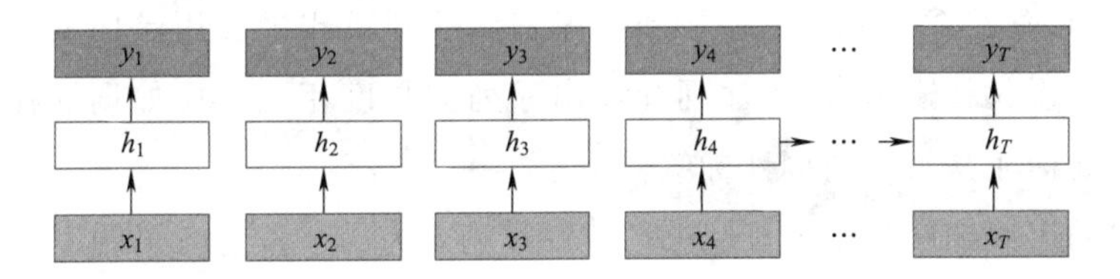

图9-3　按时间展开的RNN

$$\boldsymbol{h}_t = f(\boldsymbol{U}\boldsymbol{h}_{t-1} + \boldsymbol{W}\boldsymbol{x}_t + \boldsymbol{b}) \tag{9-8}$$

$$\boldsymbol{y}_t = \boldsymbol{V}\boldsymbol{h}_t \tag{9-9}$$

式中,$\boldsymbol{h}$ 为隐状态,$f(\cdot)$为非线性激活函数,$\boldsymbol{U}$、$\boldsymbol{W}$、$\boldsymbol{b}$ 和 $\boldsymbol{V}$ 为网络参数。由于RNN具有短期记忆能力,相当于存储装置,因此其计算能力十分强大。已有研究证明前馈神经网络可以模拟任何连续函数,而全连接RNN可以模拟任何程序。

9.3.3　应用到机器学习

RNN可以应用到很多不同类型的机器学习任务。根据这些任务的特点可以分为以下几种模式:序列到类别模式、同步的序列到序列模式、异步的序列到序列模式。

下面分别来介绍这几种应用模式。

(1)序列到类别模式。序列到类别模式主要用于序列数据的分类问题:输入为序列,输出为类别。比如在文本分类中,输入数据为单词的序列,输出为该文本的类别。

假设一个样本 $\boldsymbol{x}_{1:T} = (\boldsymbol{x}_1, \cdots, \boldsymbol{x}_T)$ 为一个长度为 T 的序列,输出为一个类别 $y \in \{1, \cdots, C\}$。可以将样本 x 按不同时刻输入RNN中,并得到不同时刻的隐藏状态 $\boldsymbol{h}_1, \cdots, \boldsymbol{h}_T$。可以将 $\boldsymbol{h}_T$ 看作整个序列的最终表示(或特征),并输入给分类器 $g(\cdot)$ 进行分类,如式(9-10)和图9-4(a)所示。

$$\hat{y} = g(\boldsymbol{h}_T) \tag{9-10}$$

式中,$g(\cdot)$可以是简单的线性分类器(如Logistic回归)或复杂的分类器(如多层前馈神经网络)。

除了将最后时刻的状态作为序列表示之外,还可以对整个序列的所有状态进行平均,并用这个平均状态来作为整个序列的表示,如式(9-11)和图9-4(b)所示。

$$\hat{y} = g\left(\frac{1}{T}\sum_{t=1}^{T}\boldsymbol{h}_t\right) \tag{9-11}$$

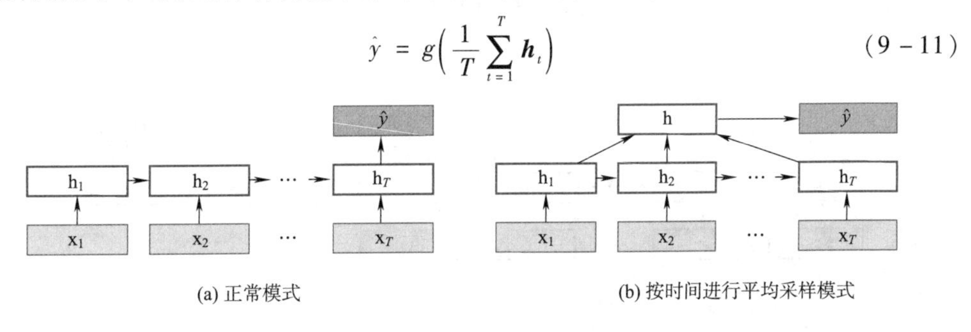

图9-4　序列到类别模式

(2)同步的序列到序列模式。同步的序列到序列模式主要用于序列标注任务,即每一时刻都有输入和输出,输入序列和输出序列的长度相同。比如词性标注中,每一个单词都需要标注其对应的词性标签。

在同步的序列到序列模式(见图 9-5)中,输入为一个长度为 T 的序列 $\boldsymbol{x}_{1:T}=(\boldsymbol{x}_1,\cdots,\boldsymbol{x}_T)$,输出为序列 $y_{1:T}=(y_1,\cdots,y_T)$。样本 x 按不同时刻输入 RNN 中,并得到不同时刻的隐状态 $\boldsymbol{h}_1,\cdots,\boldsymbol{h}_T$。每个时刻的隐状态 $\boldsymbol{h}_t$ 代表当前时刻和历史的信息,并输入给分类器 $g(\cdot)$ 得到当前时刻的标签 $\hat{y}_t$,如式(9-12)所示。

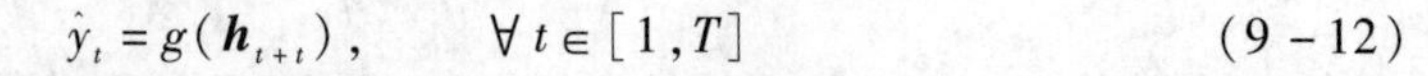

$$\hat{y}_t=g(\boldsymbol{h}_{t+t}),\qquad \forall t\in[1,T] \tag{9-12}$$

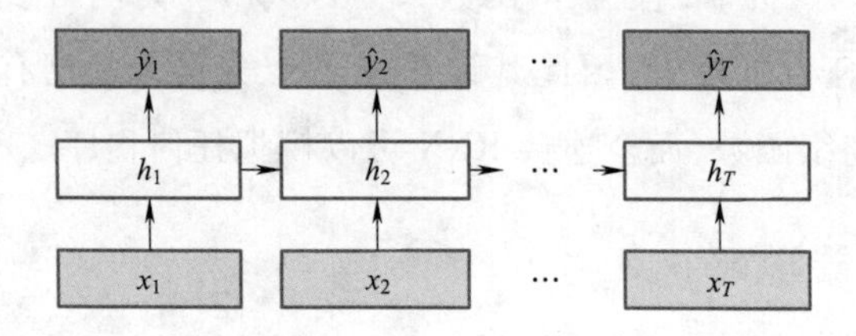

图 9-5　同步的序列到序列模式

(3)异步的序列到序列模式。异步的序列到序列模式又称为编码器-解码器(encoder-decoder)模型,即输入序列和输出序列不需要有严格的对应关系,也不需要保持相同的长度。比如在机器翻译中,输入为源语言的单词序列,输出为目标语言的单词序列。

在异步的序列到序列模式中(见图 9-6),输入为一个长度为 T 的序列 $\boldsymbol{x}_{1:T}=(\boldsymbol{x}_1,\cdots,\boldsymbol{x}_T)$,输出为长度为 M 的序列 $y_{1:M}=(y_1,\cdots,y_M)$。经常通过先编码后解码的方式来实现。先将样本 $\boldsymbol{x}$ 按不同时刻输入一个 RNN(编码器)中,并得到其编码 $\boldsymbol{h}_T$。然后在使用另一个 RNN(解码器)中,得到输出序列 $\hat{y}_{1:M}$。为了建立输出序列之间的依赖关系,在解码器中通常使用非线性的自回归模型,如式(9-13)~式(9-15)所示。

$$\boldsymbol{h}_t=f_1(\boldsymbol{h}_{t-1},\boldsymbol{x}_t),\qquad \forall t\in[1,T] \tag{9-13}$$

$$\boldsymbol{h}_{T+t}=f_2(\boldsymbol{h}_{T+t-1},\hat{\boldsymbol{y}}_{t-1}),\qquad \forall t\in[1,M] \tag{9-14}$$

$$\hat{y}_t=g(\boldsymbol{h}_{T+t}),\qquad \forall t\in[1,M] \tag{9-15}$$

式中,$f_1(\cdot)$,$f_2(\cdot)$ 分别为用作编码器和解码器的 RNN,$g(\cdot)$ 为分类器,$\hat{\boldsymbol{y}}_t$ 为预测输出 $\hat{y}_t$ 的向量表示。

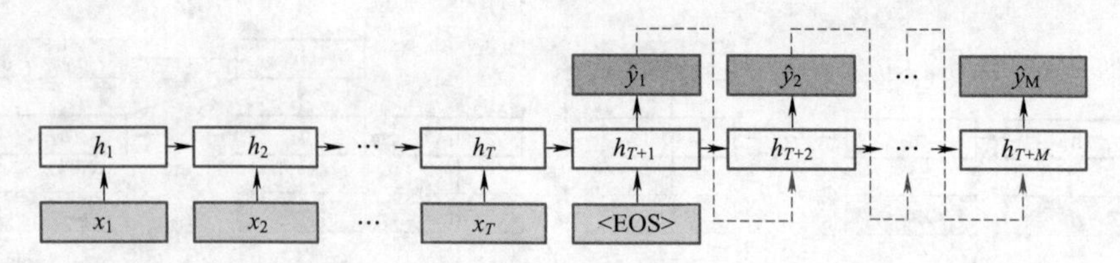

图 9-6　异步的序列到序列模式

9.3.4　参数学习

RNN 的参数可以通过梯度下降方法来进行学习。不失一般性，这里以同步的序列到序列模式为例来介绍 RNN 的参数学习。

以随机梯度下降算法为例，给定一个训练样本$(\boldsymbol{x},\boldsymbol{y})$，其中，$\boldsymbol{x}_{1:T}=(\boldsymbol{x}_1,\cdots,\boldsymbol{x}_T)$为长度是 T 的输入序列，$y_{1:T}=(y_1,\cdots,y_T)$是长度为 T 的标签序列。即在每个时刻 t，都有一个监督信息 y_t，定义时刻 t 的损失函数如式(9－16)所示。

$$\mathcal{L}_t=\mathcal{L}(y_t,g(\boldsymbol{h}_t)) \tag{9-16}$$

式中，$g(\boldsymbol{h}_t)$为第 t 时刻的输出，$\mathcal{L}$ 为可微分的损失函数，如交叉熵。那么整个序列上损失函数如式(9－17)所示。

$$\mathcal{L}=\sum_{t=1}^{T}\mathcal{L}_t \tag{9-17}$$

整个序列的损失函数 $\mathcal{L}$ 关于参数 U 的梯度如式(9－18)所示。

$$\frac{\partial\mathcal{L}}{\partial U}=\sum_{t=1}^{T}\frac{\partial\mathcal{L}_t}{\partial U} \tag{9-18}$$

即每个时刻损失 $\mathcal{L}_t$ 对参数 U 的偏导数之和。

RNN 中存在一个递归调用的函数$f(\cdot)$，因此其计算参数梯度的方式和前馈神经网络不太相同。对于 RNN，常采用的梯度计算方法为随时间反向传播(Back Propagation Through Time，BPTT)算法。

BPTT 算法的主要思想是通过类似前馈神经网络的误差反向传播算法来进行计算梯度。BPTT 算法将 RNN 看作是一个展开的多层前馈网络，其中“每一层”对应循环网络中的“每个时刻”(见图 9－3)。这样，RNN 就可以按照前馈网络中的反向传播算法进行计算参数梯度。在“展开”的前馈网络中，所有层的参数是共享的，因此参数的真实梯度是需要系统计算所有“展开层”的参数梯度之和。

(1)计算偏导数$\frac{\partial\mathcal{L}_t}{\partial U}$。先来计算式(9－18)中第 t 时刻损失对参数 U 的偏导数$\frac{\partial\mathcal{L}_t}{\partial U}$。因为参数 U 和隐藏层在每个时刻 $k(1\leqslant k\leqslant t)$的净输入 $\boldsymbol{z}_k=U\boldsymbol{h}_{k-1}+W\boldsymbol{x}_k+\boldsymbol{b}$ 有关，因此第 t 时刻损失的损失函数 $\mathcal{L}_t$ 关于参数 u_{ij}的梯度如式(9－19)所示。

$$\frac{\partial\mathcal{L}_t}{\partial u_{ij}}=\sum_{k=1}^{t}\frac{\partial^{+}\boldsymbol{z}_k}{\partial u_{ij}}\frac{\partial\mathcal{L}_t}{\partial\boldsymbol{z}_k} \tag{9-19}$$

式中，$\frac{\partial^{+}\boldsymbol{z}_k}{\partial u_{ij}}$表示“直接”偏导数，即公式 $\boldsymbol{z}_k=U\boldsymbol{h}_{k-1}+W\boldsymbol{x}_k+\boldsymbol{b}$ 中保持 $\boldsymbol{h}_{k-1}$不变，对 u_{ij}进行求偏导数，得到式(9－20)。

$$\frac{\partial^{+}\boldsymbol{z}_k}{\partial u_{ij}}=[0,\cdots,[\boldsymbol{h}_{k-1}]_j,\cdots,0]$$

$$\triangleq \mathbb{I}_i([\boldsymbol{h}_{k-1}]_j), \tag{9-20}$$

式中，$[\boldsymbol{h}_{k-1}]_j$ 为第 $k-1$ 时刻隐状态的第 j 维；$\mathbb{I}_i(x)$ 表示除了第 i 行值为 x 外，其余都为 0 的向量。

定义误差项 $\delta_{t,k}=\frac{\partial \mathcal{L}_t}{\partial z_k}$ 为第 t 时刻的损失对第 k 时刻隐藏神经层的净输入 z_k 的导数，则当 $1 \leqslant k < t$ 时，得到式(9-21)。

$$\begin{aligned}\delta_{t,k} &= \frac{\partial \mathcal{L}_t}{\partial z_k} \\ &= \frac{\partial \boldsymbol{h}_k}{\partial z_k}\frac{\partial z_{k+1}}{\partial \boldsymbol{h}_k}\frac{\partial \mathcal{L}_t}{\partial z_{k+1}} \\ &= \mathrm{diag}(f'(z_k))U^{\mathrm{T}}\delta_{t,k+1}\end{aligned} \tag{9-21}$$

将式(9-20)和式(9-21)代入式(9-19)得到式(9-22)。

$$\frac{\partial \mathcal{L}_t}{\partial u_{ij}} = \sum_{k=1}^{t}[\delta_{t,k}]_i[\boldsymbol{h}_{k-1}]_j \tag{9-22}$$

将上式写成矩阵形式如式(9-23)所示。

$$\frac{\partial \mathcal{L}_t}{\partial U} = \sum_{k=1}^{t}\delta_{t,k}\boldsymbol{h}_{k-1}^{\mathrm{T}} \tag{9-23}$$

图 9-7 给出了误差项随时间进行反向传播算法的示例。

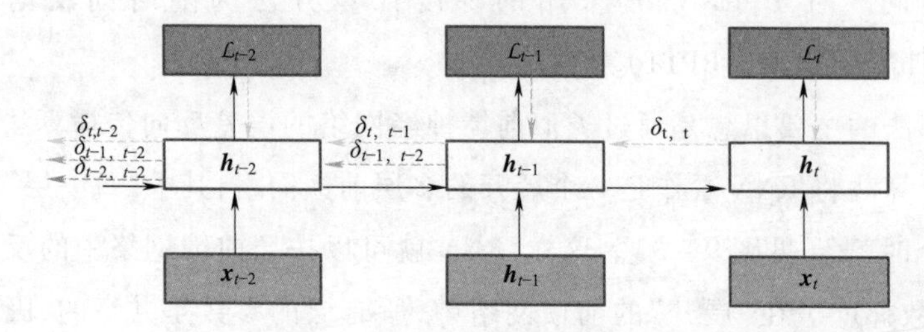

图 9-7　BPTT 算法示例

(2)参数梯度。将式(9-23)代入式(9-18)得到整个序列的损失函数 $\mathcal{L}$ 关于参数 U 的梯度，如式(9-24)所示。

$$\frac{\partial \mathcal{L}}{\partial U} = \sum_{t=1}^{T}\sum_{k=1}^{t}\delta_{t,k}\boldsymbol{h}_{k-1}^{\mathrm{T}} \tag{9-24}$$

同理可得，$\mathcal{L}$ 关于权重 W 和偏置 b 的梯度如式(9-25)和式(9-26)所示。

$$\frac{\partial \mathcal{L}}{\partial W} = \sum_{t=1}^{T}\sum_{k=1}^{t}\delta_{t,k}\boldsymbol{x}_k^{\mathrm{T}} \tag{9-25}$$

$$\frac{\partial \mathcal{L}}{\partial \boldsymbol{b}} = \sum_{t=1}^{T}\sum_{k=1}^{t}\delta_{t,k} \tag{9-26}$$

(3)计算复杂度。在 BPTT 算法中，参数的梯度需要在一个完整的“前向”计算和“反向”计算后才能得到并进行参数更新。

9.3.5　基于门控的循环神经网络

为了解决上节中提到的记忆容量问题,一种非常好的解决方案是引入门控来控制信息的累积速度,包括有选择地加入新的信息,并有选择地遗忘之前累积的信息。这一类网络可以称为基于门控的RNN(gated RNN)。本节主要介绍一种著名的基于门控的RNN:长短期记忆(Long Short-Term Memory,LSTM)网络。

LSTM网络是RNN的一个变体,可以有效地解决简单RNN的梯度爆炸或消失问题。

LSTM网络主要改进在以下两方面:

(1)新的内部状态。LSTM网络引入一个新的内部状态 $\boldsymbol{c}_t$ 专门进行线性的循环信息传递,同时(非线性)输出信息给隐藏层的外部状态 $\boldsymbol{h}_t$,如式(9-27)和式(9-28)所示。

$$\boldsymbol{c}_t=\boldsymbol{f}_t\odot\boldsymbol{c}_{t-1}+\boldsymbol{i}_t\odot\tilde{\boldsymbol{c}}_t \tag{9-27}$$

$$\boldsymbol{h}_t=\boldsymbol{o}_t\odot\tanh(\boldsymbol{c}_t) \tag{9-28}$$

其中,$\boldsymbol{f}_t$,$\boldsymbol{i}_t$ 和 $\boldsymbol{o}_t$ 为三个门(gate)来控制信息传递的路径;$\odot$ 为向量元素乘积;$\boldsymbol{c}_{t-1}$ 为上一时刻的记忆单元;$\tilde{\boldsymbol{c}}_t$ 是通过非线性函数得到候选状态,如式(9-29)所示。

$$\tilde{\boldsymbol{c}}_t=\tanh(W_c\boldsymbol{x}_t+U_c\boldsymbol{h}_{t-1}+\boldsymbol{b}_c) \tag{9-29}$$

在每个时刻 t,LSTM网络的内部状态 $\boldsymbol{c}_t$ 记录了到当前时刻为止的历史信息。

(2)门机制。LSTM网络引入门机制(Gating Mechanism)来控制信息传递的路径。式(9-27)和式(9-28)中三个"门"分别为输入门 $\boldsymbol{i}_t$、遗忘门 $\boldsymbol{f}_t$ 和输出门 $\boldsymbol{o}_t$。在数字电路中,门为一个二值变量{0,1},0代表关闭状态,不许任何信息通过;1代表开放状态,允许所有信息通过。LSTM网络中的"门"是一种"软"门,取值在(0,1)之间,表示以一定的比例运行信息通过。LSTM网络中三个门的作用为:

- 遗忘门 $\boldsymbol{f}_t$ 控制上一个时刻的内部状态 $\boldsymbol{c}_{t-1}$ 需要遗忘多少信息。
- 输入门 $\boldsymbol{i}_t$ 控制当前时刻的候选状态 $\tilde{\boldsymbol{c}}_t$ 有多少信息需要保存。
- 输出门 $\boldsymbol{o}_t$ 控制当前时刻的内部状态 $\boldsymbol{c}_t$ 有多少信息需要输出给外部状态 $\boldsymbol{h}_t$。

当 $\boldsymbol{f}_t=0$,$\boldsymbol{i}_t=1$ 时,记忆单元将历史信息清空,并将候选状态向量 $\tilde{\boldsymbol{c}}_t$ 写入。但此时记忆单元 $\boldsymbol{c}_t$ 依然和上一时刻的历史信息相关。当 $\boldsymbol{f}_t=1$,$\boldsymbol{i}_t=0$ 时,记忆单元将复制上一时刻的内容,不写入新的信息。

三个门的计算方式如式(9-30)~式(9-32)所示。

$$\boldsymbol{i}_t=\sigma(W_i\boldsymbol{x}_t+U_i\boldsymbol{h}_{t-1}+\boldsymbol{b}_i) \tag{9-30}$$

$$\boldsymbol{f}_t=\sigma(W_f\boldsymbol{x}_t+U_f\boldsymbol{h}_{t-1}+\boldsymbol{b}_f) \tag{9-31}$$

$$\boldsymbol{o}_t=\sigma(W_o\boldsymbol{x}_t+U_o\boldsymbol{h}_{t-1}+\boldsymbol{b}_o) \tag{9-32}$$

其中，$\sigma(\cdot)$ 为 logistic 函数，其输出区间为 $(0,1)$，$\boldsymbol{x}_t$ 为当前时刻的输入，$\boldsymbol{h}_{t-1}$ 为上一时刻的外部状态。

图 9－8 给出了 LSTM 网络的循环单元结构，其计算过程为：

①首先利用上一时刻的外部状态 $\boldsymbol{h}_{t-1}$ 和当前时刻的输入 $\boldsymbol{x}_t$，计算出三个门，以及候选状态 $\tilde{\boldsymbol{c}}_t$。

②结合遗忘门 $\boldsymbol{f}_t$ 和输入门 $\boldsymbol{i}_t$ 来更新记忆单元 $\boldsymbol{c}_t$。

③结合输出门 $\boldsymbol{o}_t$，将内部状态的信息传递给外部状态 $\boldsymbol{h}_t$。

通过 LSTM 循环单元，整个网络可以建立较长距离的时序依赖关系。式(9－30)～式(9－32)可以简洁地描述为式(9－33)～式(9－35)。

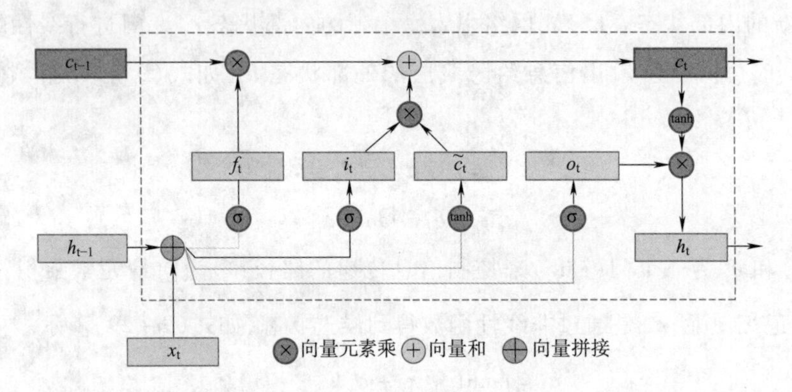

图 9－8　LSTM 循环单元结构

$$\begin{bmatrix} \tilde{\boldsymbol{c}}_t \\ \boldsymbol{o}_t \\ \boldsymbol{i}_t \\ \boldsymbol{f}_t \end{bmatrix} = \begin{bmatrix} \tanh \\ \sigma \\ \sigma \\ \sigma \end{bmatrix} \left(W \begin{bmatrix} \boldsymbol{x}_t \\ \boldsymbol{h}_{t-1} \end{bmatrix} + \boldsymbol{b} \right) \tag{9－33}$$

$$\boldsymbol{c}_t = \boldsymbol{f}_t \odot \boldsymbol{c}_{t-1} + \boldsymbol{i}_t \odot \tilde{\boldsymbol{c}}_t \tag{9－34}$$

$$\boldsymbol{h}_t = \boldsymbol{o}_t \odot \tanh(\boldsymbol{c}_t) \tag{9－35}$$

式中，$\boldsymbol{x}_t \in \mathbb{R}^{e}$ 为当前时刻的输入，$W \in \mathbb{R}^{4d \times (d+e)}$ 和 $\boldsymbol{b} \in \mathbb{R}^{4d}$ 为网络参数。

记忆 RNN 中的隐状态 $\boldsymbol{h}$ 存储了历史信息，可以看作是一种记忆。在简单循环网络中，隐状态每个时刻都会被重写，因此可以看作是一种短期记忆（Short－term Memory）。在神经网络中，长期记忆（Long－term Memory）可以看作是网络参数，隐含了从训练数据中学到的经验，并更新周期要远远慢于短期记忆。而在 LSTM 网络中，记忆单元 $\boldsymbol{c}$ 可以在某个时刻捕捉到某个关键信息，并有能力将此关键信息保存一定的时间间隔。记忆单元 $\boldsymbol{c}$ 中保存信息的生命周期要长于短期记忆 $\boldsymbol{h}$，但又远远短于长期记忆，因此称为长的短期记忆（Long Short－term Memory）。

9.4 深度信念网络

对于一个复杂的数据分布,往往只能观测到有限的局部特征,并且这些特征通常会包含一定的噪声。如果要对这个数据分布进行建模,就需要挖掘出可观测变量之间复杂的依赖关系,以及可观测变量背后隐藏的内部表示。

本节介绍一种可以有效学习变量之间复杂依赖关系的概率图模型(DBN)以及两种相关的基础模型(玻尔兹曼机和受限玻尔兹曼机)。DBN 中包含很多层的隐变量,可以有效地学习数据的内部特征表示,也可以作为一种有效的非线性降维方法。这些学习到的内部特征表示包含了数据的更高级的、有价值的信息,因此十分有助于后续的分类和回归等任务。

玻尔兹曼机和 DBN 都是生成模型,借助隐变量来描述复杂的数据分布。作为概率图模型,玻尔兹曼机和 DBN 的共同问题是推断和学习问题。因为这两种模型都比较复杂,并且都包含隐变量,它们的推断和学习一般通过 MCMC 方法来进行近似估计。这两种模型和神经网络有很强的对应关系,在一定程度上又称为随机神经网络(Stochastic Neural Network,SNN)。

9.4.1 玻尔兹曼机

玻尔兹曼机(Boltzmann Machine)可以看作是一个随机动力系统(Stochastic Dynamical System),每个变量的状态都以一定的概率受到其他变量的影响。玻尔兹曼机可以用概率无向图模型来描述。一个具有 K 个结点(变量)的玻尔兹曼机满足以下三个性质:

(1)每个随机变量是二值的,所有随机变量可以用一个二值的随机向量 $\boldsymbol{X} \in \{0,1\}^K$ 来表示,其中可观测变量表示为 $\boldsymbol{V}$,隐变量表示为 $\boldsymbol{H}$。

(2)所有结点之间是全连接的。每个变量 X_i 的取值依赖于所有其他变量 $\boldsymbol{X}_{\setminus i}$。

(3)每两个变量之间的相互影响($X_i \to X_j$ 和 $X_j \to X_i$)是对称的。

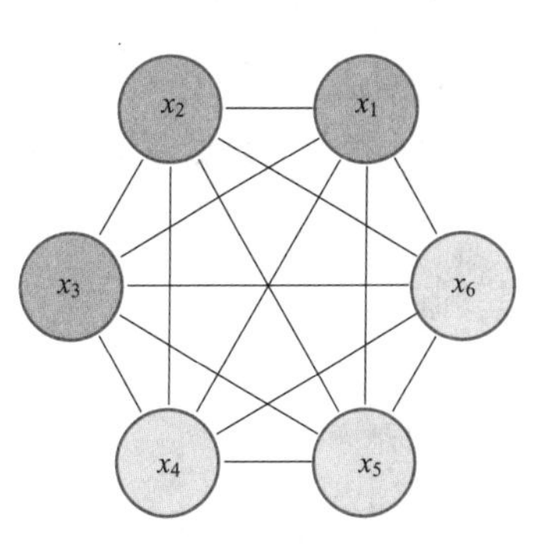

图 9-9 一个有6个变量的玻尔兹曼机

图 9-9 给出了一个包含 3 个可观测变量和 3 个隐变量的玻尔兹曼机。

变量 $\boldsymbol{X}$ 的联合概率由玻尔兹曼分布得到式(9-36)。

$$p(\boldsymbol{x}) = \frac{1}{Z}\exp\left(\frac{-E(\boldsymbol{x})}{T}\right) \tag{9-36}$$

式中,Z 为配分函数,能量函数 $E(\boldsymbol{x})$ 的定义为式(9-37)。

$$
\begin{aligned}
E(\boldsymbol{x}) &\triangleq E(\boldsymbol{X}=\boldsymbol{x}) \\
&= -\left(\sum_{i<j} w_{ij}x_i x_j + \sum_i b_i x_i\right) \qquad (9-37)
\end{aligned}
$$

其中,w_{ij} 是两个变量 x_i 和 x_j 之间的连接权重,$x_i \in \{0,1\}$ 表示状态,b_i 是变量 x_i 的偏置。

如果两个变量 X_i 和 X_j 的取值都为 1 时,一个正的权重 $w_{ij}>0$ 会使得玻尔兹曼机的能量下降,发生的概率变大;相反,一个负的权重会使得能量上升,发生的概率变小。因此,如果令玻尔兹曼机中的每个变量 X_i 代表一个基本假设,其取值为 1 或 0 分别表示模型接受或拒绝该假设,那么变量之间连接的权重为可正可负的实数,代表了两个假设之间的弱约束关系。一个正的权重表示两个假设可以相互支持。也就是说,如果一个假设被接受,另一个也很可能被接受。相反,一个负的权重表示两个假设不能同时被接受。

玻尔兹曼机可以用来解决两类问题。一类是搜索问题:当给定变量之间的连接权重,需要找到一组二值向量,使得整个网络的能量最低。另一类是学习问题:当给定变量的多组观测值时,学习网络的最优权重。

9.4.2 受限玻尔兹曼机

全连接的玻尔兹曼机在理论上十分有趣,但是由于其复杂性,目前为止并没有被广泛使用。虽然基于采样的方法在很大程度提高了学习效率,但是每更新一次权重,就需要网络重新达到热平衡状态,这个过程依然比较低效,需要很长时间。在实际应用中,使用比较广泛的一种带限制的版本,也就是受限玻尔兹曼机。

受限玻尔兹曼机(Restricted Boltzmann Machine,RBM)是一个二分图结构的无向图模型,如图 9-10 所示。受限玻尔兹曼机中的变量也分为隐藏变量和可观测变量,分别用可观测层和隐藏层来表示这两组变量。同一层中的结点之间没有连接,而不同层一个层中的结点与另一层中的所有结点连接,这和两层的全连接神经网络的结构相同。

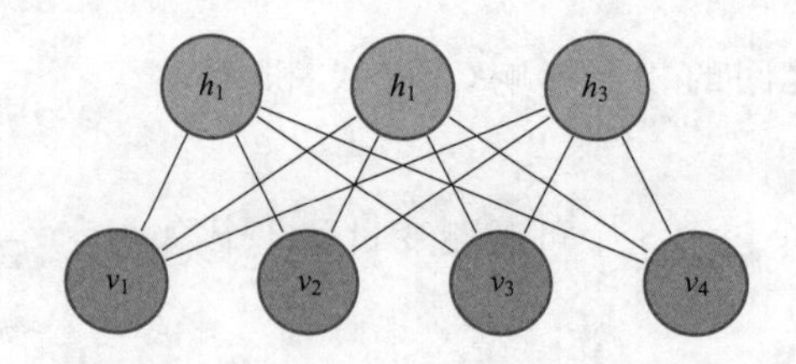

图 9-10　一个有 7 个变量的受限玻尔兹曼机

一个受限玻尔兹曼机由 m_1 个可观测变量和 m_2 个隐变量组成,其定义如下:

- 可观测的随机向量 $\boldsymbol{v}=[v_1,\cdots,v_{m_1}]^{\mathrm{T}}$。
- 隐藏的随机向量 $\boldsymbol{h}=[h_1,\cdots,h_{m_2}]^{\mathrm{T}}$。
- 权重矩阵 $W\in\mathbb{R}^{m_1\times m_2}$,其中每个元素 w_{ij} 为可观测变量 v_i 和隐变量 h_j 之间边的权重。
- 偏置 $\boldsymbol{a}\in\mathbb{R}^{m_1}$ 和 $\boldsymbol{b}\in\mathbb{R}^{m_2}$,其中 a_i 为每个可观测的变量 v_i 的偏置,b_j 为每个隐变量 h_j 的偏置。

受限玻尔兹曼机的能量函数定义为如式(9-38)所示。

$$\begin{aligned}E(\boldsymbol{v},\boldsymbol{h})&=-\sum_i a_i v_i-\sum_j b_j h_j-\sum_i\sum_j v_i w_{ij} h_j\\&=-\boldsymbol{a}^{\mathrm{T}}\boldsymbol{v}-\boldsymbol{b}^{\mathrm{T}}\boldsymbol{h}-\boldsymbol{v}^{\mathrm{T}}W\boldsymbol{h},\end{aligned}\tag{9-38}$$

受限玻尔兹曼机的联合概率分布 $p(\boldsymbol{v},\boldsymbol{h})$ 定义如式(9-39)所示。

$$p(\boldsymbol{v},\boldsymbol{h})=\frac{1}{Z}\exp(-E(\boldsymbol{v},\boldsymbol{h}))=\frac{1}{Z}\exp(\boldsymbol{a}^{\mathrm{T}}\boldsymbol{v})\exp(\boldsymbol{b}^{\mathrm{T}}\boldsymbol{h})\exp(\boldsymbol{v}^{\mathrm{T}}W\boldsymbol{h})\tag{9-39}$$

式中,$Z=\sum_{\boldsymbol{v},\boldsymbol{h}}\exp(-E(\boldsymbol{v},\boldsymbol{h}))$ 为配分函数。

9.4.3 深度信念网络

深度信念网络(DBN)是一种深层的概率有向图模型,其图结构由多层的结点构成。每层结点的内部没有连接,相邻两层的结点为全连接。网络的最底层为可观测变量,其他层结点都为隐变量。顶部的两层间的连接是无向的,其他层之间的连接是有向的。图9-11给出了一个4层结构DBN的示例。

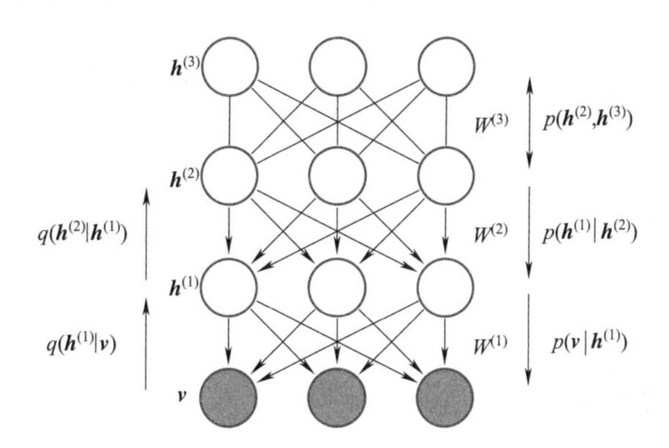

图9-11 一个有4层结构的DBN

对一个有 L 层隐变量的DBN,令 $\boldsymbol{v}=\boldsymbol{h}^{(0)}$ 表示底层(第0层)为可观测变量,$\boldsymbol{h}^{(0)},\cdots,\boldsymbol{h}^{(L)}$ 表示其余每层的变量。顶部的两层是一个无向图,可以看作是一个受限玻尔兹曼机,用来产生 $p(\boldsymbol{h}^{(L-1)})$ 的先验分布。除了顶上两层外,每一层变量 $\boldsymbol{h}^{(l)}$ 依赖于其上面一层 $\boldsymbol{h}^{(l+1)}$,如式(9-40)所示。

$$p(\boldsymbol{h}^{(l)} \mid \boldsymbol{h}^{(l+1)},\cdots,\boldsymbol{h}^{(L)}) = p(\boldsymbol{h}^{(l)} \mid \boldsymbol{h}^{(l+1)}) \tag{9-40}$$

式中，$l=\{0,\cdots,L-2\}$。

DBN 中所有变量的联合概率可以分解，如式(9-41)所示。

$$\begin{aligned} p(\boldsymbol{v},\boldsymbol{h}^{(1)},\cdots,\boldsymbol{h}^{(L)}) &= p(\boldsymbol{v} \mid \boldsymbol{h}^{(1)})\left(\prod_{l=1}^{L-2} p(\boldsymbol{h}^{(l)} \mid \boldsymbol{h}^{(l+1)})\right)p(\boldsymbol{h}^{(L-1)},\boldsymbol{h}^{(L)}) \\ &= \left(\prod_{l=0}^{L-1} p(\boldsymbol{h}^{(l)} \mid \boldsymbol{h}^{(l+1)})\right)p(\boldsymbol{h}^{(L-1)},\boldsymbol{h}^{(L)}), \end{aligned} \tag{9-41}$$

式中，为 $p(\boldsymbol{h}^{(l)} \mid \boldsymbol{h}^{(l+1)})$ Sigmoid 型条件概率分布，如式(9-42)所示。

$$p(\boldsymbol{h}^{(l)} \mid \boldsymbol{h}^{(l+1)}) \tag{9-42}$$

式中，$\sigma(\cdot)$为按位计算的 logistic sigmoid 函数，$\boldsymbol{a}^{(l)}$为偏置参数，$W^{(l+1)}$为权重参数。这样，每一个层都可以看作是一个 Sigmoid 信念网络。

DBN 的训练过程可以分为预训练和精调两个阶段。先通过逐层预训练将模型的参数初始化为较优的值，再通过传统学习方法对参数进行精调。

(1)逐层预训练。在预训练阶段，采用逐层训练的方式，将 DBN 的训练简化为对多个受限玻尔兹曼机的训练。

算法 9-1 给出一种 DBN 的逐层预训练方法。大量的实践表明，逐层预训练可以产生非常好的参数初始值，从而极大地降低了模型的学习难度。

算法 9-1　DBN 的逐层训练方法

输入：训练集：$\hat{v}^{(n)}, n=1,\cdots,N$

学习率：α，深度信念网络层数：L，第 l 层权重：$W^{(l)}$，第 l 层偏置 $\boldsymbol{a}^{(l)}$，第 l 层偏置 $\boldsymbol{b}^{(l)}$

输出：$\{W^{(l)},\boldsymbol{a}^{(l)},\boldsymbol{b}^{(l)}\}, 1\leqslant l\leqslant L$

(1) **for** $l=1\cdots L$ **do**

(2) 初始化：$W^{(l)}\leftarrow 0,\boldsymbol{a}^{(l)}\leftarrow 0,\boldsymbol{b}^{(l)}\leftarrow 0$；

(3) 从训练集中采样 $\hat{\boldsymbol{h}}^{(0)}$；

(4) **for** $i=1\cdots l-1$ do

(5) | 根据分布 $p(\boldsymbol{h}^{(i)} \mid \hat{\boldsymbol{h}}(i-1))$采样 $\hat{\boldsymbol{h}}^{(i)}$；

(6) end

(7) 将 $\hat{\boldsymbol{h}}^{(l-1)}$ 作为训练样本， 充分训练第 l 层受限玻尔兹曼机 $W^{(l)},\boldsymbol{a}^{(l)},\boldsymbol{b}^{(l)}$；

(8) end

---

(2)精调。经过预训练之后，再结合具体的任务(监督学习或无监督学习)，通过传统的全局学习算法对网络进行精调(Fine - tuning)，使模型收敛到更好的局部最

优点。

DBN 的一个应用是作为 DNN 的预训练部分，提供神经网络的初始权重。在 DBN 的最顶层再增加一层输出层，然后再使用反向传播算法对这些权重进行调优。特别是在训练数据比较少时，预训练的作用非常大。因为不恰当的初始化权重会显著影响最终模型的性能，而预训练获得的权重在权值空间中比随机权重更接近最优的权重，避免了反向传播算法因随机初始化权值参数而容易陷入局部最优和训练时间长的缺点。这不仅提升了模型的性能，也加快了调优阶段的收敛速度。

9.5　深度生成模型

概率生成模型，简称生成模型（Generative Model），是概率统计和机器学习中的一类重要模型，指一系列用于随机生成可观测数据的模型。假设在一个连续的或离散的高维空间 χ 中，存在一个随机向量 $\boldsymbol{X}$ 服从一个未知的数据分布 $p_r(\boldsymbol{x})$，$\boldsymbol{x}\in\chi$。生成模型是根据一些可观测的样本 $\boldsymbol{x}^{(1)},\boldsymbol{x}^{(2)},\cdots,\boldsymbol{x}^{(N)}$ 来学习一个参数化的模型 $p_\theta(\boldsymbol{x})$ 来近似未知分布 $p_r(\boldsymbol{x})$，并可以用这个模型来生成一些样本，使得“生成”的样本和“真实”的样本尽可能地相似。

生成模型的应用十分广泛，可以用来不同的数据进行建模，如图像、文本、声音等。例如图像生成，将图像表示为一个随机向量 $\boldsymbol{X}$，其中每一维都表示一个像素值。假设自然场景的图像都服从一个未知的分布 $p_r(\boldsymbol{x})$，希望通过一些观测样本来估计其分布。高维随机向量一般比较难以直接建模，需要通过一些条件独立性来简化模型。但是，自然图像中不同像素之间的存在复杂的依赖关系（如相邻像素的颜色一般是相似的），很难用一个明确的图模型来描述其依赖关系，因此直接建模 $p_r(\boldsymbol{x})$ 比较困难。

深度生成模型就是利用深层神经网络可以近似任意函数的能力来建模一个复杂的分布 $p_r(\boldsymbol{x})$。假设一个随机向量 Z 服从一个简单的分布 $p(z)$，$z\in Z$（如标准正态分布），使用一个深层神经网络 $g:Z\to\chi$，并使得 $g(z)$ 服从 $p_r(\boldsymbol{x})$。

9.5.1　概率生成模型

生成模型（见图 9－12）一般具有两个基本功能：密度估计和生成样本。

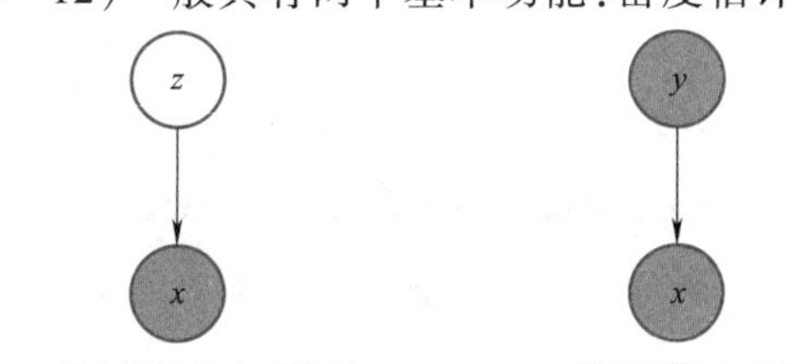

图 9－12　生成模型

(1)密度估计。给定一组数据 $D=\{\boldsymbol{x}^{(i)}\},1\leqslant i\leqslant N$,假设它们都是独立地从相同的概率密度函数为 $p_r(\boldsymbol{x})$ 的未知分布中产生的。密度估计是根据数据集 D 来估计其概率密度函数 $p_\theta(\boldsymbol{x})$。

在机器学习中,密度估计是一种非常典型的无监督学习问题。如果要建模的分布包含隐变量,如图 9-12(a)所示,如高斯混合模型,就需要利用 EM 算法来进行密度估计。

生成模型也可以应用于监督学习。监督学习的目标是建模输出标签的条件概率密度函数 $p(y\mid\boldsymbol{x})$。根据贝叶斯公式可得式(9-43)。

$$p(y\mid\boldsymbol{x})=\frac{p(\boldsymbol{x},y)}{\sum_y p(\boldsymbol{x},y)} \tag{9-43}$$

可以将监督学习问题转换为联合概率密度函数 $p(\boldsymbol{x},y)$ 的密度估计问题。

图 9-12(b)给出了生成模型用于监督学习的图模型表示。在监督学习中,比较典型的生成模型有朴素贝叶斯分类器、隐马尔可夫模型。

和生成模型相对应的另一类监督学习模型是判别模型(Discriminative Model)。判别式模型直接建模条件概率密度函数 $p(y\mid\boldsymbol{x})$,并不建模其联合概率密度函数 $p(\boldsymbol{x},y)$。常见的判别模型有 logistic 回归、支持向量机、神经网络等。由生成模型可以得到判别模型,但由判别模型得不到生成模型。

(2)生成样本。生成样本就是给定一个概率密度函数为 $p_\theta(\boldsymbol{x})$ 的分布,生成一些服从这个分布的样本,又称采样。对于图 9-12(a)中的图模型,在得到两个变量的局部条件概率 $p_\theta(z)$ 和 $p_\theta(\boldsymbol{x}\mid z)$ 之后,就可以生成数据 $\boldsymbol{x}$,具体过程可以分为两步进行:

①根据隐变量的先验分布 $p_\theta(z)$ 进行采样,得到样本 z。

②根据条件分布 $p_\theta(\boldsymbol{x}\mid z)$ 进行采样,得到 $\boldsymbol{x}$。

因此,在生成模型中,重点是估计条件分布 $p(\boldsymbol{x}\mid z;\theta)$。

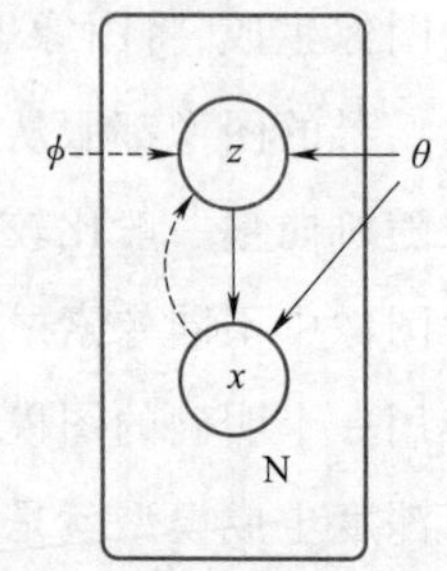

图 9-13　变分自编码器(实线表示生成模型,虚线表示变分近似)

9.5.2　变分自编码器

假设一个生成模型(见图 9-13)中包含隐变量,即有部分变量是不可观测的,其中观测变量 $\boldsymbol{X}$ 是一个高维空间 χ 中的随机向量,隐变量 $\boldsymbol{Z}$ 是一个相对低维的空间 Z 中的随机向量。

这个生成模型的联合概率密度函数可以分解为式(9-44)。

$$p(\boldsymbol{x},z;\theta)=p(\boldsymbol{x}\mid z;\theta)p(z;\theta) \tag{9-44}$$

式中,$p(z;\theta)$ 为隐变量 z 先验分布的概率密度函数,$p(\boldsymbol{x}\mid z;\theta)$ 为已知 z 时观测变量 $\boldsymbol{x}$ 的条件概率密度函数,θ 表示两个密度函数的参数。一般情况下,可以假设 $p(z;\theta)$)和 $p(\boldsymbol{x}\mid z;\theta)$ 为某种参数化的分布族,如正态分布。这些分布的形式已知,只是参数 θ 未知,可以通过最大化似然来进行估计。

给定一个样本 $\boldsymbol{x}$，其对数边际似然 $\log p(\boldsymbol{x};\theta)$ 可以分解为式(9-45)。

$$\log p(\boldsymbol{x};\theta) = \mathrm{ELBO}(q,\boldsymbol{x};\theta,\phi) + D_{KL}(q(z;\phi)\,||\,p(z\mid\boldsymbol{x};\theta)) \tag{9-45}$$

其中，$q(z;\varphi)$ 是额外引入的变分密度函数，其参数为 ϕ，$\mathrm{ELBO}(q,\boldsymbol{x};\theta,\varphi)$ 为证据下界，如式(9-46)所示。

$$\mathrm{ELBO}(q,\boldsymbol{x};\theta,\phi) = \mathbb{E}_{z\sim q(z;\phi)}\left[\log\frac{p(\boldsymbol{x},z;\theta)}{q(z;\phi)}\right] \tag{9-46}$$

最大化对数边际似然 $\log p(\boldsymbol{x};\theta)$ 可以用 EM 算法来求解，具体可以分为两步：

- E-step：寻找一个密度函数 $q(z;\phi)$ 使其等于或接近于后验密度函数 $p(z\mid\boldsymbol{x};\theta)$。
- M-step：保持 $q(z;\phi)$ 固定，寻找 θ 来最大化 $\mathrm{ELBO}(q,\boldsymbol{x};\theta,\phi)$。这样个步骤不断重复，直到收敛。

在 EM 算法的每次迭代中，理论上最优的 $q(z;\phi)$ 为隐变量的后验概率密度函数 $p(z\mid\boldsymbol{x};\theta)$，如式(9-47)所示。

$$p(z\mid\boldsymbol{x};\theta) = \frac{p(\boldsymbol{x}\mid z;\theta)p(z;\theta)}{\int_z p(\boldsymbol{x}\mid z;\theta)p(z;\theta)\,dz} \tag{9-47}$$

后验密度函数 $p(z\mid\boldsymbol{x};\theta)$ 的计算是一个统计推断问题，涉及积分计算。当隐变量 z 是有限的一维离散变量，则计算起来比较容易。在一般情况下，这个后验概率密度函数是很难计算的。此外，概率密度函数 $p(\boldsymbol{x}\mid z;\theta)$ 一般也比较复杂，很难直接用已知的分布族函数进行建模。

变分自编码器(Variational Auto Encoder，VAE)是一种深度生成模型，其思想是利用神经网络来分别建模两个复杂的条件概率密度函数。

(1)用神经网络来产生变分分布 $q(z;\phi)$，称为推断网络。理论上 $q(z;\phi)$ 可以不依赖 $\boldsymbol{x}$。但由于 $q(z;\phi)$ 的目标是近似后验分布 $p(z\mid\boldsymbol{x};\theta)$，其和 $\boldsymbol{x}$ 相关，因此变分密度函数一般写为 $p(z\mid\boldsymbol{x};\phi)$。推断网络的输入为 $\boldsymbol{x}$，输出为变分分布 $p(z\mid\boldsymbol{x};\phi)$。

(2)用神经网络来产生概率分布 $p(\boldsymbol{x}\mid z;\theta)$，称为生成网络。生成网络的输入为 z，输出为概率分布 $p(\boldsymbol{x}\mid z;\theta)$。

将推断网络和生成网络合并就得到了 VAE 的整个网络结构，如图 9-14 所示，其中实线表示网络计算操作，虚线表示采样操作。

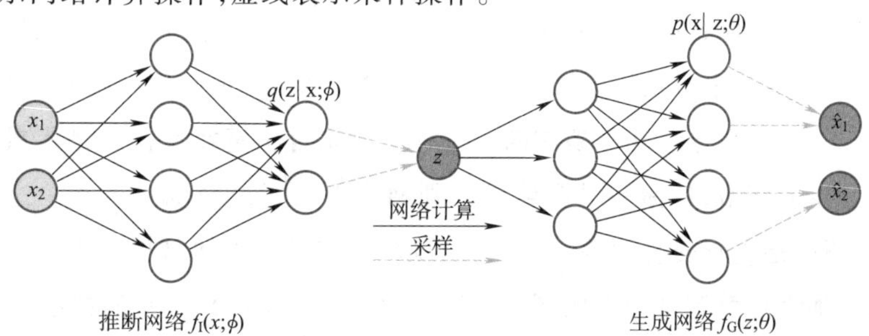

图 9-14　VAE 的网络结构

VAE 的名称来自于其整个网络结构和 AE 比较类似。推断网络看作是“编码器”，将可观测变量映射为隐变量。生成网络可以看作是“解码器”，将隐变量映射为可观测变量。但 VAE 背后的原理和 AE 完全不同。VAE 中的编码器和解码器的输出为分布（或分布的参数），而不是确定的编码。

9.5.3 生成对抗网络

(1)显式密度模型和隐式密度模型。之前介绍的深度生成模型，如 VAE、DBN 等，都是显示地构建出样本的密度函数 $p(\boldsymbol{x};\theta)$，并通过最大似然估计来求解参数，称为显式密度模型(Explicit Density Model)。比如 VAE 的密度函数为 $p(\boldsymbol{x},z;\theta)=p(\boldsymbol{x}\mid z;\theta)p(z;\theta)$。虽然使用了神经网络来估计 $p(\boldsymbol{x}\mid z;\theta)$，但是依然假设 $p(\boldsymbol{x}\mid z;\theta)$ 为一个参数分布族，而神经网络只是用来预测这个参数分布族的参数。这在某种程度上限制了神经网络的能力。

如果只是希望有一个模型能生成符合数据分布 $p_r(\boldsymbol{x})$ 的样本，那么可以不显示地估计出数据分布的密度函数。假设在低维空间 Z 中有一个简单容易采样的分布 $p(z)$，$p(z)$ 通常为标准多元正态分布 $\mathcal{N}(\boldsymbol{0},\boldsymbol{1})$。用神经网络构建一个映射函数 $G:Z\rightarrow\chi$，称为生成网络。利用神经网络强大的拟合能力，使得 $G(z)$ 服从数据分布 $p_r(\boldsymbol{x})$。这种模型就称为隐式密度模型(Implicit Density Model)。所谓隐式模型就是指并不显示地建模 $p_r(\boldsymbol{x})$，而是建模生成过程。图 9-15 给出了隐式模型生成样本的过程。

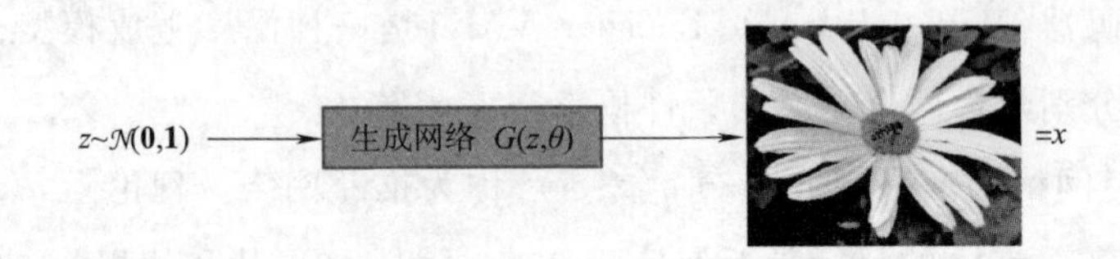

图 9-15 隐式模型生成样本的过程

(2)网络分解。隐式密度模型的一个关键是如何确保生成网络产生的样本一定是服从真实的数据分布。既然不构建显式密度函数，就无法通过最大似然估计等方法来训练。

生成对抗网络(Generative Adversarial Networks，GAN)是通过对抗训练的方式来使得生成网络产生的样本服从真实数据分布。在 GAN 中，有两个网络进行对抗训练：一个是判别网络，目标是尽量准确地判断一个样本是来自于真实数据还是生成网络产生的；另一个是生成网络，目标是尽量生成判别网络无法区分来源的样本。这两个目标相反的网络不断地进行交替训练。当最后收敛时，如果判别网络再也无法判断出一个样本的来源，那么也就等价于生成网络可以生成符合真实数据分布的样本。GAN 的流程如图 9-16 所示。

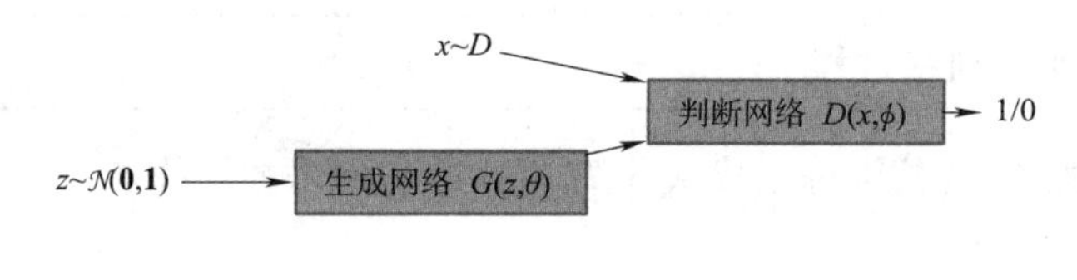

图9－16 GAN的流程

判别网络 $D(\boldsymbol{x};\phi)$ 的目标是区分出一个样本 $\boldsymbol{x}$ 是来自于真实分布 $p_r(\boldsymbol{x})$ 还是来自于生成模型 $p_\theta(\boldsymbol{x})$，因此判别网络实际上是一个两类分类器。用标签 $y=1$ 来表示样本来自真实分布，$y=0$ 表示样本来自模型，判别网络 $D(\boldsymbol{x};\phi)$ 的输出为 $\boldsymbol{x}$ 属于真实数据分布的概率，如式(9－48)所示。

$$p(y=1\mid\boldsymbol{x})=D(\boldsymbol{x};\phi) \tag{9-48}$$

则样本来自模型生成的概率为 $p(y=0\mid\boldsymbol{x})=1-D(\boldsymbol{x};\phi)$。

给定一个样本 $\{\boldsymbol{x},y\}$，$y=\{1,0\}$ 表示其自于 $p_r(\boldsymbol{x})$ 还是 $p_\theta(\boldsymbol{x})$，判别网络的目标函数为最小化交叉熵，即最大化对数似然，如式(9－49)所示。

$$\begin{aligned}&\min_{\phi}-(\mathbb{E}_x[y\log p(y=1\mid\boldsymbol{x})+(1-y)\log p(y=0\mid\boldsymbol{x})])\\&=\max_{\phi}(\mathbb{E}_{x\sim Pr(\boldsymbol{x})}[\log D(\boldsymbol{x};\phi)]+\mathbb{E}_{x'\sim P_\theta(x')}[\log(1-D(\boldsymbol{x}';\phi))])\\&=\max_{\phi}(\mathbb{E}_{x\sim Pr(\boldsymbol{x})}[\log D(\boldsymbol{x};\phi)]+\mathbb{E}_{z\sim p(z)}[\log(1-D(G(\boldsymbol{z};\theta);\phi))])\end{aligned} \tag{9-49}$$

式中，θ 和 ϕ 分别是生成网络和判别网络的参数。

生成网络的目标刚好和判别网络相反，即让判别网络将自己生成的样本判别为真实样本，如式(9－50)所示。

$$\begin{aligned}&\max_{\theta}(\mathbb{E}_{z\sim p(z)}[\log D(G(\boldsymbol{z};\theta);\phi)])\\&=\min_{\theta}(\mathbb{E}_{z\sim p(z)}[\log(1-D(G(\boldsymbol{z};\theta);\phi))])\end{aligned} \tag{9-50}$$

上面这两个目标函数是等价的。但是在实际训练时，一般使用前者，因为其梯度性质更好。大家知道，函数 $\log(\boldsymbol{x})$，$\boldsymbol{x}\in(1,0)$ 在 $\boldsymbol{x}$ 接近1时的梯度要比接近0时的梯度小很多，接近“饱和”区间。这样，当判别网络 D 以很高的概率认为生成网络 G 产生的样本是“假”样本，即 $(1-D(G(\boldsymbol{z};\theta);\phi))\rightarrow1$。这时目标函数关于 θ 的梯度反而很小，从而不利于优化。

(3)训练。和单目标的优化任务相比，GAN的两个网络的优化目标刚好相反。因此GAN的训练比较难，往往不太稳定。一般情况下，需要平衡两个网络的能力。对于判别网络来说，一开始的判别能力不能太强，否则难以提升生成网络的能力。然后也不能太弱，否则针对它训练的生成网络也不会太好。在训练时需要使用一些技巧，使得在每次迭代中，判别网络比生成网络的能力强一些，但又不能强太多。

GAN的训练流程如算法9.2所示。每次迭代时，判别网络更新 K 次而生成网络更新一次，即首先要保证判别网络足够强才能开始训练生成网络。在实践中，K 是一个超参数，其取值一般取决于具体任务。

算法 9-2　GAN 的训练过程

输入:训练集 D,对抗训练迭代次数 T,每次判别网络的训练迭代次数 K,小批量样本数量 M

输出:生成网络 $G(z;\theta)$

(1) 随机初始化 θ,ϕ

(2) **for** $t \leftarrow 1$ ***to*** T **do**

　　// 训练判别网络 $D(\boldsymbol{x};\phi)$

(3)　　**for** $k\leftarrow 1$ **to** K **do**

　　　// 采集小批量训练样本

(4)　　　从训练集 D 中采集 M 个样本 $\{\boldsymbol{x}^{(m)}\}$,$1\leqslant m\leqslant M$;

(5)　　　从分布 $\mathcal{N}(\boldsymbol{0},\boldsymbol{1})$ 中采集 M 个样本 $\{z^{(m)}\}$,$1\leqslant m\leqslant M$;

(6)　　　使用随机梯度上升更新 ϕ,梯度为

$$\frac{\partial}{\partial\phi}\left[\frac{1}{M}\sum_{m=1}^{M}(\log D(\boldsymbol{x}^{(m)};\phi)+\log(1-D(G(z^{(m)};\theta);\phi)))\right]$$

(7)　　end

(8)　　// 训练生成网络 $G(z;\theta)$

(9)　　从分布 $\mathcal{N}(\boldsymbol{0},\boldsymbol{1})$ 中采集 M 个样本 $\{z^{(m)}\}$,$1\leqslant m\leqslant M$;

　　使用随机梯度上升更新 θ,梯度为

$$\frac{\partial}{\partial\theta}\left[\frac{1}{M}\sum_{m=1}^{M}D(G(z^{(m)};\theta),\phi)\right]$$

(10)　end

9.5.4　生成对抗网络的应用

生成对抗网络(GANs)作为一种生成模型,它并不局限于特定的数据类型,可以应用于各种数据,如图像、音频、文本等。它也不局限于特定的任务,可以应用于各种任务,如图像的处理、视频生成、恶意检查、通信保护和密码破译等。

1. GANs 在图像领域中的应用

针对 GANs 模型过于自由问题,除了给其加上约束条件外,我们也可以通过让 GANs 分次完成任务,一次生成一部分,分多次生成完整的目标,来避免这个问题。因此,L. Denton 等人采用这个思想,在基于 CGANs 的基础上,提出了改进模型 LAPGANs。LAPGANs 是一种生成式参数模型,通过带有 Laplacian 金字塔框架的级联卷积网络,以逐步求精的迭代方式生成高质量的自然图像样本,LAPGANs 训练出来图像比 GANs 训练出来的图像更加自然,边缘也更加明确。Chuan Li 等人将对抗性生成式网络应用于 Markovian 环境中,学习相同内容的不同描述之间的映射,通过生成网络 G 将输入的图像直接解码为合成图像的像素,然后利用判别器 D 去学习区分实际的特征块和不合适

的合成特征块，通过对抗性训练反卷积神经网络来合成纹理，不断迭代训练，优化 D 和 G，最终形成模型 MGAN。

GANs 模型不仅适用于二维空间，而且适用于三维空间。2016 年，Jiajun Wu 等人在 DCGANs 的基础上进行改进，提出了一种新的框架——3D 生成对抗网络（3D - GAN），它利用生成对抗网络和体卷积网络，从概率空间生成 3D 对象，而为了保证两个网络的训练同步，他们为 D 设置一个更新阈值，形成一种自适应的训练策略。3D - GAN 算法生成的 3D 对象质量细节都很好，可以合成高分辨率的三维物体和详细的几何图形。通过实验也表明，3D - GAN 不仅能够生成新的对象，还能从图像重建三维对象。Gadelha 等人利用自己提出的 PrGANs 模型，从对象的 2D 视图集合中学习三维形状上的概率分布。Jie Cao 等人利用一种 3D 辅助二重生成对抗网络（AD - GAN）来精确地将人脸图像旋转到任意指定的角度。Weiyue Wang 等人结合 3D 解码器 GANs（3D - ED - GAN）和 LRCN，以低分辨率填充缺失的三维数据，使三维模型具有语义合理性和上下文细节。

随着神经网络在无监督学习和半监督学习领域上的发展，可以通过对输入样本的重构来对数据分布进行显式建模，但是基于重构的学习方法往往会学习并保存全部输入样本的特征。在 GANs 的基础上，Xin Yi 等人提出了无监督和半监督学习下的分类生成式对抗网络框架，即将神经网络分类器与对抗性生成模型相结合，对抗性生成模型对训练有素的分类器进行正则化。实验表明该方法的分类性能与目前半监督学习的图像分类方法相近，并进一步证实了与分类器一起学习的生成器能够生成高视觉保真度的图像。由于传统 GANs 的输入是一组没有任何限制且完全随机的噪声信号 z，这使得我们无法将 z 的具体维度和数据的语义特征对应起来，导致输入向量对输出产生不明确性的影响。因此，Xi Chen 等人提出了无监督学习的 InfoGANs，他们将原本的输入向量 z 拆成子向量 c 和子向量 z′，其中子向量 c 为可解释的隐变量，表示对输出产生影响的因素，z′表示不可压缩的噪声。InfoGANs 通过约束隐变量 c 与生成数据之间的关系，使 c 能够直接代表数据某个方面的语义信息，进而使得 c 与生成数据具有较高的互信息。

为了提高图像的分辨率，Ledig 等人提出了一种超分辨率生成对抗网络（SRGAN），实现了低分辨图像合成 4 倍放大的高分辨率图像，但生成的图像的纹理信息并不够真实，且常常伴有噪声。因此，Xintao Wang 等人提出了一种增强分辨率的生成对抗网络（ESRGAN），对网络的结构、对抗性损失和感知性损失进行改进，并在此基础上，引入没有批处理化的标准残差 - 剩余密集块作为基本的网络构建单元，得益于这些改进，ESRGAN 为亮度一致性和纹理恢复提供更强的监控，产生的纹理比 SRGAN 更真实和自然，进一步提高了视觉的质量。此外，Huang 等人提出的双通道生成对抗网络通过感知全局结构和局部细节，实现了从一张单侧照片合成高分辨率的正面人脸图像。

Kupyn 等人提出了一种基于 CGANs 和内容损失的端到端学习法 DeblurGAN,能够去除由于运动而产生的模糊。Kupyn 等人对 DeblurGAN 进行改进得到 DeblurGAN-v2,大大提高了去模糊效率、质量和灵活性。

Phillip Isola 等人在 CGANs 的基础上进行图像到图像的转换的研究,利用成对的数据进行实验,并表明了 CGANs 是一种很有前途的图像到图像的转换方法,特别是那些涉及高度结构化图形输出的图像。图像到图像的转换通常使用一组成对的图像对来学习输入图像和输出图像之间的映射,但是,对于许多任务,成对的训练数据很难获取,因此,Zhu 等人提出了一种在没有成对数据的情况下,设计双生成器与双鉴别器,形成双向风格迁移的 CycleGAN 模型,学习将图像从域 X 转换为目标域 Y 的方法。Yu-Sheng Chen 等人提出一种利用非成对数据来实现图像增强的方法,其基于一个结构类似于 CycleGAN 的双向 GANs,并进行改进,以此来实现图像到增强图像的转换。

除了上诉应用外,GANs 在各个领域的应用也十分广泛,Xiaolong Wang 等人对图像生成过程进行了分解,提出了一种基于风格和结构的生成反求网络;Creswell 等人将 GANs 应用于检索;Jun - Yan Zhu 等人提出利用生成式对偶神经网络直接从数据中学习自然图像流形;包仁达等人提出了一种掩模控制的自动上妆 GANs,能够重点编辑上妆区域,约束人脸妆容编辑中无须编辑的区域不变,保持主体信息;Reed 等人综合了图像和描述在哪个位置绘制什么内容的指令;Vondrick 等人利用大量未标记的视频来学习视频识别任务(例如动作分类)和视频生成任务(例如未来预测)的场景动力学模型;Taigman 等人研究了将一个域上的样本转移到另一个域上的模拟样本的问题,可以应用于包括数字和人脸图像在内的视觉领域;Denton 等人介绍了一种简单的基于对抗性损失的画中学习的半监督学习方法;Mogren 等人提出了一种基于连续序列数据的生成式对抗模型,并将其应用于古典音乐的集合。

2. GANs 在信息安全领域中的应用

在数据隐私保护中,如何保证数据集的可利用性和隐私性的平衡是极为重要的。随着 GANs 应用领域的不断扩大,其在隐私保护中也有所应用。GANs 利用自身的优势,将噪声添加到潜在空间而不是直接添加到数据中,减少了整体的信息损失,同时保证了隐私。Triastcyn 等人提出了一种生成人工数据集的方法,在生成对抗网络的判别器中加入高斯噪声层,使输出和梯度相对于训练数据具有不同的私密性,然后利用生成器组件合成具有保密性的人工数据集,不但保留了真实数据的统计特性,同时为这些数据提供了差分隐私保护。Beaulieu—Jones 等人结合 GANs 和差分隐私提出了差分隐私辅助分类生成对抗网络,用于生成医疗临床数据。针对当 GANs 应用于私人或敏感数据(如病人的医学病历),并且分布的集中可能泄露关键的病人信息的问题,Liyang Xie 等人提出一种差分私有 GANs 模型——DPGAN 模型,通过在学习过程中向梯度中添加精心设计的噪声来实现 GANs 的差分隐私。同样,Chong Huang 等人结合

GANs提出一种上下文感知隐私模型,通过巧妙添加噪声来实现私有数据的发布。Frigerio等人通过差异隐私定义提出了一个保护隐私的数据发布框架,从时间序列到连续数据和离散数据的生成,均可以很容易地适应不同的用例,以保证在发布新的开放数据的同时保护用户的个性。Nicolas等人提出了一种教师—学生模式的深度网络隐私保护方法,利用教师深度模型和学生GANs模型,通过训练从而达到保护训练数据集的目的。

GANs除了应用于隐私保护外,还被应用于恶意检测中。为了有效地检测包括零日攻击在内的恶意软件,Kim等人提出了一种转移深度卷积生成对抗网络(tDCGAN),基于深度自编码技术,利用实际数据和tDCGAN生成的修改数据学习各种恶意软件的特征,提取有意义的特征进行恶意软件检测。GANs同样适用于信用卡欺骗检测,Fiore等人训练一个GANs模型来输出模拟的少数类的欺骗例子,然后将这些例子与训练数据合并成一个增强训练集,从而提高分类器对少数类欺骗例子的分类效率。为了有效识别受害者向诈骗者发送大额转账,Yujun Zheng等人提出了一种基于CANs的模型来计算银行每笔大额转账的欺诈概率,让银行采取适当的措施,以此防止潜在的骗子在概率超过阈值时取钱。除了这些恶意检测,GANs还可以用于检测僵尸网络,Chuanlong YIN等人提出了一种基于GANs的僵尸网络检测模型框架——Bot-GAN,生成模型不断生成伪样本,以辅助原检测模型提高性能。

GANs在密码学中同样也适用。2016年,Abadi等人利用GANs的对抗学习机制,将传统的对称加密体系中的通信双方及敌手用神经网络进行代替,以此实现加解密的过程,达到保护通信过程的目的。Coutinho等人利用选择明文攻击的概念改进了Abadi等人的模型,证明了神经网络在适当的环境下可以学习一次性密码本。除了保护通信之外,GANs同样也适用于密码破译。Hitaj等人提出了一种利用GANs来增强密码破译的新方法——CipherGAN,通过在泄露密码列表中训练GANs来实现密码破译。Gomez等人基于GANs提出PassGAN以破译古典密码学中移位密码和维吉尼亚密码,为GANs在密码学上的应用前景提供了更广阔的道路。

9.6 深度学习应用概述

1. 深度学习的优点

深度学习具有如下优点:

(1)采用非线性处理单元组成的多层结构,使得概念提取可以由简单到复杂。

(2)每一层中非线性处理单元的构成方式取决于要解决的问题;同时,每一层学习模式可以按需求调整为有监督学习或无监督学习。这样的架构非常灵活,有利于根据实际需要调整学习策略,从而提高学习效率。

(3)学习无标签数据优势明显。不少深度学习算法通常采用无监督学习形式来处理其他算法很难处理的无标签数据。现实生活中,无标签数据比有标签数据存在更普遍。因此,深度学习算法在这方面的突出表现,更凸显出其实用价值。

传统的方法是通过大量的工程技术和专业领域知识手工设计特征提取器,因此在处理未加工数据时表现出的能力有限;另外,多数的分类等学习模型都是浅层结构,制约了对复杂分类问题的泛化能力。

而深度学习作为一种特征学习方法,把原始数据通过一系列非线性变换得到更高层次,更加抽象的表达,这些都不是通过人工设计而是使用一种通用的学习过程从数据中学习获得。深度学习主要通过建立类似于人脑的分层模型结构,对输入数据逐级提取从底层到高层的特征,从而能很好地建立从底层信号到高层语义的映射关系。相比传统的方法,具有多个处理层的深度学习模型能够学习多层次抽象的数据表示,也受益于计算能力和数据量的增加,从而能够发现大数据中的复杂结构,从而在语音识别、图像分类等领域取得了最好结果,同样也成功应用于许多其他领域,包括预测 DNA 突变对基因表达和疾病的影响、预测药物分子活性、重建大脑回路等。

2. 深度学习的应用

自 20 世纪 90 年代以来,CNN 被成功应用于检测、分割、识别、语音、图像等各个领域。例如:最早是用时延神经网络进行语音识别以及文档阅读,由一个 CNN 和一个关于语言约束的概率模型组成,这个系统后来被应用在美国超过百分之十的支票阅读上;再如:微软开发的基于 CNN 的字符识别系统以及手写体识别系统;近年来,CNN 的一个重大成功应用是人脸识别。而 Mobileye 和 NVIDIA 公司也正试图把基于 CNN 的模型应用于汽车的视觉辅助驾驶系统中。如今,CNN 用于几乎全部的识别和检测任务,最近一个有趣的成果就是利用 CNN 生成图像标题。也正是因为 CNN 易于在芯片上高效实现,许多公司如 NVIDIA、Mobileye、Intel、Qualcomm 以及 Samsung 积极开发 CNN 芯片,以便在智能手机,照相机,机器人以及自动驾驶汽车中实现实时视觉系统。

如今,深度学习已经成功应用于各种领域。例如:在计算机视觉领域,深度学习已成功用于处理包含有上千万图片的 ImageNet 数据集。在语音识别领域,微软研究人员通过与 Hinton 合作,首先将深度学习模型 RBM 和 DBN 引入语音识别声学模型训练中,并且在大词汇量语音识别系统中获得巨大成功,使得语音识别的错误率相对减低 30%。在自然语言处理领域,采用深度学习构建的模型能够更好地表达语法信息。RNN 可以模拟动态的时间序列,把过去的输出作为下一时间的输入,这样可以描述动态的信号。

9.6.1 文本

(1)谷歌神经机器翻译。2016 年,谷歌宣布上线 Google Translate 的新模型,并详细介绍了所使用的网络架构——循环神经网络(RNN)。其关键结果是,与人类翻译准确率的差距缩小了 55%~85%(研究者使用 6 个语言对的评估结果)。但是该模型如果没有谷歌的大型数据集,则很难复现这么优秀的结果。

(2)谈判会达成吗?你或许听说过"Facebook 因为聊天机器人失控、创造自己语言而关闭聊天机器人"的消息。这个机器人是用来进行谈判的,其目的是与另一个智能体进行文本谈判,然后达成协议:如何把物品(如书籍、帽子等)分成两份。谈判中每个智能体都有自己的目标,而对方并不知道。谈判不可能出现未达成协议的情况。

研究者在训练过程中收集人类谈判的数据集,训练监督式循环网络。然后,让用强化学习训练出的智能体自己与自己交流,直到获得与人类相似的谈判模式。

该机器人学会了一种真正的谈判策略——对某个交易的特定方面假装产生兴趣,然后再放弃它们,以达到真实目标。这是第一次尝试此类互动机器人,而且也比较成功。

当然,称该机器人创造了一种新语言的说法过于夸张了。和同一个智能体进行谈判的训练过程中,研究者无法限制文本与人类语言的相似度,然后算法修改了互动语言。这是很寻常的事。

9.6.2　语音

(1)WaveNet:一种针对原始语音的生成模型。DeepMind 的研究者基于先前的图像生成方法构建了一种自回归全卷积模型 WaveNet。该模型是完全概率的和自回归的,其每一个音频样本的预测分布的前提是所有先前的样本;不过研究表明它可以有效地在每秒音频带有数万个样本的数据上进行训练。当被应用于文本转语音时,它可以得到当前最佳的表现,人类听众评价它在英语和汉语上比当前最好的参数和拼接系统所生成的音频听起来都明显更自然。

单个 WaveNet 就可以同等的保真度捕获许多不同说话者的特点,而且可以通过调节说话者身份来在它们之间切换。当训练该模型对音乐建模时,发现它可以生成全新的,而且往往具有高度真实感的音乐片段。该研究还证明其可以被用作判别模型,可以为音速识别返回很有希望的结果。

该网络以端到端的方式进行训练:文本作为输入,音频作为输出。研究者得到了非常好的结果,机器合成语音水平与人类差距缩小 50%。

该网络的主要缺陷是低生产力,因为它使用自回归,声音按序列生成,需要 1 ~ 2 min才能生成一秒音频。

(2)唇读。唇读(Lipreading)是指根据说话人的嘴唇运动解码出文本的任务。传统的方法是将该问题分成两步解决:设计或学习视觉特征、以及预测。最近的深度唇读方法是可以端到端训练的。唇读的准确度已经超过了人类。

GoogleDeepMind 与牛津大学合作的一篇论文 *Lip Reading Sentences in the Wild* 介绍了他们的模型经过电视数据集的训练后,性能超越 BBC 的专业唇读者。

该数据集包含 10 万个音频、视频语句。音频模型:LSTM;视频模型:CNN + LSTM。这两个状态向量被馈送至最后的 LSTM,然后生成结果(字符)。

训练过程中使用不同类型的输入数据:音频、视频、音频 + 视频。即,这是一个“多渠道”模型。

(3)人工合成奥巴马(美国前总统):嘴唇动作和音频的同步。华盛顿大学进行了一项研究,生成美国前总统奥巴马的嘴唇动作。选择奥巴马的原因在于网络上有大量他的视频(17 小时高清视频)。研究者使用了一些技巧来改善该研究的效果。

9.6.3 计算机视觉

(1)OCR:谷歌地图与街景。谷歌大脑团队在其文章中报道了如何把新的 OCR(光学字符识别)引擎引入其地图中,进而可以识别街头的标志与商标。在该技术的发展过程中,谷歌还给出了新的 FSNS(French Street Name Signs),它包含了大量的复杂案例。

为了识别标志,网络最多使用 4 张图片。特征通过 CNN 提取,在空间注意力(考虑像素坐标)的帮助下缩放,最后结果被馈送至 LSTM。

相同方法被用于识别广告牌上店铺名称的任务上(存在大量噪声数据,网络本身必须关注正确的位置)。这一算法被应用到 800 亿张图片之上。

(2)视觉推理。视觉推理指的是让神经网络回答根据照片提出的问题。例如:“照片中有和黄色的金属圆柱的尺寸相同的橡胶物体吗?”这样的问题对于机器是很困难的,直到最近,这类问题的回答准确率才达到 68.5%。

为了更深入地探索视觉推理的思想,并测试这种能力能否轻松加入目前已有的系统,DeepMind 的研究者们开发了一种简单、即插即用的 RN 模块,它可以加载到目前已有的神经网络架构中。具备 RN 模块的神经网络具有处理非结构化输入的能力(如一张图片或一组语句),同时推理出事物其后隐藏的关系。

使用 RN 的网络可以处理桌子上的各种形状(如球体、立方体等)物体组成的场景。为了理解这些物体之间的关系(如球体的体积大于立方体),神经网络必须从图像中解析非结构化的像素流,找出哪些数据代表物体。在训练时,没有人明确告诉网络哪些是真正的物体,它必须自己试图理解,并将这些物体识别为不同类别(如球体和立方体),随后通过 RN 模块对它们进行比较并建立“关系”(如球体大于立方体)。这些关系不是硬编码的,而是必须由 RN 学习——这一模块会比较所有可能性。最后,系统将所有这些关系相加,以产生场景中对所有形状对的输出。

机器学习系统在 CLEVR 上标准问题架构上的回答成功率为 68.5%,而人类的准确率为 92.5%。但是使用了 RN 增强的神经网络,DeepMind 展示了超越人类表现的

95.5%的准确率。RN增强网络在20个bAbI任务中的18个上得分均超过95%,与现有的最先进的模型相当。值得注意的是:具有RN模块的模型在某些任务上的得分具有优势(如归纳类问题),而已有模型则表现不佳。

(3)Pix2Code。哥本哈根的一家初创公司UIzard Technologies训练了一个神经网络,能够把图形用户界面的截图转译成代码行,成功为开发者们分担部分网站设计流程。令人惊叹的是:同一个模型能跨平台工作,包括iOS、Android和Web界面,从目前的研发水平来看,该算法的准确率达到了77%。

为了实现这一点,研究者们需要分三个步骤来训练:首先,通过计算机视觉来理解GUI图像和里面的元素(按钮、条框等);接下来模型需要理解计算机代码,并且能生成在句法上和语义上都正确的样本;最后的挑战是把之前的两步联系起来,需要它用推测场景来生成描述文本。

(4)SketchRNN:教机器画画。你可能看过谷歌的Quick,Draw!数据集,其目标是20 s内绘制不同物体的简笔画,如图9-17所示。谷歌收集该数据集的目的是教神经网络画画。

图9-17　简笔画

研究者使用RNN训练序列到序列的变分自编码器(VAE)作为编解码机制。最终,该模型获取表示原始图像的隐向量。解码器可从该向量中提取图画,你可以改变它,生成新的简笔画。甚至使用向量算术来绘制猫猪(catpig),如图9-18所示。

图9-18　使用向量算术来绘制猫猪

(5)GAN。GAN(生成对抗网络)是深度学习领域里的一个热门话题。目前这种方法大多用于处理图像,所以这里也主要介绍这一方面。GAN 是 2014 年由 Ian Goodfellow 及其蒙特利尔大学的同事们率先提出的。这是一种学习数据的基本分布的全新方法,让生成出的人工对象可以和真实对象之间达到惊人的相似度。

GAN 背后的思想非常直观:生成器和鉴别器两个网络彼此博弈。生成器的目标是生成一个对象(如人的照片),并使其看起来和真的一样。而鉴别器的目标就是找到生成出的结果和真实图像之间的差异。鉴别器通常会从数据集中给出图像用于对比。

由于很难找出两个网络之间的平衡点,训练通常难以连续进行。大多数情况下鉴别器会获胜,训练陷入停滞。尽管如此,由于鉴别器的设计可以帮助我们从损失函数设定这样的复杂问题中解决出来(如提升图片质量),所以 GAN 获得了众多研究者的青睐。

在此之前,通常会考虑使用自编码器(Sketch - RNN),让其将原始数据编码成隐藏表示。这和 GAN 中生成器所做的事情一样。

也可以在这个项目中(http://carpedm20. github. io/faces/)找到使用向量生成图片的方法。也可以自行尝试调整向量,看看生成的人脸会如何变化。

这种算法在隐空间上同样适用:"一个戴眼镜的男人"减去"男人"加上"女人"就等于"一个戴眼镜的女人"。

(6)使用 GAN 改变面部年龄。如果在训练过程中获得一个可控制的隐向量参数,就可以在推断阶段修改这个向量以控制图像的生成属性,这种方法被称为条件 GAN。

论文《Face Aging With Conditional Generative Adversarial Networks》的作者使用在 IMDB 数据集上预训练模型而获得年龄的预测方法,然后研究者基于条件 GAN 修改生成图像的面部年龄。

(7)专业摄影作品。谷歌已经开发了另一个非常有意思的 GAN 应用,即摄影作品的选择和改进。开发者在专业摄影作品数据集上训练 GAN,其中生成器试图改进照片的表现力(如更好的拍摄参数和减少对滤镜的依赖等),判别器用于区分"改进"的照片和真实的作品。

训练后的算法会通过 Google Street View 搜索最佳构图,获得了一些专业级的和半专业级的作品评分。

(8)pix2pix。伯克利人工智能研究室(BAIR)在 2016 年非常引人注目的研究 Image - to - Image Translation with Conditional Adversarial Networks 中,研究人员解决了图像到图像的生成问题,如需要使用卫星图像创建地图,或使用素描创建逼真的目标纹理等。

这里有另一个非常成功的条件 GAN 应用案例。在该情况下,条件将变为整张图像。此外,UNet在图像分割中十分受欢迎,经常用于生成器的体系结构,且该论文使用了新型PatchGAN分类器作为处理模糊图像的判别器。

(9)CycleGAN。为了应用Pix2Pix,需要包含了不同领域图像对的数据集。收集这样的数据集并不困难,但对于更复杂一点的转换目标或风格化目标等操作,原则上是找不到这样的目标对。

因此,Pix2Pix的作者为了解决这样的问题提出了在不同图像领域之间转换而不需要特定图像对的CycleGAN模型,原论文为《Unpaired Image - to - Image Translation》。

该论文的主要想法是训练两对生成器-判别器模型以将图像从一个领域转换为另一个领域,在这过程中要求循环一致性。即在序列的应用生成器后,应该得到一个相似于原始L1损失的图像。因此需要一个循环损失函数(cyclic loss),它能确保生成器不会将一个领域的图像转换到另一个和原始图像完全不相关的领域。

这种方法可将马映射为斑马。

(10)肿瘤分子学的进展。机器学习正在帮助改善医疗的手段,它除了在超声波识别、MPI和诊断等方面的应用,还能寻找对抗癌症的性药物。

简单来说,在对抗自编码器(AAE)的帮助下,可以学习药物分子的潜在表征,并用来搜索新的药物结构。该项研究中,研究者发现了69个分子,且有一半的分子可用来治疗癌症和其他一些比较严重的疾病。

(11)对抗性攻击。对抗性样本这一领域也有非常大的活力,研究者希望找到这种令模型不稳定的因素而提升识别性能。例如:在ImageNet中,训练的模型在识别加了一些噪点的样本时会完全识别错误,这样加了噪点的图像可能在人眼看来是没有问题的。例如:熊猫的图像加了一点噪声就会被错误识别为长臂猿。

Goodfellow等人表明,出现这些对抗样本的主要原因之一是模型过度线性化。神经网络主要是基于线性模块而构建的,因此它们实现的整体函数被证明是高度线性的。虽然这些线性函数很容易优化,但如果一个线性函数具有许多输入,那么它的值可以非常迅速地改变。对抗训练通过鼓励网络在训练数据附近的局部区域恒定来限制这一高度敏感的局部线性行为。这可以被看作是一种明确地向监督神经网络引入局部恒定先验的方法。

有例子说明特殊的眼镜可以欺骗人脸识别系统,所以在训练特定的模型时,需要考虑这种对抗性攻击并使用对抗性样本提高模型的健壮性。

9.7 机器学习系统

机器学习系统为机器学习模型训练、推断以及部署等任务提供支持。本节将分别介绍当前主流的通用机器学习系统、主流深度学习框架系统、机器学习流式实时扩展技术、针对特定任务定制的机器学习系统、机器学习系统自动化构建技术、新兴机器学习系统以及机器学习系统优化技术等。

9.7.1 主流机器学习系统的分类与介绍

为了提供有效的大数据机器学习和数据分析手段,来业界和学术界尝试过多种途径和方法,在不同的并行计算模型和平台中,处理实际的数据分析和挖掘问题。

较早出现以及现有的一些大数据机器学习算法和系统大多采用的是较为底层的紧耦合、定制化构建方法。这些算法和系统大都针对特定的应用,选择特定的平台和模型,针对特定的机器学习模型和特定的计算模式,从串行到分布并行化的算法和原型,自底层向上进行紧耦合和定制化的开发和优化。尽管这样实现可以最大化利用系统资源达到最佳的性能,但是这种底层的紧耦合定制化实现方法,将学习和系统混杂在一起,实现难度大,算法和系统也难以调试和维护。

从大数据机器学习系统特征来看,一个良好设计的大数据机器学习系统应当考虑高层的系统层抽象,向上为程序员提供易于使用的高层机器学习算法编程接口,向下基于现有的通用化大数据处理平台提供大规模数据的分布和并行化计算能力。当前,已经开始出现面向各种高层编程计算和系统抽象来设计大数据机器学习系统的研究工作。

大数据机器学习系统在高层编程计算和系统抽象上大致可分为三种主要的编程计算和系统抽象方法,分别是基于矩阵/数据框模型的抽象、基于图模型的抽象以及基于参数模型的抽象。

实际的系统也可能会是一种兼有上述多种类型的混合系统。此外,也有不少系统可以从并行模式角度来区分,分为数据并行和模型并行两种方式,且一些系统只提供数据并行方式,另一些系统会同时提供数据并行和模型并行两种方式。

本文选取了具有代表性的分布式机器学习系统进行对比分析,表 9 - 1 对几个系统并行模式和易用性进行了对比,后面会按系统分别介绍。

表 9 - 1 主流机器学习系统对比

编程计算和系统抽象方法	系统名称	并行模式	易用性
基于矩阵/数据框模型的抽象	Spark MLlib	基于 Spark RDD 的同步并行模式	提供多种优化方法、分类算法、回归算法、推荐算汉、聚类算法
			用户难以对内部算法进行深层定制优化
	SystemML	SystemML 自动编译转化为 MapReduce 或 Spark 作业集群上运行	提供了一个类似于 R 语言和 Python 的高层声明式语言

续表

编程计算和系统抽象方法	系统名称	并行模式	易用性
基于图模型的抽象	GraphLab	基于异步的分布式共享内存机制，实现并提供大规模稀疏图迭代式计算能力	适合可以采用图模型建模的机器学习问题，此如社会网格分析类
			由原来的免费项目变成了一个付费试用的项目
	PowerGraph	将算法的运行过程抽象成Gather、Apply、Scatter三个步骤，其并行的核心思想是对顶点的切分	集成到GraphLab项目中作为底层执行框架
		采用点切分策略，来保证整个集群的均衡性，该策略对大量密率图分区是非常高效的	
	GraphX	GraphX基于Spark实现，核心抽象是Resilient Distributed Property Graph，一种点和边都带属性的有向多重图，实现基于同步模型粗粒度并行的Pregel模型	提供了一套图算法工具包，方便用户对图进行分析。较新版本已支持PageRank、数三角形，最大连通图和最短路径等经典的图算法
基于参数模型的抽象	Parameter Server	基于异步更新机制的分布式模型训练	缺少对大规模机器学习时的数据及编程计算模型的高层抽象，使用较为烦琐，比较适合于机器学习算法研究者或者需要通过调整参数深度优化机器学习算法的数据分析程序员使用
	Petuum	使用SSP（Stale Synchronous Parallel）一致性模型分布式训练；其底层数据存储和并行计算框	实现了比较完善的算法库，需要算法设计者对分布式系统概念和系统有一定了解，其易用性仍有一定的限制
	Angel	采用了SSP（Stale Synchronous Parallel）、异步分布式SGD、多线程参数共享模式HogWild、网格带宽流量调度算法、度算和网格请求流水化、参数更新索引和训练数据预处理方案等技术对系统性能	提供丰富的机器学习算法库及高度抽象的编程接口、数据计算和模型划分的自动方案及参数自适应配置，同时，用户能像使用MR、Spark一样在Angel上编程。另外，Angel还支持业界主流的深度学习框架，为其提供计算加速

9.7.2　主流深度学习框架系统介绍

主流的机器学习系统并不能为深度神经网络模型的构建和训练提供很好的支持，因此随着深度学习技术的发展和流行，涌现了一批流行的深度学习框架软件系统。很多研究者都对这些框架进行了对比分析，这里只选取代表性的几个框架进行对比分析。

Caffe是经典的深度学习框架,为单机版系统。Caffe采用C++/CUDA架构,支持命令行、Python和MATLAB接口,可以在CPU和GPU直接无缝切换。Caffe是一个深度卷积神经网络的学习框架,使用Caffe可以比较方便地进行CNN模型的训练和测试,不适合其他类型模型。Caffe提供了prototxt语法支持构造神经网络,官方提供了大量样例可以参考。Caffe作为C++语言以及配合了CUDA开发的框架,具有较高训练效率。开发者已经对Caffe进行了大规模重构,新版本Caffe 2则支持了分布式训练及很多新的特性。

TensorFlow是谷歌基于DistBelief进行研发的第二代人工智能学习系统,其命名来源于本身的运行原理,Tensor(张量)意味着N维数组,Flow(流)意味着基于数据流图的计算,TensorFlow为张量从流图的一端流动到另一端计算过程。TensorFlow是将复杂的数据结构传输至人工智能神经网中进行分析和处理过程的系统。TensorFlow一大亮点是支持异构设备分布式计算,它能够在各个平台上自动运行模型,从手机、单个CPU / GPU到成百上千GPU卡组成的分布式系统。TensorFlow支持CNN、RNN和LSTM等多种算法。TensorFlow提供的TensorBoard可视化工具对训练模型十分有帮助。TensorFlow具有Google强大技术支持,也具有广泛的社区,是工业和学术研究最常用的框架。

MXNet是一个新型的深度学习框架,综合了其他几个框架的优点进行设计,是亚马逊主推的深度学习框架。现有的系统大部分采用声明式或命令式两种编程模式的一种,MXNet尝试将两种模式无缝结合起来。在命令式编程上MXNet提供张量运算,而声明式编程中MXNet支持符号表达式。用户可以自由地混合它们来快速实现自己的想法。MXNet资源和计算的调度、内存分配资源管理、数据的表示、计算优化等都做了优化设计,原生支持分布式训练的。

Keras和Pytorch是易用性上十分出色的框架。Keras提供了简单易用的API接口,特别适合初学者入门。其后端采用TensorFlow、CNTK,以及Theano,Keras几乎已经成了Python神经网络的接口标准。Pytorch提供了基于Python的动态深度学习库,语法类似numpy,非常高效;基于Pytorch开发深度学习算法,方便快速,适合CPU和GPU计算。Pytorch支持动态构建神经网络结构易于调试和推导也受到广泛关注。

深度学习框架流行的主要因素包括:易用性,是否提供简单易用的开发接口;高性能,是否支持可扩展分布式训练,是否可以达到更快的性能;社区支持,是否具有大规模用户和社区贡献者,包括知名企业的支持。当前深度学习框架在这些方面还都有很大改进空间,并没有形成一个类似Hadoop系统一样的事实上的标准系统。对于系统软件研究者,也存在大量开放性的问题。

9.7.3 新兴机器学习系统

随着AI技术的发展,在很多场景下已有的系统平台无法满足系统性能和易于开发的需要,比如在动态环境下对增强学习的支持,对高吞吐量端到端学习的支持,对机器学习服务高吞吐量的支持,对云环境下机器学习的支持等。因此研究界和企业界也推出了一些新型机器学习框架,开拓了机器学习系统新的发展方向。

1. Ray

机器学习应用需要更多地在动态环境下运行,响应环境中的变化,并且采用一系列的动作来完成既定目标。这些要求自然地建立在增强学习(Reinforcement Learning, RL)范式中,即在不确定的环境中连续学习。因此,需要一个能支持异质和动态计算图,同时以毫秒级延迟每秒处理数以百万计任务的计算框架。而当前的计算框架或是无法达到普通RL应用的延迟要求(MapReduce、Apache Spark、CIEL),或是使用静态计算图(TensorFlow、Naiad、MPI、Canary)。

为了在支持动态计算图的同时满足严格的性能要求,UC Berkeley RISELab提出Ray系统。Ray采取一种新的可横向扩展的分布式结构,其结构由两部分组成:Application层和System层。Application层实现API和计算模型,执行分布式计算任务。System层负责任务调度和数据管理,来满足性能和容错方面的要求。

2. Keystone ML

现代的高级分析应用程序利用机器学习技术,包含领域特定和通用处理的多个步骤,并且具有高的资源需求。UC Berkeley AMPLab在Apache Spark上建立的开源软件,Keystone ML,旨在简化大规模、端到端、机器学习管道的建设。它捕获并优化端到端大型机器学习应用程序,以便在具有高级API的分布式环境中进行高吞吐量培训。与现有系统相比,这种方法具有更高的易用性和更高的性能,用于大规模学习。

3. Clipper

机器学习正在越来越多的应用程序中进行部署,这些应用程序需要在大量查询负载下进行实时、准确和可靠的预测。但是,大多数机器学习框架和系统仅针对模型训练而非部署。

2017年UC Berkeley AMPLab提出了Clipper,这是第一个通用的低延迟预测服务系统。Clipper介绍了最终用户应用程序和各种机器学习框架,它引入了模块化架构,以简化跨框架的模型部署。此外,通过引入缓存、批处理和自适应模型选择技术,Clipper可以减少预测延迟并提高预测吞吐量、准确性和健壮性,而无须修改底层机器学习框架。

4. 珠算(生成模型软件库)

珠算是一个生成模型的Python库,构建于TensorFlow之上,由清华大学朱军团队发布。珠算不像现有的主要是为监督学习而设计的深度学习库,它是一种扎根于贝叶斯推断并支持多种生成模型的软件库。珠算区别于其他平台的一个很大的特点,即可以深度地做贝叶斯推断,因此,可以很有效地支持深度生成模型。珠算平台可以在GPU上训练神经网络,同时可以在上面做概率建模和概率推断,其好处有:可以利用无监督数据,可以做小样本学习,可以做不确定性的推理和决策,可以生成新的样本等。

5. Visual Studio Tools for AI(微软 Visual Studio IDE 的扩展)

微软已经发布了其 Visual Studio Tools for AI 的测试版本,这是微软 Visual Studio 2017 IDE 的扩展,可以让开发人员和数据科学家将深度学习模型嵌入到应用程序中。Visual Studio Tools for AI 工具同时支持 Microsoft 的 Cognitive Toolkit 和 Google 的 TensorFlow 等深度学习框架。微软还通过一个称为 Visual Studio Code Tools for AI 的跨平台扩展为其 Visual Studio 代码编辑器提供 AI 支持。此外,微软同时为物联网设备,苹果 CoreML 以及 Azure SQL 提供了全新的深度学习工具。

6. TensorFlow Probability(概率编程工具)

谷歌发布了 TensorFlow Probability,一个概率编程工具箱,使机器学习研究人员及相关从业人员可以快速可靠地利用最先进硬件构建复杂模型。该工具支持建立一个数据生成模型,推理其隐藏的过程。支持量化预测数据中的不确定性,而不是预测单个值。TensorFlow Probability 继承了 TensorFlow 的优势,如自动微分,以及通过多种平台(CPU、GPU 和 TPU)扩展性能的能力。

7. Azure Machine Learning(云机器学习开发环境)

基于微软 Azure 云平台的 Azure 机器学习(Azure Machine Learning)为数据科学家提供了一个流线型的体验:从只用一个网页浏览器设置,到使用拖放手势和简单的数据流图来设置实验。Machine Learning Studio 提供了一个库,其中包括省时省力的样本实验,R 和 Python 包以及像 Xbox 和 Bing 等微软业务中的一流算法。Azure 的机器学习还支持 R 和 Python 的自定义代码,并且支持机器学习应用的分析。

8. Amazon Machine Learning(云机器学习开发环境)

亚马逊 Amazon Web Services 推出 Amazon Machine Learning(亚马逊机器学习),这是一项全面的托管服务,让任何开发者都能够轻松使用历史数据开发并部署预测模型。这些模型用途广泛,包括检测欺诈、防止用户流失并改进用户支持。Amazon Machine Learning 的 API 和向导能够为开发者提供关于机器学习模型的创建和调试流程的指导,而且 Amazon Machine Learning 能够与 Amazon S3 、Amazon Redshift 和 Amazon RDS 进行集成。

9.8 案例:深度学习在计算机视觉中的应用

视觉是人类获取信息的最主要方式。在视觉、听觉、嗅觉、触觉和味觉中,视觉接受信息的比例约占80%。计算机视觉旨在识别和理解图像/视频中的内容。其诞生于1966年MIT AI Group的the summer vision project。如今,互联网上超过70%的数据是图像/视频,全世界的监控摄像头数目已超过人口数,每天有超过八亿小时的监控视频数据生成。如此大的数据量亟待自动化的视觉理解与分析技术。

1. 计算机视觉概述

计算机视觉的难点在于语义鸿沟(Semantic Gap)。这个现象不仅出现在计算机视觉领域,Moravec悖论发现,高级的推理只需要非常少的计算资源,而低级的对外界的感知却需要极大的计算资源。要让计算机如成人般下棋是相对容易的,但是要让计算机有如一岁小孩般的感知和行动能力却是相当困难甚至是不可能的。

语义鸿沟是指人类可以轻松地从图像中识别出目标,而计算机看到的图像只是一组0~255的整数。对于计算机视觉系统而言,输入设备是视觉传感器,包括RGB传感器、深度传感器和激光雷达传感器等,输出的是"对世界的理解"。计算机视觉任务的其他困难还包括:拍摄视角变化、目标占据图像的比例变化、光照变化、背景融合、目标形变、遮挡等。

视觉大数据主要来源于互联网、移动互联网、广电网、视联网等。例如:Facebook的注册用户超过8亿,每天上传的图片超过3亿张,视频超过300万个;从2009年到2014年,视频监控数据每年都以PB量级增长。视觉大数据的分析与理解在很多方面都有重要应用,如自动驾驶、网络信息过滤、公安刑侦、机器人、视频监控、考勤安检、休闲娱乐等。

大规模视觉计算是对大规模的视觉信息的分析与处理,它具有规模大、类别多、来源广这三个主要特点。挑战有三:第一,跨景跨媒。跨场景指的是视觉数据来自于不同的应用场景;跨媒体指的是图像或者视频数据的出现通常还可能伴随着语音或文本,如网络多媒体数据。第二,海量庞杂。视觉大数据不仅数据规模庞大,而且数据所包含的内容广泛,如可能有娱乐视频、体育视频、新闻视频、监控视频等。第三,多源异质。同样的视觉数据可能来自于不同的数据源,如体育视频可能来自于广播电视或者手机拍摄,数据可能来自RGB成像或者近红外成像。

深度学习在计算机视觉领域四大基本任务中的应用,包括分类,定位、检测,语义分割和实例分割,如图9-19所示。

2. 大规模视觉计算的关键问题

算法层面包含大规模特征表达、大规模模型学习、大规模知识迁移;系统层面包含大规模数据库构建、大规模数据处理平台。华人科学家李飞飞创建的大规模数据集ImageNet已成为视觉领域的经典数据集。下面介绍大规模视觉计算的算法层面,包括大规模的特征表达、模型学习和知识迁移等关键问题。

(1)大规模特征表达。大规模特征表达就是在多源异质的视觉大数据中找到具有较好泛化性和不变性的特征。在模式识别和计算机视觉领域中,强大的特征对于实际应用效果来说非常关键。因此,要分析跨景跨媒、多源异质的视觉大数据,就必须找到健壮的特征表达。

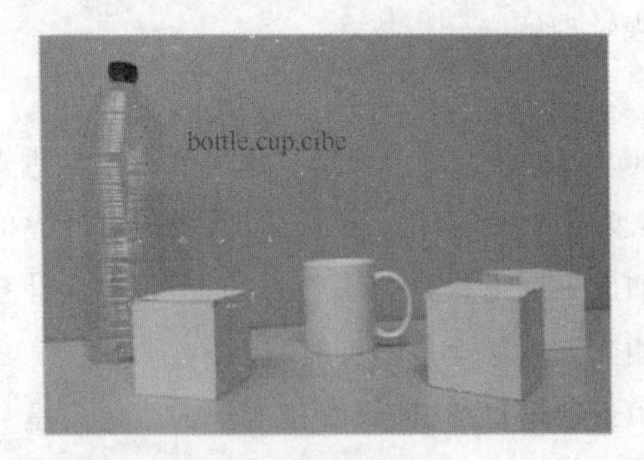

(a) Image classification

(b) Object localization

(c) Semantic segmentation

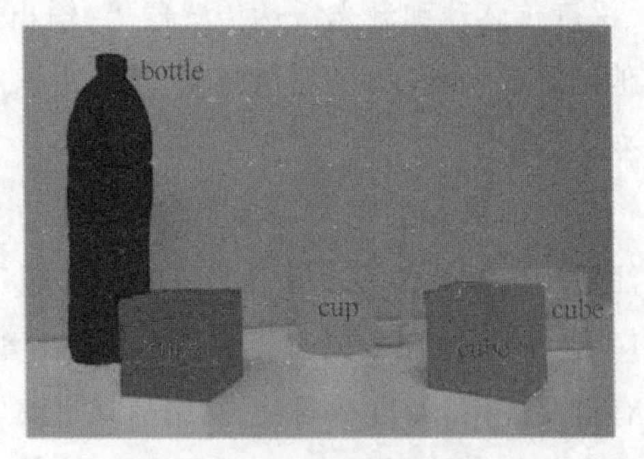

(d) Lnstance segmentation

(a)分类;(b)定位、检测;(c)语义分割;(d)实例分割

图9-19 计算机视觉基本任务

(2)大规模模型学习。视觉大数据时代,需要面对海量庞杂、种类繁多的视觉大数据。人工设计的特征不一定适用于大规模的模型学习。深度学习可以直接从海量数据中进行模型学习,且数据量越多模型效果越好,这是深度学习在大规模视觉计算中广泛应用的重要因素。

(3)大规模知识迁移。传统学习和迁移学习有什么区别?在传统学习中,每一数据域都有一个独立的学习系统,且不同域之间的学习过程是相互独立的。而在迁移学习中,源域学习得到的知识可以用以指导目标域的学习过程。

为什么在视觉大数据背景下进行知识迁移是可行的?答案可以总结为3V。第一,Volume。数据规模大,提供了足够的迁移数据源。第二,Variety。视觉大数据中的数据呈现多源异构多模态等性质,为知识迁移提供了必要条件。第三,Velocity。如今数据更新的速度特别快,利用迁移学习可以避免重复学习,即可以在已有模型的基础上更新模型,而不必对所有数据重新学习。

3. 图像分类卷积神经网络设计

给定一张输入图像,图像分类任务旨在判断该图像所属类别。ImageNet 包括 1.2M 训练图像、50K 验证图像和 1K 个类别。2017 年及之前,每年举行基于 ImageNet 数据集的 ILSVRC 竞赛,这相当于计算机视觉界的奥林匹克。

用 conv 代表卷积层、bn 代表批量归一层、pool 代表池化层。最常见的网络结构顺序是 conv -> bn -> relu -> pool,其中卷积层用于提取特征、池化层用于减少空间大小。随着网络深度的进行,图像的空间大小将越来越小,而通道数会越来越大。

面对实际任务时,如果目标是完成该任务而不是发明新算法,那么不要试图自己设计全新的网络结构,也不要试图从零复现现有的网络结构。找已经公开的实现和预训练模型进行微调。去掉最后一个全连接层和对应 softmax,加上当下任务的全连接层和 softmax,再固定住前面的层,只训练新增加的部分。如果当下任务的训练数据比较多,那么可以多微调几层,甚至微调所有层。

下面给出三种有代表性的图像分类 CNN。

(1)LeNet-5 60k 参数。网络基本架构为 conv1(6) -> pool1 -> conv2(16) -> pool2 -> fc3(120) -> fc4(84) -> fc5(10) -> softmax,如图 9-20 所示。括号中的数字代表通道数,网络名称中的"5"表示它有 5 个 conv/fc 层。当时,LeNet-5 被成功用于 ATM,以对支票中的手写数字进行识别。

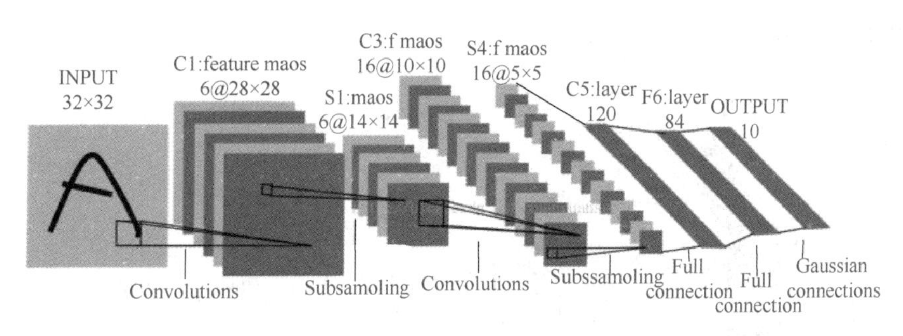

图 9-20　LeNet-5 手写数字识别网络

(2)AlexNet 60M 参数,ILSVRC 2012 的冠军网络。网络基本架构为:conv1(96) -> pool1 -> conv2(256) -> pool2 -> conv3(384) -> conv4(384) -> conv5(256) -> pool5 -> fc6(4096) -> fc7(4096) -> fc8(1000) -> softmax,如图 9-21 所示。AlexNet 有着和 LeNet-5 相似网络结构,但更深、有更多参数。conv1 使用 11×11 的滤波器、步长为 4 使空间大小迅速减小(227×227 -> 55×55)。AlexNet 的关键点是:①使用了 ReLU 激活函数,使之有更好的梯度特性、训练更快。②使用了随机失活(dropout)。③大量使用数据扩充技术。AlexNet 的意义在于它以高出第二名 10% 的性能取得了当年 ILSVRC 竞赛的冠军,这使人们意识到 CNN 的优势。此外,AlexNet 也使人们意识到可以利用 GPU 加速 CNN 训练。

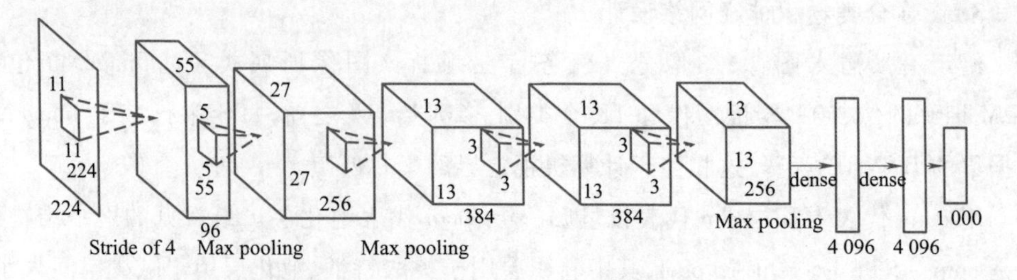

图 9－21　ILSVRC 2012 的冠军网络

（3）VGG－16/VGG－19 138M 参数，ILSVRC 2014 的亚军网络。VGG－16 的基本架构为：conv1^2（64）－> pool1 －> conv2^2（128）－> pool2 －> conv3^3（256）－> pool3 －> conv4^3（512）－> pool4 －> conv5^3（512）－> pool5 －> fc6（4096）－> fc7（4096）－> fc8（1000）－> softmax。^3 代表重复 3 次，如图 9－22 所示。VGG 网络的关键点是：①结构简单，只有 3×3 卷积和 2×2 池化两种配置，并且重复堆叠相同的模块组合。卷积层不改变空间大小，每经过一次池化层，空间大小减半。②参数量大，而且大部分的参数集中在全连接层中。网络名称中的“16”表示它有 16 个 conv/fc 层。③合适的网络初始化和使用批量归一层对训练深层网络很重要。VGG－19 结构类似于 VGG－16，有略好于 VGG－16 的性能，但 VGG－19 需要消耗更大的资源，因此实际中 VGG－16 使用得更多。由于 VGG－16 网络结构十分简单，并且很适合迁移学习，因此至今 VGG－16 仍在广泛使用。

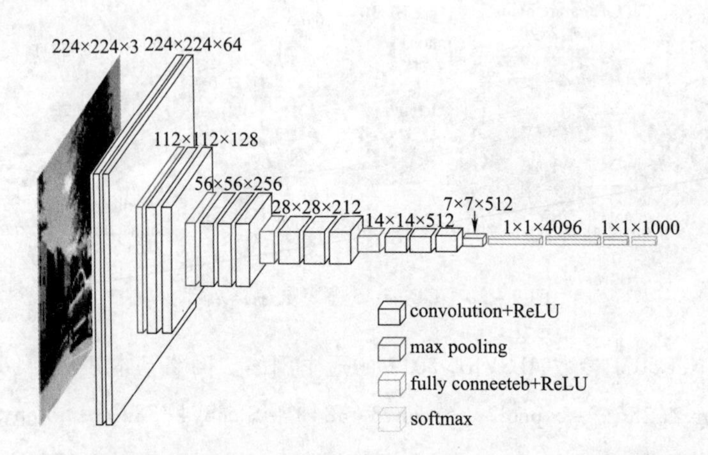

图 9－22　ILSVRC 2014 的亚军网络

4. 计算机视觉和深度学习应用展望

决定计算机视觉技术能否被大规模应用有两个因素：第一是准确率；第二是成本；只有很好地解决了这两个因素，视觉技术才会得到大规模的应用。从技术角度来说，计算机视觉大规模应用的路径应该是一个从云到端再到芯片的渐进过程。

第一个阶段：云的方式。即运算发生在服务器端，无论是公有云还是私有云，摄像头的数据都被传回到服务器端进行处理和运算。这个方式最大的好处是能促进算法的快速落地，产生大量数据，帮助实现快速的迭代算法，促进算法的成熟，推动应用的发展。云的优势在于快速灵活，所以在早期应该采用云的方式。

第二个阶段：云+端的方式。通过端来帮助云做一些运算量比较少的工作，主要优势在于这样可以减少网络带宽，如果把所有的视频数据传回中心，网络带宽开销是非常大的；其次，基于云+端的方式可以把运算由中心分散到前端，这将是未来的一个重要趋势。

第三个阶段：采用芯片的方式。芯片能够降低成本，同时提高运算能力。但是芯片一定是在一个大规模应用状态下的终极阶段。这个结果是有条件的，就是必须等到算法成熟，而且大众也接受这种应用。

从产业链的角度，只有深入到场景中才能够形成闭环，获得数据。只有拥有业务和数据之后才能形成真正的护城河。比如说，阿里和腾讯一定不是技术最好的公司，为他们服务的思科、华为、联通、中国电信这样的公司技术会更好，但最终却只有阿里和腾讯形成了生态，有了护城河。简单的算法提供，更像思科这种设备提供商的角色，在生态里面最终能获得的价值实际上是非常少的。

深度学习在计算机视觉中的应用展望：

(1)深度图像分析。需要进一步提升算法的性能，进而转化相应的实际应用。如微软发布的 App，用户上传图片来识别其年龄或者性别，但时有出错。

(2)深度视频分析。视频相对于图片来说，其内容更加复杂且包含运动信息，做起来难度更大，因此，深度视频分析还处于起步阶段。但是视频分析的应用很广，如人机交互的行为识别、监控视频分析、第一视角的视频分析等，因此加强深度视频分析可能是未来的方向。

(3)大规模的深度学习。随着时间的推移，为了处理更大规模的数据，需要进行多 GPU 并行的分布式计算，这是处理海量数据必须做的。

(4)无监督(半监督)学习。实际应用中，监督信息大多数都是缺失的，且标注的代价也十分高昂，因此要在充分利用标注数据的基础上进行无监督或半监督学习。

(5)大规模多模态学习。多模态数据无处不在，不同模态数据的内容具有一致性或互补性。利用互补性可以做多模态数据的融合，进而更有效地来解决问题；利用一致性，还可以做跨模态的图像文本检索。

(6)类脑智能研究。DNN 本身是模拟大脑前馈提出的网络结构模型，但是当前大部分生物机制还没有应用到 DNN 中。因此，类脑智能研究是有潜力且是更有意义的。

计算机视觉的终极目标是“建立一个智能的系统，能够让计算机和机器人像人一样看懂世界，也可能超越人类，比人类更能看懂这个世界”。深度学习，作为人工智能的一种形式，通过组合低层特征形成具有抽象表示的深层神经网络，模拟人脑的思维进行感知、识别和记忆,突破了低层特征到高层语义理解的障碍,极大地提升了机器在视觉特征的提取、语义分析和理解方面的智能处理水平。随着计算机技术和人工智能的发展,期待计算机视觉研究取得更大的突破,在社会生活中得到更加广泛的应用。

小 结

随着深度学习应用范围的不断增加,需要系统而深入地学习递归神经网络、卷积神经网络、深度置信网络、受限玻尔兹曼机、多层自编码器等技术。除此以外,也需要关注遗传算法、粒子群优化算法、计算经济学算法等。

同时还需要在一些创新算法上有所建树,如特征自动抽取、迁移学习、数据降维、深度学习中分布式加速训练等技术。研发人员在开发深度学习项目时会面临各种各样的困难,这就要求他们能够将"传统的 AI"的工具与技术融合进来,最终解决问题。同时深度学习中也面临着复杂的设计与优化问题,为了给这一问题提供一个指导方案,也需要尝试着构建一个标准的深度学习开发框架。

习 题

1. 分析卷积神经网络中用 1×1 的滤波器的作用。

2. 对于一个输入为 $100\times100\times256$ 的特征映射组,使用 3×3 的卷积核,输出为 $100\times100\times256$ 的特征映射组的卷积层,求其时间和空间复杂度。如果引入一个 1×1 卷积核先得到 $100\times100\times64$ 的特征映射,再进行 3×3 的卷积,得到 $100\times100\times256$ 的特征映射组,求其时间和空间复杂度。

3. 分析延时神经网络、卷积神经网络和循环神经网络的异同点。

4. 证明当递归神经网络的结构退化为线性序列结构时,递归神经网络就等价于简单循环神经网络。

5. 在深度信念网络中,试分析逐层训练背后的理论依据。

6. 思考题:深度学习与媒体计算。互联网的发展已达到空前规模,新闻网站、微博、微信、社交网络、图像视频共享网站等各类网络平台正在极大地改变着人们获取信息的方式。消费类电子设备的普及使普通民众不仅是信息的消费者,也成为网络信息的提供者。同时,媒体数据的来源渠道广、内容多样化、需求多元化、计算复杂化等特点也给媒体计算带来了极大挑战。查阅资料,阐述深度学习在媒体计算方面的应用技术。

7. 思考题:大数据时代的机器学习。"大数据"代表数据多、不够精确、数据混杂、自然产生。大数据给机器学习带来的问题不仅是因为数据量大而使计算产生困难,还因为更大的困难和挑战是数据在不同的服务器上获取的,这些分布在不同服务器上的数据之间存在某些联系,但是基本上不能满足同分布的假设,而人们也不可能把所有数据集中起来进行处理和学习。传统的机器学习理论和算法,要求数据是独立同分布的,当这个条件不能满足时,学习模型和学习算法就发挥不了作用。阅读文献,探讨大数据时代的机器学习的特点,并阐述典型应用。

附录　机器学习工具及资源推荐

一、常用工具

1. Scikit-learn

一个简单且高效的数据挖掘和数据分析工具,易上手,可以在多个上下文中重复使用。它基于 NumPy、SciPy 和 matplotlib,开源。

官方网站:http://scikit-learn.org/stable/,包括该工具的详细说明及使用,如:

- User guide:包括大部分机器学算法,有样例,也有比较完整的 Examples。
- Examples:在一些经典数据集上的实验。

2. TensorFlow

最初由谷歌机器智能科研组织中的谷歌大脑团队(Google Brain Team)的研究人员和工程师开发。该系统设计的初衷是为了便于机器学习研究,能够更快更好地将科研原型转化为生产项目。

安装说明:https://www.tensorflow.org/install/

使用指南:https://www.tensorflow.org/tutorials/

3. PyTorch

PyTorch 是相当简洁且高效快速的框架,设计追求最少的封装,符合人类思维,它让用户尽可能地专注于实现自己的想法。与 Google 的 TensorFlow 类似,FAIR 的支持足以确保 PyTorch 获得持续的开发更新,PyTorch 作者亲自维护论坛供用户交流和求教问题。入门简单也是 PyTorch 的一大优点。

官方网站:https://pytorch.org/

4. Theano

允许高效地定义、优化以及评估涉及多维数组的数学表达式。

安装说明:http://deeplearning.net/software/theano/install.html

官方文档:http://deeplearning.net/software/theano/

相关项目:https://github.com/Theano/Theano/wiki/Related-projects

5. Caffe

这是一个基于表达式、速度和模块化原则创建的深度学习框架。它由伯克利视觉学习中心(Berkeley Vision and Learning Center,BVLC)和社区贡献者共同开发。

安装说明：http://caffe. berkeleyvision. org/installation. html

使用指南：http://caffe. berkeleyvision. org/tutorial/DIY Deep Learning for Vision with Caffe

6. Mahout

Mahout 是一个算法库，集成了很多算法，提供一些可扩展的机器学习领域经典算法的实现，包括聚类、分类、推荐过滤、频繁子项挖掘，旨在帮助开发人员更加方便快捷地创建智能应用程序。通过使用 Apache Hadoop 库，Mahout 可以有效地扩展到 Hadoop 集群。

主要用途：推荐、聚类、分类。

下载及环境配置：http://mahout. apache. org/general/downloads

官方说明文档：http://mahout. apache. org/docs/0. 13. 0/api/docs/

其他相关参考：

http://mahout. apache. org/users/environment/in-core-reference. html

http://mahout. apache. org/users/environment/out-of-core-reference. html

http://mahout. apache. org/users/sparkbindings/play-with-shell. html

http://mahout. apache. org/users/environment/classify-a-doc-from-the-shell. html

7. Spark MLlib

MLlib 是 Spark 的机器学习(Machine Learning)库，旨在简化机器学习的工程实践工作，并方便扩展到更大规模。MLlib 由一些通用的学习算法和工具组成，包括分类、回归、聚类、协同过滤、降维等，同时还包括底层的优化原语和高层的管道 API。具体来说，其主要包括以下几方面的内容：

- 算法工具：常用的学习算法，如分类、回归、聚类和协同过滤；
- 特征化公交：特征提取、转化、降维和选择公交；
- 管道(Pipeline)：用于构建、评估和调整机器学习管道的工具；
- 持久性：保存和加载算法，模型和管道；
- 实用工具：线性代数、统计、数据处理等工具。

详细使用说明：http://spark. apache. org/docs/latest/ml-guide. html

8. Weka

Weka 是用于数据挖掘任务的机器学习算法的集合。它包含用于数据准备、分类、回归、聚类、关联规则挖掘和可视化的工具，可以应用 Weka 处理大数据并执行深度学习。

下载安装：https://www. cs. waikato. ac. nz/ml/weka/downloading. html

文档说明：https://www. cs. waikato. ac. nz/ml/weka/documentation. html

Weka 机器学习和数据挖掘免费在线课程：

https://www.cs.waikato.ac.nz/ml/weka/courses.html

二、课程资源

1. 多伦多大学

• CSC2535 - Spring 2013 Advanced Machine Learning

instructor：by Hinton，University of Toronto

homepage：http://www.cs.toronto.edu/~hinton/csc2535/

2. 斯坦福大学(Stanford)

• CME 323：Distributed Algorithms and Optimization

http://stanford.edu/~rezab/dao/

• CS229：Machine Learning spring 2019

instructor：Andrew Ng

homepage：http://cs229.stanford.edu/

Syllabus：http://cs229.stanford.edu/syllabus-spring2019.html

• CS229T/STATS231：Statistical Learning Theory Stanford / Autumn 2018-2019

instructor：Percy Liang

homepage：http://web.stanford.edu/class/cs229t/

lecture notes：http://web.stanford.edu/class/cs229t/notes.pdf

• CS229：Machine Learning Spring 2016

instructor：John Duchi

homepage：http://cs229.stanford.edu/

materials：http://cs229.stanford.edu/materials.html

3. 纽约州立大学布法罗分校

• CSE574：Machine Learning and Probabilistic Graphical Models Course

http://www.cedar.buffalo.edu/~srihari/CSE574/

4. 美国卡耐基梅隆大学

• Fall 2015 10-715：Advanced Introduction to Machine Learning

instructor：Alex Smola，Barnabas Poczos

homepage：http://www.cs.cmu.edu/~bapoczos/Classes/ML10715_2015Fall/

video：http://pan.baidu.com/s/1qWvcsUS

5. 伯克利分校

• 实用机器学习

homepage：http://www.cs.berkeley.edu/~jordan/courses/294-fall09/

6. 麻省理工学院

• 统计学习理论及应用

homepage:http://www.mit.edu/~9.520/

• 数据素养

homepage:http://dataiap.github.com/dataiap/

7. 南京大学

周志华:普适机器学习

homepage: https://wenku.baidu.com/view/16a79615bfd5b9f3f90f76c66137ee06eff94e83.html

三、学习视频

1. 多伦多大学

主讲人:Hinton 教授,机器学习与神经网络

homepage:https://study.163.com/course/introduction.htm? courseId = 1003842018&_trace_c_p_k2_ = 6273c150e8134480bb5e9cfe3f7cdf4f

2. 牛津大学

主讲人:Phil Blunsom,自然语言处理

homepage:https://study.163.com/course/introduction/1004336028.htm

3. 台湾大学

主讲人:李宏毅,机器学习中文课程

homepage:https://study.163.com/course/introduction/1208946807.htm

4. 台湾大学

主讲人:李宏毅,机器学习前沿技术

homepage:https://study.163.com/course/introduction/1209400866.htm

5. 吴恩达——机器学习

homepage: https://www.coursera.org/learn/machine-learning

四、中国计算机学会推荐 A 类国际学术期刊和会议

1. A 类国际学术期刊

序号	刊物简称	刊物全称	出版社	网　址
1	AI	ArtificialIntelligence	Elsevier	http://dblp.uni-trier.de/db/journals/ai/
2	TPAMI	IEEE Trans on Pattern Analysis and MachineIntelligence	IEEE	http://dblp.uni-trier.de/db/journals/pami/

续表

序号	刊物简称	刊物全称	出版社	网址
3	IJCV	International Journal of Computer Vision	Springer	http://dblp.uni-trier.de/db/journals/ijcv/
4	JMLR	Journal of Machine Learning Research	MIT Press	http://dblp.uni-trier.de/db/journals/jmlr/

2. A 类国际学术会议

序号	会议简称	会议全称	出版社	网址
1	AAAI	AAAI Conference on Artificial Intelligence	AAAI	http://dblp.uni-trier.de/db/conf/aaai/
2	NeurIPS	Annual Conference on Neural Information Processing Systems	MIT Press	http://dblp.uni-trier.de/db/conf/nips/
3	ACL	Annual Meeting of the Association for Computational Linguistics	ACL	http://dblp.uni-trier.de/db/conf/acl/
4	CVPR	IEEE Conference on Computer Vision and Pattern Recognition	IEEE	http://dblp.uni-trier.de/db/conf/cvpr/
5	ICCV	International Conference on Computer Vision	IEEE	http://dblp.uni-trier.de/db/conf/iccv/
6	ICML	International Conference on Machine Learning	ACM	http://dblp.uni-trier.de/db/conf/icml/
7	IJCAI	International Joint Conference on Artificial Intelligence	Morgan Kaufmann	http://dblp.uni-trier.de/db/conf/ijcai/

五、机器学习及人工智能领域值得关注的微信公众号

微信公众号：机器之心、人工智能学家、人工智能头条、量子位、机器学习算法工程师、算法与数学之美、大数据文摘、新智元等。

参 考 文 献

[1] 贲可荣,张彦铎.人工智能[M].3 版.北京:清华大学出版社,2018.

[2] 贲可荣,毛新军,张彦铎.人工智能实践教程[M].北京:机械工业出版社,2016.

[3] 周志华.机器学习[M].北京:清华大学出版社,2016.

[4] 王海良,李卓恒,林旭鸣.智能问答与深度学习[M].北京:电子工业出版社,2018.

[5] 马斯兰.机器学习算法视角[M].高阳,译.北京:机械工业出版社,2019.

[6] 焦李成,赵进,杨淑媛,等.深度学习、优化与识别[M].北京:清华大学出版社,2019.

[7] 林大贵.TensorFlow + Keras 深度学习人工智能实践应用[M].北京:清华大学出版社,2019.

[8] 中国计算机学会.CCF2017-2018 中国计算机科学技术发展报告[M].北京:机械工业出版社,2018.

[9] 王晓华.TensorFlow 深度学习应用实践[M].北京:清华大学出版社,2018.

[10] 黄昕,赵伟,王本友,等.推荐系统与深度学习[M].北京:清华大学出版社,2019.

[11] 杨云,杜飞.深度学习实战[M].北京:清华大学出版社,2018.

[12] 龙飞,王永兴.深度学习:入门与实践[M].北京:清华大学出版社,2018.

[13] 刘贞报.基于机器学习的物体自动理解技术[M].北京:科学出版社,2016.

[14] 张宪超.数据聚类[M].北京:科学出版社,2017.

[15] RICHERT,COELHO. Building Machine Learning Systems with Python[M]. Packt Publishing Ltd. ,2013.

[16] BIRD,KLEIN,LOPER. Natural Language Processing with Python[M]. O'Reilly Media,Inc. ,2009.

[17] MURPHY. Machine Learning:a Probabilistic Perspective[M]. The MIT Press,2012.

[18] SUTTON,S RICHARD,G B ANDREW. Reinforcement Learning: An Introduction [M]. MIT Press,2018.

[19] BUSONIU,LUCIAN,et al. Reinforcement Learning and Dynamic Programming Using Function Approximators[M]. CRC Press,2017.

[20] J RUSSELL,NORVIG. 人工智能:一种现代的方法(第 3 版)[M].殷建平,祝恩,刘越,等译.北京:清华大学出版社,2013.

[21] MARTINT H,HOWARDB D,MARKH B,et al. 神经网络设计(第 2 版)[M].章毅,等译. 北京:机械工业出版社,2018.

[22] SCARUFFI. 智能的本质:人工智能与机器人领域的 64 个大问题[M].任莉,张建宇,译.北京:人民邮电出版社,2017.

[23] ITPRO,NIKKEI COMPUTER. 人工智能新时代:全球人工智能应用真实落地50例[M]. 杨洋,刘继红,译. 北京:电子工业出版社,2018.
[24] 鲁扬扬,李戈,金芝. 基于深度学习技术的知识图谱构建技术研究[J]. 中国人工智能学会通讯,2016,6(6):16-21.
[25] 刘康,王炳宁,何世柱,等. 机器阅读理解初探[J]. 中国人工智能学会通讯,2016,6(7):22-29.
[26] 车万翔,刘挺. 深度学习浪潮中的自然语言处理技术[J]. 中国人工智能学会通讯,2016,6(7):12-15.
[27] 张牧宇,刘铭,等. 篇章语义分析:让机器读懂文章[J]. 中国人工智能学会通讯,2016,6(7):36-42.
[28] 庄越挺,汤斯亮,吴飞. KS-Studio:一个知识计算引擎[J]. 中国人工智能学会通讯,2017,7(5):41-46.
[29] 张钹. 后深度学习时代的人工智能[J]. 中国人工智能学会通讯,2017,7(1):3-5.
[30] 于海斌. 机器人智能技术与测评体系发展[J]. 中国人工智能学会通讯,2017,7(6):32-37.
[31] 陈小平. 智能系统测评:挑战和机遇[J]. 中国人工智能学会通讯,2017,7(6):137-142.
[32] 庄越挺,汤斯亮. 探索可解释的人工智能推理[J]. 中国人工智能学会通讯,2019,9(1):6-8.
[33] 张志华. 机器学习的发展历程及启示[J]. 中国计算机学会通讯,2016,12(11):55-60.
[34] 周志华. 机器学习:发展与未来[J]. 中国计算机学会通讯,2017,13(1):44-51.
[35] 应行仁. 机器学习的认知模式[J]. 中国计算机学会通讯,2017,13(6):46-49.
[36] 武威,周明. 聊天机器人的技术及展望[J]. 中国计算机学会通讯,2017,13(9):14-19.
[37] 刘挺,车万翔. 自然语言处理中的知识获取问题[J]. 中国计算机学会通讯,2017,13(5):54-59.
[38] 崔鹏. 网络表征学习前沿与实践[J]. 中国计算机学会通讯,2018,14(3):8-10.
[39] 凌祥,纪守领,任奎. 面向深度学习系统的对抗样本攻击与防御[J]. 中国计算机学会通讯,2018,14(6):11-16.
[40] 杨强,刘洋,陈天健,等. 联邦学习[J]. 中国计算机学会通讯,2018,14(11):49-55.
[41] 郭宪,方勇纯,韩建达. 机器人运动学习:从模仿学习到强化学习[J]. 中国计算机学会通讯,2019,15(5):10-15.
[42] 张晓海,操新文. 基于深度学习的军事智能决策支持系统[J]. 指挥控制与仿真,2018,40(2):1-7.
[43] HASSELT,HADO,GUEZ,et al. Deep Reinforcement Learning with Double Q-learning [M]. Thirtieth AAAI Conference on Artificial Intelligence. 2016.
[44] HESTER,TODD,et al. Deep Q-learning from Demonstrations [M]. Thirty-Second AAAI Conference on Artificial Intelligence. 2018.